史上职场风云录

刘捷 ◎ 著

上海财经大学出版社
SHANGHAI UNIVERSITY OF FINANCE & ECONOMICS PRESS

图书在版编目(CIP)数据

史上职场风云录/刘捷著.—上海：上海财经大学出版社,2023.10
ISBN 978-7-5642-4246-6/F·4246

Ⅰ.①史… Ⅱ.①刘… Ⅲ.①成功心理-通俗读物 Ⅳ.①B848.4-49

中国国家版本馆 CIP 数据核字(2023)第 169286 号

□ 责任编辑　施春杰
□ 封面设计　边瑞敏
□ 封面题字　朱敬一

史上职场风云录

刘 捷 ◎著

上海财经大学出版社出版发行
(上海市中山北一路 369 号　邮编 200083)
网　　址:http://www.sufep.com
电子邮箱:webmaster@sufep.com
全国新华书店经销
上海锦佳印刷有限公司印刷装订
2023 年 10 月第 1 版　2023 年 10 月第 1 次印刷

710mm×1000mm　1/16　16.5 印张(插页:2)　242 千字
定价:86.00 元

前言

太阳底下没有新鲜事。

历史就是一个巨大深邃的宝藏,几乎所有现实的问题,都能在其中找到借鉴和答案。

包括如今职场上的"职商",在历史上也有无数得失的故事。

2020年初疫情突如其来的时候,原本忙忙碌碌、奔奔走走的工作节奏突然被按下了暂停键。刚开始几天很不习惯,但没过多久,我发现每当拿起书的时候,心绪就能平静下来。随着国内国外各种状况的发生,当时也看不到居家隔离的结束之日,于是排出了一个月度阅读计划。

第一个月,还没有摆脱原来工作的惯性,读的书基本上以经济学、投资和企业管理类的书籍为主,我还在随时准备恢复企业管理顾问和职商导师的工作,因此阅读的目标仍是丰富自己的课件和案例库。只是作为调剂,我将张宏杰的《简读中国史》,还有一直收藏在电子书里的钱穆先生的《国史大纲》、吕思勉先生的《中国通史》等历史书目放在床头柜上,工作性质的阅读之余,有一搭没一搭地看着。

第二个月,感觉离完全恢复的目标还很遥远,紧绷的那根工作的弦渐渐地松了,而读史的趣味越发浓烈,索性同时又打开了费正清主编的《剑桥中国史》,几套书混搭着看。于是,民国时期的观点和现代的理念、中国人的和西方汉学家的视角交错呈现,有冲突又有相互佐证,而从不同的角度去看同一段历史,这种感觉也非常奇特,似乎逐渐看到了那些时代的全貌。再后来干脆把钱穆先生的《中国经济史》、孙康宜和宇文所安的《剑桥中国文学史》,还有葛剑雄先生的几本说国史的小记、刀尔登的几本历史散文集都摆在了一堆,穿插着读,每天都有走进宝山中发现了一两件动心宝物的喜悦。

譬如说,以前也曾想过,从《诗经》开始一两千年里也没有多少诗人、多少诗作,为什么单单到了唐朝,会一下子出现灿若星河的诗人群体、几万首留传诗作?难道是在那个时代人类写诗的基因突然来了一次大爆发吗?在形成了全方位历史观以后,我明白其实不然,所有历史事件都是综合因素的产物,与之息息相关的包括文学的兴替以及政治、经济、民生、思想的演进,这是一个时代作用的结果。

原因之一,贞观年后社会逐渐趋于平稳、经济得到恢复,因此基层教育事业才有了广泛而普遍的建设。拥有一定知识的人群基数大了,才有了突变的可能。再加上沈约、宋之问和杜审言等人不断整理声韵和格律,逐渐形成了用字造句的框架体系,当写诗变得有章可循,就会批量地出现诗人群体。

原因之二,户籍管理变化增加了人民游历和迁移的机会,来自四海的通商繁荣也催生了不同文化之间的交融和创意,人们的眼界宽了,阅历丰富了,于是可以思考、幻想和描绘的素材就多了,山水、边塞、楼台、闺阁、朝堂、田园、儒释道……诗歌的世界空前包罗万象、繁花似锦。

原因之三,唐朝官方对思想的管制力度不高,与历朝相比是相对自由放任的,儒家、道家、佛家都蓬勃发展,中西亚的拜火教、基督教的一个分支也就是流传进入长安的景教,甚至来自敌对国的伊斯兰教都可流传,思想的自由放任和融汇碰撞催生出了文化的爆发。

最关键的是第四个原因,即科举变革。写诗从娱情小技变成了当官的渠道和必备技能,否则考试不过,就当不成官。即便做了官,你要是没有与同僚之间吟诗唱和的基本社交能力,也会没有名声、没有人捧、没有人提携,这样的人又哪有官场前途可言呢!因此,写诗的重要性被史无前例地提高了。唐高宗永隆年之前的进士科只考策论,而后自武则天开始考杂文,也就是诗词赋,因此中唐开始诗风日盛、诗人辈出。所以说,"高考指挥棒"这件事古今都是一样的。好比说现在高考要是加试一门足球,中国男足某天打进世界杯决赛圈或许不是梦。

当然,凡事有利必有弊。钱穆先生对中唐后期总结了一句话叫"诗赋日工,吏治日坏",官浮于事,因此晚唐韩愈、柳宗元才发起了古文运动,提倡"文以明道",反对纯粹辞藻华丽的诗文创作。历史上的事件找到了缘由,也就更能理解其中的起承转合、变化之道。本书也有专门的章节,分析了李白、杜甫、高适和白居易几位唐朝著名诗人的职场之路。

历史的进程,其实与经济周期异曲同工,凡是事物出现皆有其因,顺其因则兴盛,然后也总会过犹不及,盛极而衰。明历史,才能明现实,而亘古不变的人性在历史上的呈现,更是对我们的职场、事业乃至人生各处都有启示。

纵观历史风云,帝王将相、才子名士此起彼伏闪耀于其间,他们或成就伟业,或功败垂成,或立于朝,或隐于野,或开疆拓土,或治理民生,或著书立说,每每有令人击节与扼腕的事迹。所有的成就都是因为做对了一些事,而所有的失败也必有因由,深思其中的机理,才能以史为师,让自己的思想成熟而丰盈。

我是研究职商的,每当此时,我就会忍不住去琢磨那些历史人物,他们的经历得失与当前职场上个人发展之间是不是有内在观念上的共通点,可以有所启发。

中国的历史大多数时间里都是不断兴替的统一王朝,要以职场类比,那就好比说是个家族独资、董事长总经理合二为一、完全"一言堂"又超级多元化的民营集团企业;少数时候也出现过多家组织并存的竞争态势,例如战国、南北朝、五代十国,生生灭灭、盛盛衰衰、分分合合,像极了如今的企业和市场经济社会。

而企业、职场都是由人构成的,那么有人的地方就是江湖,就有不同的诉求、不同的理念,就需要沟通、需要组织、需要合作。历史中的江湖风雨,本质上都是人性;而我所说的职商,也是基于对人性的洞察。洞察他人,也要洞察自己,而后才能感受到江湖的脉络,因循着职场上的纹理和机制,提升自己职场竞争的软实力。

写这本书的起源,是我有一次讲课时提到了"登龙十二术",学生和粉丝大感兴趣。所谓登龙术,用现在话讲就是古代官场传下来的怎么快速升官的一些秘法,其实大多是些上不得台面的招数,什么造劫乘势、隔山拜佛等,然而其中所蕴含的道理却仍有可以给今天职场人借鉴的地方。例如,隔山拜佛是讲:如果你想要升官,巴结自己上司是没用的,要去讨好上司的上司,永远隔一层才能不断被提拔。然而,今时今日的职场,越级汇报却是大忌,再说一个职场人如果被人贴上了"总是跳过领导去搞定更高层"的标签,走到哪里都会是所有人严防死守的对象,失道寡助,前途堪忧。那么这一术放到当今职场,能怎么用?该怎么用?与更上层领导怎么相处才好?本书就会融合当代职场的特性,讲我的思考。

所以说,看历史、讲历史,既要能参透其中亘古不变的人性道理,也要能看清古今之间、官场职场之间的内在区别,才算是真懂历史,进而以史为鉴。

这一本《史上职场风云录》,每讲完一个古人、一段历史,我都会接着讲一段从中引发出的对职业发展、对职场上管理和沟通的启示与思考。我不是科班出身的文史学家,如有不够准确的地方,欢迎专业人士指正;而职商,那更是一件仁者见仁、智者见智的事情,走向职业高峰的路径也绝对不是唯一的。我只是努力分享一些概率更大、性价比更高也让自己内心更舒畅的方法而已,同样欢迎交流探讨。

交代一下写作的背景和初心,以及本书的风格、本人的调性,斯为前言。

目录

1. **内与外、功与制、始与终**
   ——最早的卓越职场人代表：周公/001

2. **底层建筑不容破坏**
   ——孔子诛少正卯的缘由/009

3. **人才不拘一格、但一定要有格**
   ——春秋养士从鸡鸣狗盗说起/016

4. **管理权威的来源**
   ——晋国的最后一任CEO智瑶/022

5. **当断则断，当立则立**
   ——西门豹治理邺城水患/028

6. **职道根本唯"公平"**
   ——中国变法第一人李悝/034

7. **情商与专业一样重要**
   ——貌似所有被封武安君的都不得善终/039

8. **高处不胜寒**
   ——郁郁的屈原也曾少年得志/046

9. **企业管理的1.0时代和2.0时代**
   ——商鞅所奠定的秦帝国管理范式/052

10. **战略素养是常被低估的职场能力**
    ——秦帝国奠基者之一：非著名名将司马错/058

11. 职场独木的力不能支和风必摧之

　　——霸王帐前的可怜范增/064

12. 创业何需"梦之队"?

　　——汉初十八侯里的"老乡帮"/069

13. 顺应和利用人性的激励

　　——说说献策推恩令的主父偃/075

14. 初心远志的力量和基层的历练

　　——不扫屋而扫天下的陈蕃/081

15. 普通人永远不要与趋势相抗衡

　　——诸葛亮的神话和悲歌/086

16. 关于机会这件事，你怎么看?

　　——谨慎谨慎再谨慎的司马懿/093

17. 感情是管理的双刃剑

　　——刘备的感情牌/099

18. 疑心不是病，成病了就要人命

　　——"休教天下人负我"的曹操/104

19. 忠诚度应该是职场人的底线配置

　　——三姓家奴吕布/110

20. 通透地放下，谁都可以吗?

　　——千古真隐士唯陶渊明一人而已/115

21. 有士心无需士风，知用人更应识人

　　——东晋清谈风雅中的直人王恭/121

22. 直臣也讲斗争技巧

　　——唐太宗的"镜子"魏征/126

23. 该拍拍，该谏谏，别太死板

　　——凌烟阁上的虞世南/132

24. 情商、能力、人脉、隐忍与择机

　　——职场得意与失意的唐朝诗人们/138

25. 职业的终极意义究竟是什么？
　　——四朝为相的冯道/144

26. 遵循至理要胜过肤浅的道德感
　　——懂经济学的范仲淹/149

27. 管理变革的三项基本原则
　　——"原以为"和"本应该"的王安石变法/156

28. "吾心独无主乎？"
　　——异族王朝中的股肱汉臣许衡/163

29. 韬晦曲线和识人用人
　　——我心目中的明朝首席名相徐阶/169

30. 市场是唯一的试金石
　　——《了凡四训》/175

31. 专业的人做专业的事
　　——于成龙和靳辅的恩怨曲直/181

32. 犯错后的正确姿势
　　——身败名裂的好人熊赐履/187

33. 领导遭遇麻烦时怎么办为好？
　　——登龙十二术之"造劫乘势"/193

34. 职场中的"舆论"战法
　　——登龙十二术之"水漫金山"/197

35. 力气要用在关键点上
　　——登龙十二术之"浪涌堆岸"/201

36. "颜值"的价值
　　——登龙十二术之"一笑倾城"/205

37. 找得到路子，放得下架子
　　——登龙十二术之"危崖弯弓"/209

38. 投其所好并不丢人
　　——登龙十二术之"霸王别姬"/212

39. "点破"与"看破不说破"

　　——登龙十二术之"饮糙亦醉"/215

40. 越级的沟通怎么做才好？

　　——登龙十二术之"隔山拜佛"/218

41. 职场亦如戏，也要好演技

　　——登龙十二术之"泪洒临清"/221

42. 送礼是门技术活

　　——登龙十二术之"打渔杀家"/224

43. 对四种人的周到和用心

　　——登龙十二术之"石中挤油"/227

44. 妄念不可有，野心不可无

　　——登龙十二术之"雕弓天狼"/230

45. 经营自己的职业品牌和名声

　　——登龙术的番外篇"终南捷径"/233

46. 中国历史女子图鉴

　　——女子的事业与人生幸福/236

1

内与外、功与制、始与终

——最早的卓越职场人代表：周公

周公

中国历史一般会从三皇五帝开始讲起，然而哪三皇、哪五帝也没有公认一致的说法。曾被称为三皇的有黄帝、女娲、祝融、神农、伏羲、燧人，被称为五帝的有太昊、黄帝、炎帝、少昊、颛顼（念"专须"）、帝喾（念"酷"）、尧、舜。考古发现的有组织的人类活动在 8 000～10 000 年前，而上古时代的事大多无从考证，流传下来的都带有神话色彩。一般按照竹书纪年来认为是相对可信可考的历史，也就是把尧舜之后的禹、夏朝作为信史的开端，距今 3 900 年左右。在此之前至少四五千年的时间段里就只留下了这样有数的几个名字，口耳相传，不断神化。这里的每一个名字，其实就代表着人类生存发展能力的某一个跃迁，例如燧人代表用火、有巢代表造房、神农代表药的发现、仓颉代表文字出现等，至于具体这个人的生平，则既不可考也不重要了。

夏朝大约有四五百年，商朝也有五百年左右，在这漫长的千年时间里，可靠翔实的记载也不多，留存至今的只是些甲骨文和器物，社会状况也只能大体从器物的图画和铭文上略见一斑。《尚书》说，尧典虞廷九官，禹为司空，还有后稷、司徒、士、共工、掌虞、秩宗、典乐、纳言等官职，最后通过禅让推举了禹为首领，开启夏王朝。这些其实是后代的儒家学者托古而说，看起来与秦汉的九卿制度很像，然而真实的历史上可能并没有这么回事。统观夏商两朝，其实没有什么像样的关于组织设立和臣工治理的记载，只是一大堆部落共推了首领而已，只要没有发生什么大事，基本上各行其是，谈不上建制，更遑论国家。

在这千年的漫长岁月里,有过好首领,也有过庸碌之辈,即使出现过几个普通的昏聩领导也没酿成什么可怕的后果,唯有所谓过于残暴专横的君主,才会让一个王朝覆灭。谁?一个夏桀亡了夏,一个商纣亡了商。其实这两人究竟是不是真的残暴到人神共愤的地步?也不好说,毕竟历史都是后人书写的,把前朝末世写得越黑暗血腥,本朝的出身就越名正言顺。让我们放下"个别人决定了历史"这样单纯的故事观念,历史的进程其实是道、是趋势,无论是恶名昭彰的暴君还是英明神武的伟人,都不过是历史挑选出来的演员而已。

商王朝的末年,随着铁器的应用和农业技术的提高,原有的管理模式与新的生产力发生了冲突,这才是王朝更替的本质原因。不同部落对王朝的依附要求已经大大降低,而王朝对各部落的经济汲取需求却仍然非常大,只是大家在强大军力的威慑之下不敢反抗而已。但是,商的军队是不是真的那么强大呢?缺的只是有人出来验证一下。

黄河西面的周人说:那好,我来试试。

从文王到武王,这个试炼的过程也历经了失败和磨难,最终实现了改朝换代。

直到周朝开始,才可以称得上是一个国家了,有了真正意义上的王,有了中央和组织建设,有了封建。所谓封建,就是分封殷商遗子、姬氏子弟以及各路功臣到不同的封地,但是所有被封的君主都必须向周王效忠并履行义务和职责,当然这些要求与商朝相比显得更轻,也更规范。同时,周朝在中央管理层也设立了职能机构来进行综合治理,从此我们的历史才进入了有组织结构的时代,与今天的职场有些可以类比的共性了。

在这段历史进程中,周公功不可没。周公,应该是最早的职场精英,堪称职业经理人的典范。

周公,姓姬名旦,是周文王姬昌的第四个儿子、周武王姬发的弟弟。商纣对周人的态度一直是保持警惕和打压的,但是用错了策略,比如说让姬昌去征讨几个叛乱的部落,本意是为了让他们两败俱伤,结果却是周人在平叛收服这些部落之后反而实力大增。经过了几十年的艰苦征途,最终在周武王手中灭了殷商,而在此过程中,周公姬旦作为创业老臣、武王的首席幕僚,可谓功勋卓著。

在后人看来,他就是个孔子所谓的"生而知之者",通俗点讲就是天才。在那个年代,哪有什么兵法、管理学,竹片子的书都没几本,任何人都没有什么资源可以去完整系统地学习。然而,周公却无师自通,在文治武功上都很有章法,不得不说他是个有能力透过行为看人性、透过现象看本质的人。周公被后人称为"圣人",在整个中国历史上能被称为圣人的没有几个。

武王平定天下、建立周朝之后没两年就去世了。这时候安排继承人就成了一个大问题。在当时,王位的继承有三种方法,在理论上都合理合法:

一是传子。从千年前禹传位儿子夏启就开始了父子相承的家天下时代,这是最顺理成章的做法。但问题是武王的孩子这时还只是个襁褓中的幼儿,面对新王朝刚刚建立的复杂局面,直接继位当王,小孩子干不了。

二是传弟。古人寿命不长,生育也是件成功率不太高的事情,所以经常出现王死了却没有儿子的状况,于是按顺序由弟弟接任也很常见。去世的武王排行第二,老大伯邑考早在还没有灭商之前就死于商纣之手,往下排位靠前的是老三管叔,而周公是老四,要是按照顺位的话得是管叔继位。只不过这个管叔的能力实在不够看,国事交给他怕是也要出事。

三是传贤。有时候也会打破顺位,非嫡长子、非长弟继位的状况也有发生,众人可能选择更有能力、更贤明的那一位来继承。而要这么说的话,首推就无疑应该是为武王灭殷立下过丰功、人气也最高的周公姬旦了。只是所谓的贤,毕竟是个主观判断的因素,怎样才算贤?由谁来做出判断?都是问题,容易引起纷争和朝局动荡,有一定的副作用。

那么,作为当时执掌军政权力的周公,他是怎么做的呢?

他首先排除了传弟,因为管叔这个人能力实在不行,而且有后人所谓的"异世"之心,就是说不靠谱,脑子有点水,想的东西经常不合时宜。管叔当王,好不容易打下的江山非被他给祸祸了不行。

传贤也不太合适。周公已经是实际意义上的执政者,要是再把王位继承了,看起来有点"自取"的意思,名声上不太好听。历史上凡是有圣贤心愿的人,都不仅关注当世的事业,也关注身后的名声,而且他们做事不是为了良好的自我感觉,而是更多考虑大众的接受度、社会全局的稳定。

于是他选择了传子的方式,立武王的幼子也就是自己的侄子为成王,而由自己来协助这个孩子治理国家,类似于后来历史上很多的摄政王、顾命大臣,这就是史上有名的"周公辅政"。

所以周公虽然是王室家族成员,而且还是最掌握权力的那一个,却没有把最高的位置直接占为己有,而是帮助成王坐上了"董事长"的位子,自己继续担任"总经理",因此他在史上获得了极好的声望。

当然,他被称颂为卓越先贤的原因,绝不仅仅是不贪不占而已。他作为"总经理"的这一生可谓功绩斐然,被《尚书大传》概括为:"一年救乱,二年克殷,三年践奄,四年建侯卫,五年营成周,六年制礼乐,七年致政成王。"统共才七年时间,咱们来看看周公干了多少大事!

当时情势,虽然周朝兴替了殷商,然而商朝毕竟也有着五百年历史,根基仍然深厚。因此,武王并没有采取彻底铲除殷人势力的策略,而是分封了纣王之子武庚,并且就封在原来的殷地,应该说这还是很有统战意识的,目的是维护安定团结的大好局面。可惜这个武庚却不是一个懂得接受好意、愿意安守本分的货,他贼心不死,图谋复辟,拉拢没能上位的管叔等几人琢磨着造反。要不说管叔这个人脑子有水呢,为了一点自己的不爽竟然勾结前朝残党一起作乱,也不知道他有没有想清楚,就算成事,之后是自己能称王呢,还是武庚恢复商朝?他和霍叔、蔡叔原本是武王设立的"三监",作用是监视殷人,结果监视者竟和监视对象一起手拉手搞起了叛乱。

新朝初立,内外飘摇,而此时周公彰显了英雄本色。

周公在叛乱初起、未成气候之时,就团结说服了太公望、召公奭(科普一下,这个"召"字念"邵",这个很怪异的"奭"字念"事"。这老先生也很厉害,有能力,还很长寿,他一直辅佐周成王从小孩走向成年,一直等到成王都挂了,他还没挂,接着再辅佐后面的周康王,所以历史有名的"成康之治"里有他一份大功劳)等重臣,然后迅疾东征。部队到了地方一看,熟悉的对手、熟悉的味道,前几年刚揍过,轻车熟路,咔嚓再修理一顿就完了。而殷人呢,除了武庚,其他人原本对造反就没什么精气神,当年大战之后,大伙也没受什么虐待呀,有地方住,有土地耕,咱好好过日子不香吗?拼死打仗,赢了是你武庚得了好处,咱们没什么差别,根本犯不着啊。不出所料,没多久叛乱就彻底被镇压了。

秋后算账,武庚、管叔这俩罪魁肯定是杀了,而霍叔判了流放、蔡叔贬为庶民。这个处理方式也显示了周公的政治智慧,首恶必除,依附之人的罪名则小得多,而且好歹也是亲兄弟,彰显一下咱的手足之情和上位者的气量,也有利于收拢其他分封兄弟如康叔等人的心。后世历朝历代,对于叛乱者大多数的处理方式是全体诛杀,绝不宽宥,很多时候还要杀满门、诛九族,看起来惨烈,其实从威慑的效果看并不算好,叛乱也并没见少,而且由于谁要是一旦不小心参与了其中就必死无疑,这反而逼得叛乱者阵营铁板一块、死扛到底。

所以说,周公作为优秀职业经理人的第一个典范就是:搞得定外乱,摆得平内患。

作为当今职场上的高管,都会同时面临对外"展业"和对内"管理"两大任务。市场不断变化,竞争日趋激烈,管理者必须要有敏锐的洞察、及时准确的决策,才能确保业务不断拓展、效益蒸蒸日上;随着企业发展壮大,内部的拖沓扯皮、人浮于事甚至贪腐现象也都一定会出现,这就是克里斯坦森所说的"大公司病"。而在内外治理之间,时常是有冲突抵触的。例如,大手笔投入去竞争市场份额与保持财务安全之间要找均衡,投入少了市场地位下降,投入过多又可能造成资金链断裂,多年前央视标王的秦池酒就是一个失败案例;再如,销售初代产品与开发二代迭代产品之间也要找平衡,过早投入二代产品会造成初代产品的滞销积压,而不迭代又会丢失市场;还有,在授权、激励的同时也要防治腐败,就像当年淘宝的案例,在业务起来之后就下狠心治理了店小二队伍。所以说,既要能攘外,又要能安内,这是所有职业经理人达到一定层级之后都会面临的极有难度的课题,而周公树立了一根全能而卓越的标杆。

接着往下说周公树立的第二根标杆。

平定叛乱之后,周朝完成了第二次封建。在这一次分封中,周公实现了拱卫周王朝长期安定的战略。他用齐、鲁二国代替了曾经帮助过殷人的奄和蒲姑,并让自己的长子伯禽作为鲁侯、外祖父吕尚作为齐侯,让家里最亲的自己人现场看着前朝的遗民,才比较放心;分封亲信到燕(北京一带)和唐(山西翼城附近),以抵御戎狄等外部民族的入侵;最后把商朝旧都商丘封给了主动投降的纣王庶兄微子,国号宋,继续统战策略,又安排了陈、杞、焦三个国家在周围监视。这样的格局之下,整个周王朝进入了相对稳定安全的时代,也给周朝七百年的存续打下了根基。

同时,周公将俘虏的那些原商朝的贵族们,迁到了洛阳附近,建造新城,号称成周,并派兵在附近筑了一座王城来监视。周公告知这些被称为顽民的人,本来你们违抗天命,我是可以杀死你们的,但是现在决定给你们房屋田地,安心谋生,顺从我朝的话未来还可以做官。这就给他们描绘了一个美好的预期。经济学中关于"预期"这个词有很多专门的研究,正是对未来的预期,才决定了人们会采取怎样的行动。当多数人预期形势会变差的时候,人们会非理性地选择放弃,例如不敢投资、不敢消费、恐慌性地抛售股票,结果本来经济下行未必板上钉钉,结果在众人的一致偏差预期之下,竟然就真的越变越差了。而一旦看到了希望,预期将来会变好,人们也会放心大胆增加投入,例如超前消费,花时间学习,敢于做长期的、有风险的投资等。当殷商的这些旧人看到从此能安定生活,甚至还有可能做官、有政治前途,不仅有安全预期,还有发展预期,他们自然就开始安心做起了周朝的顺民。

周公还制定了王朝的管理制度,就是后人所称道的礼乐。所谓礼,并不是简单的礼仪、礼节而已,而是贵族、官员等日常行为的规范,明确而严格,例如按照爵位的高低、诸侯国的远近亲疏来进行朝觐等,等级的尊卑上下由此得到了体现和执行;而乐呢,就是一些音乐和诗文的教化,有点现在企业文化那个意思,来作为礼制的辅助。当有了制度和规范,组织才开始有了结构;而不同的人在这个结构中找到了自己的位置和对应的责权,组织的管理就趋于稳定。

所以说,周公不仅完成了建功,还完成了建制。所谓建功,就是把事给办好;而所谓建制,就是确立以后怎么能把事长期办好的管理方法。一个优秀的职业经理人首先要能办成事,好比说身为销售就要把东西卖出去,身为财务就要管好账、管好钱,作为技术人员就要不断开发出迭代更新的产品;然而,要从优秀走向卓越,除了自身能做事以外,还要具备整理经验并形成方法的能力,有了方法、有了机制,成功才可能复制,组织才可能不断扩张和发展。周公为职业经理人树立的第二根标杆就是:要能建功,更要能建制。

最后说他树立的第三根标杆。

后世评价周公,也有人说他虚伪,分明就是自己想掌权,所谓辅政成王不过是里子和面子都想要罢了。岂不知所有历史人物咱们都没法从坟里刨出来审一审,所以妄自揣度的诛心之举不可取,还是要从可见的事实中来看最大的可能性到底是什么。事实是,周公执政七年后就将权力交还给了长大些的成王,而且之后还继续当免费的咨询顾问,帮成王答疑解惑、出谋划策,最后回到封地因重病去世。从事实看,周公既不谋篡位,也不恋栈权势,所以与其说他的初心是在权力和尊位上,不如说是为了周王朝的长治和久安。

在古代是能当一个王,还是做一个臣,在现代是能当一个老板,还是一个职业经理人,主要看个性气质上迥然不同的差异。虽然说王侯将相,宁有种乎,尤其是现如今要想做个老板,创个业,多大个事,谁都可以试一试。很多人选择去打工,成为职业经理人,其实内心是不安分、不确定的,这只是一段时间的经历而已,只是想攒点钱、攒点资源和经验,将来自己有可能是在职场上不断升职,也有可能会出去当个老板。一个人想拥有不同选择,这是完全没问题的,但是只要你还在任职期间,最基本的"职业素养"就必须要做到,那就是比私心、比欲望更重要的为人处世的标准。

作为职场人,你在职场的付出并不仅是为了你的领导、你的老板或者你所在的企业,而是对自己所从事的职业的尊重。所谓职业,也不仅仅是养活自己、养家糊口的某种技能,更不是受雇用所从事的某份工作而已;职业是与个人价值相关联的一种身份归属、一种社会价值,它与一个人的内在气质、社会地位、三观理念都联系在一起,不尊重自己职业的打工人,也很难在社会上和人群中赢得别人对自己的尊重。我们说的职业风范,就是忠勇任事,竭尽所能,过程能靠谱，结果有交代。周公为职业经理人树立的第三根标杆就是：不忘初心，有始有终。

内与外、功与制、始与终，在整个中国历史中能全部践行和达成的人可以说是凤毛麟角。所以后世才拿周公这个人物来做标杆，尊他为古圣，激励自己，警示他人。汉朝大思想家贾谊说："周公集大德大功大治于一身。孔子之前，黄帝之后，于中国有大关系者，周公一人而已。"

以这样的人物为首篇，开宗明职商之大义也。

2

底层建筑不容破坏

——孔子诛少正卯的缘由

孔子

中国历史上也曾数次被其他民族统治,例如蒙古族建立的元朝、满族统治下的清朝,就连打造出盛唐的李氏家族其实都带着相当比例的鲜卑族血统,据传李世民的汉族血统只有八分之三而已。然而,无论城头朝堂大王旗变换,中国的底层文化却几乎从未更改过,那就是天地君亲师、仁义礼智信的儒家文化根植于整个社会。中国的儒家,融合过佛学与禅,融合过道家,演化出过理学和心学,近代还受到西学的影响,但是底子却异常牢固,通过诗文书画等载体将其精神坚韧地延续。即便历史上外族当政的时期,那些外族也在被不断地同化着。北魏王朝整体汉化,写汉字、改汉名,辽国用汉官、汉制,清朝历代皇帝都以汉学为基,像乾隆一生就写了上万首汉字诗,尽管质量实在不咋样,康熙、雍正的书法都堪比大家,由此可见文化传承的力量。

儒家文化的源头,也有人说是文王、周公,当然更广泛一致的意见还是孔子。

孔子祖籍宋、生于鲁,宋是殷商遗民之国,鲁是周礼、周文化的承继所在,所以孔子是在当时的文化中心地带成长,加上多方求学而自成体系。孔子系统地整理和阐述了整个儒家文化的精髓,围绕着"仁"这个核心字,形成了天命、性、孝、礼、忠恕等一系列的观点,用钱穆先生的话讲:"孔子对于人世与天国、现实界与永生界,已有一种开明近情而合理的解答。因此孔子思想实绾合以往政治、历史、宗教各方面而成,实切合于将来中国抟成一和平的大一统国家,以绵延其悠久的文化之国民性。"而且孔子通过办学、述说和教育,周游列国,广泛地传播其理念,是将贵族宗庙的知识变成人类社会共享学术的第一人。

国史所说孔子是著述教育的第一人,大致正确,却并不全然,因为至少在当时,孔子不是唯一一个著书讲学的人。在当时的鲁国,还有一个人也在做着类似的事情。

这个人叫少正卯,卯是他的名字,少正是他的官职。此人具体出身背景没有什么翔实的史料记载,但是他做的事情后人是知道的:他与孔子一样,也在开私学讲课,只是讲课的内容与孔子有所区别。历史上没见过他的教案,也没留下著述,所以他具体说了些什么真不清楚。但我们知道孔子的观点是敬天的,专注于道化、人心的层面,重礼、重德;而少正卯的言论显然与孔子的大不相同,根据孔子对他的批判,后世揣测多半比较接近法家或纵横家,就是比较务实重利、讲法度、讲治理那一套。虽然具体内容不详,但是有证据显示,此人的讲课水平相当不错。何以见得?史书记载有不少孔子的学生也跑去听过他讲课。

后来孔子担任了鲁国的大司寇,相当于高等法院院长或司法部部长的职位吧,结果他上任第七天就把少正卯给杀了。有人猜了,是不是因为自己的学生去捧他的场、给自己啪啪打脸了,所以要报复?那这就太小看孔子的人品素质了,不至于这么狭隘。

孔子杀他的理由讲得很清楚,说少正卯这个人吧,有五大罪过。

第一条叫"心达而险",说他通晓世事但是内心险恶。通晓世事不是坏事,但要是一个内心险恶的坏人把世间的道理都弄明白了,却故意利用这些道理来操控人性、蛊惑人心,甚至还能似是而非地曲解那些道理从而来为自己辩护,让不明真相、缺少学识的大众站在他那一边,那就好比是流氓有了文化又会了武术,谁还能收拾他?危害太大。

第二条叫"行辟而坚",说他行为古怪妄邪,而且死硬到底,不知悔改。人偶尔做一件邪性的事还有救,难的是一辈子都坚持邪性,那就绝对是魔道中人。为什么他能一直坚持呢?因为孔子讲,这个人的邪性都已经自成体系了,扎实、坚硬得很,以至于拥有了理论基础,你看,他不是还在开班讲课吗?

第三条叫"言伪而辩",说他讲的都不是什么好的道理,但是特别能言善道,还有自己的一套理论体系做支撑,很有说服力,一般人还讲不过、搞不定他。就好像纳粹德国的宣传部长戈培尔,能够煽动蒙骗广大国民,把一个国家带上万劫不复的道路。又好比说是普通老百姓碰上了伪专家、大忽悠,还有搞传销诈骗的,赔钱赔人还义无反顾、心甘情愿,那还了得?!

第四条叫"记丑而博",说他对社会上的所有阴暗面、不好的事情都特别关注,知道得还特别多,信息过于博杂,当然就未必全然真实,就像现在信息爆炸,却有更多的片面信息甚至谣言,是一样的道理。所以,少正卯就是一个不分真假的负能量收集站!正常人眼里都能同时看到世界的美好和不足,虽然说只相信美好的人有点单纯傻傻的,但是只看到丑恶、散播丑恶的人就更加居心叵测。

第五条叫"顺非而泽",说他把这些不道德的、不正统的、有害的思想像顺着江河流水一样到处传播,这指的就是他办私学的事。

根据以上五大罪责,孔子就杀了少正卯,这还不算,还暴尸警告众人,千万不能跟从他的学说!我估计少正卯那些教案大概就是这么没的,多半是烧了;他的那些学生也肯定都被警告过了,再敢传播那种"辟、丑、非"的学说,那就和他一个下场。于是后世也就只能看到这场因为文化争端问题而引发的血案本身,至于这场文化争端争的究竟是什么,由于最终就只留下了一方的学说和辩词,另一方说的到底是啥,谁也看不见了。

其实孔子所说这五条理由,要是按照当今法治观点来看,连行政拘留都不一定够得上,也就是网上吊销个账号、线下取缔个无证办学,最多罚个款而已,怎么够得上死罪呢?现代法学有个很基本的原理,只能根据行为和结果来判定罪行,而不能对想法和意图进行主观判断。好比说两人吵起来了,这人说"你瞅啥",对方说"瞅你咋地",然后这人就认为这下一步肯定是想打我呀,趁他还没动手先抓起来再说,罪名是意图伤害他人。这事搁现在肯定不能这么干,但是在古时候还真可以。少正卯的所有罪名都是判断其人品和思想的,没有一件确实造成了什么后果,他唯一的实际行为只是办私学讲了课,也没煽动谋反啥的。而要说讲课这事,孔子你自己也在干啊,凭什么杀别人呢?

杀人的真正原因，也是唯一的理由是：你的思想有问题！

孔子认为，有问题的思想会影响到文化。

而文化是整个组织最底层的建筑，影响文化就可能会动摇组织的基石。

孔子能成为文化大家，就是他清楚地认识到了文化的力量。

孔子这么干，就是认为文化阵地绝不能丢，为此不惜背负恶名也要刀刑相加。

文化的力量有多强大？秦朝推行法家，焚书坑儒，二世而亡；汉初推行道家思想，结果短暂的文景之治中就掺和了一场七国之乱，中央政权岌岌可危。最后发现，不管是法家还是其他思想，终究是要披上儒家的外衣才配得起文化的底子，否则根基不稳。于是，董仲舒天才地对儒家文化进行了阐述和解释，其间夹带了很多帝王心术的私货，巧妙嫁接，这一招奠定了中华社会两千多年的秩序，无论王朝更替，底层文化从没有大的改变。从个人角度，我是道家老子的忠粉，却不得不承认道家修的是个人自我，而打通了释和道的新儒家才更适切这个古老集权农业帝国的管理。

话说汉元帝还是太子的时候，看到汉宣帝采用严刑峻法，就很天真地问道：爹呀，咱不是说以儒治国的吗？汉宣帝马上屏退左右，等到四下无人时才悄悄斥责他：别瞎哔哔，那是对外讲讲的，不是真那么回事。咱们家制度的核心是霸王道，霸道加王道，霸道就是刑罚、法制，就是一切老子说了算，而王道呢，就是教化，教别人遵从儒家的道理。"奈何纯任德教，用周政乎？"怎么能光讲道德教化，那不走上周朝的老路了嘛。汉宣帝内心很清楚，霸王道才是治理的本质，不过对外彰显还是要走儒家的套路，哪怕贵为皇帝，也知道去跟全社会的底层文化硬刚不会有好结果，该装的还是要装。所以，汉宣帝也只是关起门来教育儿子。

在一个大的组织里面，自上而下贯彻的同样一种价值观、理念和思想模式，这就是整个组织的文化。组织文化一旦强大了、稳固了，哪怕组织的领导者有再大的个人能力，又或者领导者发生了变更，都很难动摇组织的底层。而一旦组织文化事实上发生了变化，那么也可以说，新旧组织已截然不同。

乔布斯作为一代科技领袖，当前"苹果"这个品牌的气质、企业的估值来自他所树立的核心文化——极致用户体验、科技创新、简约美学、封闭自我的系统环境，这些理念不仅体现在产品和服务上，也体现在整个企业管理的方方面面。哪怕他已经离世，我们只要感觉苹果还是那个苹果，跟谁来做CEO其实关系并不太大。

作为职场人，当我们进入一个新的企业组织，都需要对它的企业文化有所了解和适应。企业的文化大致通过以下两种途径产生：

一是企业的创立者或再造者的思想和行为模式，在企业不断成功的现实背书下，最终成为企业必须遵循的文化理念。创立者如松下幸之助、任正非，再造者如稻盛和夫，其个人思想和哲学与企业文化达成了高度合一。

二是企业在摸索成长的过程中，由外部客户、合作者、投资人、内部管理者，以及员工团队等所有人共同打磨而成。这个文化理念是各方交流沟通结果的交集，是一个最大公约数。

所以，一旦某些人的行为言论对企业文化形成了冲击，要么企业管理者会感到不满、进行打压，要么企业内外环境会对此感到不适，进而排斥。因此，职场人都需要理解企业文化的渊源，以及它对企业的意义，然后适应。即便你试图想做些改变，也必须小心行事、缓慢更迭，或者学学董仲舒，在不变的外衣之下，一点点去调整里子。

举个最简单的例子，你所在的企业有很强的加班文化，很多人有事没事都留在公司里不走，有点内卷那意思吧。而你一向是个讲究公私场域分明的人，工作效率也很高，晚上觉得无谓地留在办公室很没意思，那么我建议你离开办公室的时候不要太张扬，或者你可以故意把一些会议或者应酬活动放在晚上，看起来也是在加班工作的样子。但是千万不要高调，说什么"提高点效率就不用加班""加班是对个人权利的侵犯"之类的话，你说的虽然不算错，却是对企业文化的公然挑战。试图改变的话，你需要慢慢寻找契机，而不是一上来就摆出对抗的姿态。如果你极其反感加班，那么就干脆不要选择这一家企业，因为很多事的存在可能有着不为人知的合理性，也许对这家企业来说，加班文化曾经是其得以站上行业巅峰的管理方式,甚至可能是某种精神力量的来源。不明就里,就不要贸然行动。

再比如,老板是个向佛的人,于是公司里大家都喜欢讲因果、讲善念,团建会去名山古刹,而你是个无神论者,那么你是应该寻找共同语言,还是嘲笑众人皆醉我独醒?再有,很多跨国外资公司有大事小事全用邮件交流的习惯,你一上来就说这实在有点傻吧,干嘛不用微信或者QQ。那样子的话,你还可能融入这家企业吗?

过去一段时间,对于华为、阿里还有互联网大厂的加班文化,有些餐饮美容行业的军事化管理文化,还有"黑话文化""强制末位淘汰文化"等,都有很多的批评和议论。但是你发现没有,说得最多的往往都是局外人,或是已经离开了那里的人;内部人对本企业文化嗤之以鼻的,多半没有什么好结果,也得不到职场的认可。内部人可以离开,可以敷衍应付,可以尝试调整,但唯独端着碗骂娘是不合适的。

职场人对于企业文化,不能接受就不要加入,选择了加入就要试着去接受,即便要做改变,也要徐徐开展。艾柯卡就任克莱斯勒汽车公司总裁的时候,之前好几任都是一上任就立即指出公司的种种问题,宣称如果不彻底改革就是死路一条,结果都在不久之后徒劳无功,黯然离开。而艾柯卡在上任后的第一次会议上向所有在职高管表示了感谢和尊重,希望大家和自己一起思考摆脱困境的策略。当逐渐达成共识以后,他展开了改革,最终以主动领取一美元年薪的举措彻底扭转了企业铺张的风气。

以经典管理案例为指引,以史为鉴,文化这东西虽然不完全见诸文字、制度,却是组织的底层建筑。无论你有怎样先进正确的理念、有多少宏图远见要展开落实,在一开始你都先要避免成为被杀的那个少正卯吧。

最后再补充一件事,后世也有很多学者认为孔子杀少正卯这件事不一定是真实的。尤其以朱熹为代表,他认为这事情不符合孔子的本性,而且刚上任就诛杀一个大夫这样的高官,以他的官位和能力也不太能做到;还有人说这个"诛"其实是口诛笔伐的意思,惩罚、声讨而已,不是真的杀人。历史久远,真相很难有定论了。不过孔子诛少正卯不是单一个案，这件事情与汤诛尹谐、文王诛潘止、周公诛管叔、太公诛华士、管仲诛付里乙、子产诛邓析这些案例，荀子是放在同类里面作比的。荀子的时代离孔子更近，而且是其门下一脉，应该更可信些吧。

而且几千年来因言获罪的故事绝对不在少数，而能获罪的言都不是简单的闲话和八卦，一定都动摇到了当时作为正统思想的言论，而且还已经得到了相当范围的认同，所以才必须消灭其精神，至于顺手消灭的肉体不过是给后人的警告罢了。我们未必要去搞清楚每一件史实的始末真伪，那不是我们的专业，但是有一个道理一定要清楚，那就是言行要谨慎。有时候你以为不过是随便说说的事，却可能被领导者认为是动摇了组织根本，而后果也可能会出乎自己意料的严重。

3

人才不拘一格、但一定要有格

——春秋养士从鸡鸣狗盗说起

鸡鸣狗盗,在现代汉语里不是个好词,但在历史上关于这个成语的典故却算是个正面案例。

春秋时期的孟尝君,齐国贵族,名字叫田文,历史上他所留下的个人标签就是讲信义、招揽人才,像"孟尝高义""门客三千"这些成语都是因为他而出现的。鸡鸣狗盗说的也是一个孟尝君身边发生的故事。

有一次孟尝君出使秦国,秦昭王早就知道他的名声,说要不你留下来做我们的宰相吧。你别觉得奇怪,战国时期一个国家的名士去另一个国家做官,这个事很常见。但是孟尝君可不是普通名士啊,是齐国核心圈的人,秦朝大臣都劝阻秦昭王说:此人一家老小、家产都在齐国,他肯定心向齐国啊,怎么会真心帮助秦国发展呢?

秦昭王一听就知道自己这话说得的确有些随意了,就放下了这个念头。但要说秦昭王这人的确是蛮阴毒的,他秉持着什么心理呢,就是"这件衣服不错,不合我的尺码,也不能让别人穿",于是干脆就准备杀了孟尝君,也算削弱了齐国的力量。不过这消息还是不小心走漏了出来,孟尝君身边有个熟悉秦国宫廷状况的门客就出主意,说秦昭王有一个宠妃,对她言听计从,要是能让她给吹吹枕边风,没准就能放过您。

于是,孟尝君马上就派人去找宠妃行贿送礼。可是宠妃说大王天天都是鲜花礼物、美酒美食供着,满屋子都是奢侈品,咱什么没见过啊,你这些礼物就算了吧,除非你把齐国那张有名的白狐皮给我。这下尴尬了,为什么?因为这皮子刚刚献给秦昭王,咱也没第二块。这时候有一个门客弱弱地举起了小手,怪不好意思地说:君上,在下跟您这么久也没做过什么贡献,我最擅长的是钻狗洞、偷东西,要不我去秦王的库房把白狐皮给您偷出来如何?孟尝君一看,招聘的时候没注意啊,竟然把小偷也给弄进来了,这会儿居然还用得上!

此人趁月黑风高,顺利得手。宠妃果然也没食言,三两下说动了秦昭王,还真的就放孟尝君回国了。孟尝君哪敢再多待,第一时间就带着人快马加鞭逃之夭夭,你想啊,万一秦昭王心血来潮盘点一下库房怎么办。这一路马不停蹄一直跑到函谷关,而这时天还没亮,关门不开。孟尝君就有点着急,毕竟枕边风这种事,一旦过了一夜就很容易失效,要是秦昭王醒过来回过味,没准就派兵追杀过来了,说不定此刻追兵已经在路上了呢,不定什么时候就从后面杀出来了呀。正着急时,另一个门客自告奋勇站出来说:报告君上,我会学鸡叫。孟尝君问,这有什么用?此人嘿嘿一笑,学起了鸡鸣口技,没想到满城的鸡竟然都跟着喔喔喔叫了起来,守城官兵按着一贯的行为习惯就起床开了城门,孟尝君一行总算顺利逃回齐国。

这个故事就是"鸡鸣狗盗"这个词的来历。在此以前总是有人讲孟尝君招人有点瞎搞,好多人看起来没什么本事,纯属混饭吃,自从这件事情以后大家重新统一了认识:不是大家都认为的本事才叫本事,有些看起来不入流的本事,在特定场合却有大用处。

所以说,用人要不拘一格,这个"格"的意思就是标准、规格、方式;一个组织如果只用一个标准来选拔人才,就容易僵化,也没有创新和灵性。清朝龚自珍诗云:"**九州生气恃风雷,万马齐喑究可哀。我劝天公重抖擞,不拘一格降人才。**"万马齐喑,就是在同一标准之下,很多人不敢说话了,不一样的人才和思想就冒不出来,就像没有风雷激荡,整个国家也没有了生气。所以,人才都不是在统一的标准和规格下能出现的。

养士这件事,其实从春秋时期就开始了。原本当时各国的行政管理者基本上都是贵族代代承袭,圈子很小,近亲培养,于是"老子英雄儿蠢蛋""一代不如一代"的事情比比皆是。所以就需要让读过书、受过教育、有见识、有特殊能力的平民也能参与到管理中来。可是，如何发现和利用他们呢？贵族就率先开始招募收罗人才，供养起来为自己所用。春秋战国时期经常可以见到这样平民逆袭的故事：某人靠着一番演说，或者盛名之下被引见到大王驾前，一下子就被授予了重要职位，甚至拜将封侯。

到了战国，养士之风日盛，甚至成为上层社会竞相标榜的行为，有抱负的国君或者权臣，谁家不是门客济济？谁要是不能养上一堆人才，那就是既没实力又没面子。国君中以养士闻名的有魏文侯、齐宣王、秦昭王、燕昭王等，而贵族权臣中最有名的就是所谓战国"四君子"，前面说的齐国孟尝君田文是其中之一，还有赵国的平原君赵胜、魏国的信陵君魏无忌、楚国的春申君黄歇，都有大量门客作为人才储备。当然，以上这些是真正招募到人才的，也有很多附庸风雅、招了一堆没用的人来摆个场面的贵族，他们就没法在历史上留下名号了。

这些门客的来源，用现在的话讲，有向社会公开招聘的，有内推的也就是人带人相互推荐，也有自己投简历上门的，主要的方向是找那些有智慧、有谋略或者有勇力的贤才，但是也招些只会一技之长的，例如刚才所说的鸡鸣狗盗之辈，当然也免不了有夸夸其谈、无所事事、饱食终日的人混进来。在这些门客之中，有很多青史留名，比如平原君手下有个叫毛遂的，自荐去当陪同出使的跟班，结果大展锋芒，逼楚王签订了盟约，还有信陵君手下出主意窃兵符的侯嬴、击杀大将晋鄙的朱亥，春申君手下建议迁都寿春的朱英等。

中国历史上一直到了东汉，才有了地方察举和公府征辟的入仕制度，科举制更是隋唐之后才出现，而在春秋战国那个还没有形成制度的时代，平民寒士并没有稳定的、规范的考试或应聘的渠道。养士就是领导者选拔人才的重要方法，也是有才之人的进身机会，而且这种做法还非常符合自由市场特征，双向选择，来去自由，门客要是觉得这位主公或者这个国家没有前途，也可以自行离去。

我是讲职商的，领导者如何选才的话题交给管理学大师，我只从职场人的角度讲讲咱们自己如何成为人才，以及如何被看见、被使用。

所谓人才,有三种:

其一,专才,有某一项技艺或能力达到较高的水准,或者武功高强万人敌,或者箭法如神百步穿杨,或者口才伶俐讨人喜欢,即便拥有鸡鸣狗盗的技能也可能有用武之地。而要成为专才,就需要不断地深研、修习,直到成为登上巅峰的匠人,如同那个能把油穿过铜钱倒进壶里的卖油翁所说的"无他,唯手熟耳",更进一步地,还能推陈出新、升级换代,比如搞出无数发明的鲁班大师。

专才,也就是纵向型人才,这是职场上大多数人的发展路径,同时也是综合型管理人才在其职业初期的一个必经过程。

其二,达才,善于学习,博闻强记,通达世事,知人善任,对多种局面和不同的知识技能都有所涉猎或了解,尤其是在面对混乱局面的时候能找到关键节点并做出准确判断,而在日常状态下又能捋清条理、举重若轻。这样的人往往能独当一面,进而成为企业高层。要成为达才,就需要广泛阅读和学习,不断地实践和复盘,在总结中不断提高,而最关键的是要能结合自己的思考,形成独有的方法论。只有具备方法论的人,才能快速地适应和融入环境,并能洞察各种现象,从中发现问题的本质。达才,也就是横向型人才,适合综合型管理岗位。

其三,异才,能为人所不能为、想人所不能想,创意无限,飞扬跳脱,不落窠臼。在平时普普通通、按部就班的环境里,那些异才反而会显得有些格格不入,其他人会觉得他有点神叨叨,性格古怪,想法难以理解。可是一旦遇到了前所未见的局面、众人束手无策的境地,异才反而可能是解决问题的希望。尤其是那些开拓出新领域、新境界的,往往都是异才。异才,也就是跨界型、天才型的人才,例如史蒂夫·乔布斯、埃隆·马斯克。

那么,你觉得自己是哪一种?总有人觉得自己天赋异禀,自视过高;也总有一些比较自卑的人,认为自己毫无天赋,从而过低地估计自己;还有人觉得要成为人才,做出一番事业,努力其实不重要,运气好不好才是关键。在职场,百分之九十的不如意者,原因来自这几种对自己的错误认知和对成功的错误观念。

谁觉得自己是天才的,先自我检验下看看。我可以给你一个标准,那就是:手头正在做的事,你能不能做到最好的前百分之十?而一项全新开创的事,或者在同时接受全新工作的人中,你能不能成为最快上手的前百分之十?这两条都无法做到的话,请老老实实承认自己的普通,普通就不要那么过于自信。

又有谁觉得自己是毫无天赋的人?要知道,我们每个人都有存在于世界的独到价值,不断地遭遇挫折只是因为你还没有点亮自己的小宇宙。退一万步讲,即便你真的没有任何天赋和长处,那么为了生存,你就更需要在一件事上持续地投入,用时间来换空间。因为努力也许是这个世界上你赖以与他人竞争、不被淘汰的唯一途径。

至于那些既非天才又不愿努力、一生死等运气的人,就像极了期望买彩票能中大奖的彩民,机会不是没有,理论上总有幸运儿的存在,但真的很难是你。人生的机会其实不少,有研究说,每个人一生都会碰上至少七次足以改变生活轨迹的机会,但是对于不做任何准备的人来说,那些机会还没到你眼前,就已经被更有天分、更努力的人半路截胡了。

所以说,春秋战国养士,从鸡鸣狗盗到将相之能,可以不拘一格,但也总要有一个格。无论是专才、达才还是异才,你总要是一种。一格也没有,连鸡鸣狗盗之才也不具备,那就根本谈不上人才了。

而且有才之后,还需要找到"被看见"的契机。

有人是故作高深,或者故意张狂行事,例如冯谖存心大吵大闹,向孟尝君要各种好吃好喝的超标待遇,其实是为了刷存在感、引起关注;

有人是自告奋勇,承担脏活累活危险活,例如毛遂自荐;

还有人是靠他人推荐,例如燕国太子丹的老师田光发掘并引荐了荆轲。

即便是鸡鸣君和狗盗君,如果平时年会或团建时表演一下口技,帮着官府勘查破获一些盗案,他们的才能就可以早一些被发现,用对地方,没准能有更多建树。

所以作为当代的职场人,首先是要找到自己的格,也就是在职场上的核心竞争力。

其次要不断地建设、提升自己的格,要么去加深专业性,要么去加宽延展性,又或者提高自己的视野和思维的格局,总之要从人群中脱颖而出,而不是泯然于众。

最后还要学会创建场景、开拓渠道去展示出自己的格,从而被领导者所看见、所了解。之后,你在职场才有机会切换到一条快车道。

4

管理权威的来源

——晋国的最后一任 CEO 智瑶

春秋时期,地处中原的晋国是一个大国。你知道春秋五霸是哪五位吗？历史上有不同的说法,然而无论哪一种,"齐桓晋文"都是必列其中的公认的两位。在齐桓公之后,晋文公击败楚军,震慑拉拢了齐和秦,成为中原霸主,他拉来周襄王会盟天下诸侯,获得了周天子的册封,是史上毫无争议的春秋霸主之一。周襄王其实也是没办法,属于被晋文公强迫到会的,孔子为此气得不行但又无可奈何,在《春秋》里写"天王狩于河阳",说周天子是去和人打猎的,隐晦地为他心目中的正统保存了几分脸面。可见晋文公当时的江湖地位。

后面几代晋国国君都很厉害,晋襄公于肴山大败秦军,生俘秦军白乙丙、孟明视、西乞术"三帅",接着再败秦国复仇之师于彭衙之战；晋景公在楚国称霸的后期,不仅击败了楚军,连和楚国结盟的齐国部队也一起收拾了一小下下；到晋悼公时期,晋国再次称霸天下。所以甚至有春秋五霸"齐一晋四"的说法,在整个春秋时期,晋国即便不称霸时也一直保持着大国地位。

再往后几十年,晋国虽然没有出什么大事,但是也没再出现过前几位这样雄才大略的英主。晋景公年代设置的六卿逐渐取代了王室,王权旁落,权力从国君转移到了实际掌握国家组织机器和拥有封地的氏族手里。

六卿以六大氏族为代表,分别是智氏、赵氏、韩氏、魏氏、范氏和中行氏。到公元前 475 年,晋国上一任的轮值 CEO 赵鞅去世,由智家三十一岁的智瑶接任,于是开启了智氏执掌晋国的时代。

要说智瑶此人,的确能力也算出众。执掌晋国三年后,他亲自率领部队与齐国作战,勇猛无敌,身先士卒,大败齐军,还活捉了齐国的大夫颜庚。之后攻击郑国、图谋卫国、灭掉中山国的属国夙繇(大多数人说应该念"尧"而不念"由"),接着在国内又联合韩、赵、魏三家灭了范氏和中行氏,可以说智瑶的内政外交无往不利,执政地位稳如泰山,剩下的韩赵魏三家均唯智瑶马首是瞻。

不过,正应了那句话:不作不死。智瑶在成为权倾晋国的 CEO 以后,开启了肆意妄为、到处打人脸的嚣张自毁模式。

在一次官方的宴会上,他耍猴遛狗一般地戏弄了韩家的家主,正在得意扬扬之时,手下谋士智国提醒他说:"**主不备难,难必至矣!**"就算是蚂蚁小虫子都会报复咬人一口,何况人家还是相国家主,你不做任何防备,早晚会有麻烦。结果智瑶不以为意地说道:"难将由我。**我不为难,谁敢兴之?**"意思说,以我的实力和威势,找不找人麻烦那只能是看我的脸色,我不去修理他就不错了,谁还敢主动找事?

类似这样的事情数不胜数。在智瑶担任晋国 CEO 期间,不要说管理沟通了,简直就是总裁对全体高管的 PUA 甚至羞辱,威权霸凌到极致。时间长了,韩、赵、魏三家的领导人都心怀不满,只不过实力不济,都是敢怒不敢言。

到最后智瑶干脆直接问三家要起了土地,名义上说我们智家也捐出同样比例的城池,一起交公好不好?只有增强了国家总体实力,大家也才能各自安好嘛。可是三家谁都不傻,你智瑶是统揽大权的 CEO,所谓交公还不就是交给你处置!

原本韩康子韩虎、魏桓子魏驹都想直接把这种指令打回去,但是他们门下各有一位谋士,一个叫段规,一个叫任章,分别向各自领导说了差不多的话,意思就是这个城要是不给的话,首先挨打的就是我们,我们给得越爽快,智瑶这个嚣张的家伙就会更加骄横,等到惹了众怒,其实就是等其他人先出头反抗他的时候,凭我们的实力多少还能拿回来点好处。

所以这俩也都不是啥好鸟,都在等着当出头鸟的愣头青。那么,这个出头鸟是谁呢? 赵家。这个指令传达到赵家的时候,赵襄子赵无恤非常不客气地拒绝了。向来都是打人脸的智瑶，这次自己的脸被打得啪啪山响，一怒之下命令韩、魏两家派兵和自己一起去消灭赵家。

要说韩虎和魏驹这两个人也实在没什么骨气，平时被智瑶各种欺压凌辱，也刚被逼着献了城，又丢人，又丢地，结果智瑶一吆喝仍然屁颠屁颠地出人出力去当小弟。他俩所有的诉求不过是把赵家干掉以后能捞点小油水，就这点出息啊！

结果没想到赵家的抵抗相当顽强，退守晋阳死不投降，而三家的联军足足围攻了两年硬是没有打进去。最后，智瑶毕竟还是一个有谋略、有才干的将领，硬打不成就用水攻之策，挖开堤坝把汾水河引向了城池，晋阳整个儿被灌成了一片泽国。

眼看晋阳要守不住了，赵襄子派出门客张孟谈悄悄地去见了韩虎和魏驹。那俩说你们赵家还能给咱啥好处不成，等城破了还不是我们想怎么拿就怎么拿。张孟谈笑笑说，要拿也未必就由着你们俩拿，得等智家先拿完了，你们看看还能剩多少。接着好心提醒道："没错，咱们赵家这眼瞅着呢是保不住了。不过你俩也别得意，接下来就轮到你们俩咯，咱们不过是先走一步，上头里去等着你们哟。"

韩、魏两家想起前几天智瑶得意扬扬地自夸放水灭国的策略，这时候突然警觉起来，对啊，咱们魏家的安邑和韩家的平阳旁边也有河啊，一条汾河，一条绛河……想着想着就有点心惊肉跳的感觉。两人之前也各种眉来眼去，内心隐隐觉得不对劲，直到这会儿赵家派人来，他们突然想明白一件事：三个大小实力差不多的封国应该更能和平共处，比智家这一大家伙带着咱们这俩小弟要安全靠谱多了呀。

思路决定出路！豁然开朗之后，后面的事就相当简单了。赵家全军杀出城，韩、魏配合反水，智家的军队毫无悬念地兵败如山倒，跑不出多远智瑶被抓，连智氏全家一百多口统统被杀了个干干净净。从此，晋国六大家就只剩下了韩、赵、魏三个氏族。过了若干年，周威烈王封韩、赵、魏三家为诸侯，晋国名存实亡；又过了若干年，他们觉得那个名义上的晋国君留着也没啥意思，索性废晋静公为平民,然后把剩下那点所谓公家的地也扒拉扒拉三家分了。公元前376年,三家分晋正式完成,也宣告了春秋时代的结束,战国时期拉开了帷幕。

我们回过去看整个过程,智瑶的作用就好比是把自己弄成了一个炮捻儿,然后还给亲手点着了。原本以智家的地位,既是实力最强的大股东,又把持着实际权力,断断没有理由搞砸。常见的做法我们在历史上见过许多,无非是不时地拉拢下这个、打压下那个,过段时间再给挨了棒子的塞两颗枣,远交近攻,逐渐削弱,长此以往,早晚他这一家能实现绝对控股。然而,一向颇有谋略的智瑶,却被自己的能力和武力冲昏了头脑,选择了同时凌驾于三家之上的做法,以为自己可以弹压得住,却忽略了三家一旦联合,实力其实超过自己的现实。

我们在职场上也时常碰到不作不死的职场领导者,就像智瑶一样,以为自己可以掌控全局、威压所有人,然而其管理很容易陷入反弹、混乱和脱离掌控的境地。例如某照明公司的案例,三个创始合伙人之间的博弈,曾经貌似胜利掌控住全局的那一位数年后又被资本悄然拿下,最后还身陷囹圄。

在职场上,任何一个层级的管理工作都涉及权威构建。而管理权威来自四个方面:

一是管理身份,来自更高层或者控股股东的管理授权。一旦被任命为企业总裁或者部门负责人,那么在企业或部门内部,此人凭借身份就具备了一定的管理权威。这个职位身份的背后,是一个责权利的三角形,其中的"责"是向上的责任,而"权"就是向下的权威。然而,来自管理身份的权威,与管理者所处职位的稳定性、权力来源的支持力度呈现完全的正相关,一旦有凿凿的传言此人将要离职,或者传言此人已经不受领导或董事会的欣赏和信赖,他的管理权威就会马上动摇。而富二代在其父母公司任职,不会有任何人去硬和他过不去,就因为人家那种血缘背景可不会动摇。

二是获取物质的能力以及分配权,说得直白一点就是有钱有资源。在企业内常见的例子是销售部门,其负责人获取企业各项资源的能力、与老板议价谈判本部门提成和奖励方式的能力,以及在部门内部分配奖金的权力,这些构成了他的绝大部分管理权威。另外,在很多强绩效管理的组织,例如咨询机构像律师事务所和会计师事务所，还有金融机构，以及很多强资源导向的组织，例如公关部门、市场部门，衡量其领导者能力的主要砝码就是看他能不能拿到资源、拿到业务。领导能耐大，组织成员能跟着吃香的喝辣的，自然就认同他的权威。

三是人格力量。有的管理者权威并不完全来自其业务能力或身份认定，他的领导力量源于无私的公心，以及为了维护制度、纪律、良好的文化和规范而进行的严格管理。例如宋江，文不能安邦、武不能提枪，首领交椅的获取也有点名不正言不顺，而他的管理权威仅来自众人认同和信服，一大群有勇有谋的厉害人物相互之间不完全服气，却能信任宋江的管理安排和调停，这其实是一件相当不容易的事。来自人格力量的权威，其基础是团队所有人对现有管理模式都是认可的，无论是成文的规定还是不成文的规矩，这样领导者所做的维护才会获得众人的拥戴。

四是学识。有的管理者通晓行业的多年变迁，他的技能与经验均为业界翘楚，团队成员跟着这样的管理者做事心里特别有底，外出受人尊重，在被领导的过程中自己能学到很多，这段跟从的经历是自己职业生涯中难得的快速成长的机会。所以说，领导够厉害，就有管理权威。例如有些资深的会计师和律师，各种客户都见过，对各种规则的微妙掌握都有经验，从业多年看惯了惊涛骇浪以及各种阴谋猫腻，于是团队所有成员都会心甘情愿接受其管理，哪怕此人有些强势。

一个管理者要想树立权威，这四个方面至少应居其一，同时具备的越多，就越有管理权威。然而，在现实职场中，有太多人认为只需要拥有身份和位置就有了权威，甚至都没有衡量过这个身份和位置在其他人眼中有几分稳固，又值得多少尊重。

以智瑶为例，他的确拥有 CEO 的位置，然而在晋国的六卿体制之下这个位置是众人权衡妥协的结果。晋国连君王自己都已经没有了威权，君王的任命也自然不是什么强大的背书。因此，智瑶虽拥有管理身份，但这个身份并不足以形成管理权威。至于其他几项权威来源，智瑶业务能力的确是很强，可是团队其他成员却没有从中得到足够分享，到最后成员还需要把自身利益让出去；智瑶也没有维护规则的意愿,相反还在不断破坏;他也不具备深厚的学识能够带领组织在内政、外交、文化、军事等方面更上一层楼。因此,他在每一项能形成管理权威的要素上都有欠缺,而他自己的"作"更是把摇摇欲坠的一点点权威还打成了负数,最后被推翻消灭也就顺理成章了。

所以,职场人一旦被放到某个领导者的位置,要在自己管理的团队内形成领导力,管理权威的塑造和维护是第一等大事。第一步要搞清这个身份、这个任命的渊源,保持与上级的良好沟通,取得上级足够的支持,这是管理权威的基础。第二步需要对外拓展和提高业务能力,对内加强各种合作关系的建立,为团队创造更好的环境和更多的收益;同时维护好团队内部的公平和众人认同的规则,对既有规则进行改革时一定要小心谨慎,分步骤进行,并做好足够的交流和准备。最后有余力的话,可以对自己的职业以及相关领域做更多的延展学习,逐步向专家身份靠拢,当然你自己成为专家以后,还要有意愿向团队成员输出自己的经验和心得,带领大家一起得到职业生涯的提升。

四项齐备,则管理权威自然就不会再有来自同层或下级的异议和挑战。而这时我们要担心的就是另一个问题了,那就是来自上层的猜忌和对自己权柄过重的顾忌。这事咱们以后有机会再说。

5

当断则断，当立则立

——西门豹治理邺城水患

在很多年以前的小学课本中，有一篇课文——"西门豹治水"。其主要内容是讲在西门豹管辖的邺县区域经常发大水，而当地官员和巫婆神祝相勾结，以"给河伯娶媳妇"为名收取民众大量钱财，然后拿出其中一小部分弄点祭品，再抢个民女来当河伯的媳妇，往河里一扔就算是送了亲。这种搞法导致民怨沸腾。西门豹到任以后，将计就计，装模作样说这个妹子不好看，怠慢河伯了，需要人上门去打个招呼，于是先把神婆扔进了河里。然后他又装模作样说，怎么去那么久还不回来呀，你们去看一看呗，接着又把那几个又蠢又坏的"乡镇干部"也扔了下去，大快人心。

这篇小学课文的中心思想是为了说明破除迷信的重要性，而当时的我读完课文冒出的第一个想法是：那么发大水这事后来怎么样了？不会扔了几个坏人，老天爷就真高兴、就大发慈悲了吧？

问题的答案，在《史记·滑稽列传》。

司马迁所说的"滑稽"，不是现在汉语字面上"搞笑"的意思，而是**"不流世俗，不争势利，上下无所凝滞"**，也即这个列传里所说的人都是思维敏捷的人，不受常规和世俗牵绊，机智聪明，能言善辩，最关键的是只求解决问题，不计较方式方法。列传里除了西门豹，还说到了那个"不鸣则已，一鸣惊人"的淳于髡（念"昆"），以及东方朔、优孟等人，都是一些擅长讲寓言、用委婉的方式向君王进谏的名臣。

列传中说完了西门豹惩治恶劣乡官和神婆的故事之后,后面还有一段:"**即发民凿十二渠,引河水灌民田,田皆溉。**"这句虽然是文言文,但谁都能看得明白,虽然这条河经常发大水,然而开凿多条水渠之后,平时可以灌溉农田,河水暴涨的时候也有一些缓冲和存水的区域,不至于溃决伤民。这项工程被称为中国有史记载的第一个大型灌溉渠系,同时还是中国多首制引水工程的创始,此后邺县民生开始兴盛起来,直到数百年后的汉武帝时期,司马迁仍写下了"至今皆得水利,民人以给足富"的评语。

这条河就是漳水,邺县的位置是现在的河北省邯郸市临漳县。后世的曹操极为推崇西门豹,相传他留下的遗书说"葬于邺之西冈,与西门豹祠相近"。从现存史料看,不管曹操七十二疑冢的事情是真是假,反正前往邺城的安葬仪式是得到过认真执行的。《临漳县志》记录了"二大夫祠",就是纪念魏文侯时期的西门豹和魏襄王时期的史起,两人先后打造和完善了漳水的治理系统,历朝历代都对其缅怀感念不已,汉、唐、宋、明都重修过祠庙,多位名士撰写了碑文。

历史上对西门豹这个人记载并不多,生卒年不详,也不知道师出何门,有传说他出身于军队,之后被派往邺县主政一方,而之后的生涯也没有什么更多记载,不知道有没有升官,也不清楚死亡原因。因此,他在历史上留下的全部痕迹,就是叫停祭祀河伯活动和建造十二渠这两件事。不过正是这两件事,可以给我们现在职场人两点重要的启发。

我们先来看叫停祭祀河伯这件事。在当时的历史环境下,祭祀活动其实是非常合情合理的行为,从王室到地方乡村都经常举行各种祭祀活动,而且,虽然周朝取消了之前商朝经常拿活人祭祀的行为,到了春秋战国时期关于"人祭"的活动记录已经大幅减少,但是坦率讲仍然属于常见的行为,不算什么耸人听闻的恶劣新闻。例如《左传》就有记载,鲁国的季平子"用人于亳社",就是季平子讨伐莒(念"举")之后,将战俘杀了祭祀土地神明。所以,这也是为什么地方官和神婆搞出的祭祀流程,虽然民众对此都很害怕甚至怨恨,却也没有强力反抗的原因,毕竟这也算是常规的风俗和仪式。

我们没有任何证据说西门豹是一个无神论者。虽然后世拿这个故事当作破除迷信的典范，但西门豹本人的行为绝对不是出于不相信河神存在、认为祭祀无用的原因。他只是基于一个非常朴素的判断：别处的祭祀杀几个人也许不伤社会根本，而邺县的祭祀行为已经严重伤害了当地的民生，影响到社会治理，所以必须叫停。

可能正是西门豹曾经的从军经历，让他在关键的时刻有了"当断则断"的决策判断力。以现代职场为例，当我们发现现行的销售政策引起销售费用的不断上升，那么在引起利润倒挂之前就应果断做出调整；当发现施工工地或矿场存在重大安全隐患，那么绝对不能抱有侥幸心理得过且过，必须立即进行纠偏；当发现市场需求潮流发生了改变，或者有新的替代产品出现，应该马上对现有产品进行改造和更新，而不是抱着不关我事的心理继续按部就班，对生产出来的滞销产品又盲目采用加大市场投入和销售奖励的方式硬推。我相信对大部分职业经理人来说，只要日常工作中接触到这类信息时能保有一定的敏感度，发现问题并不难，但是要主动思考、做出决策，就需要具备宏观整体的思维模式，更重要的是要有责任感和担当。事实上，能够挺身而出、当断则断的职业经理人并不多见。

因为当断则断是存在风险的。如果只当什么也没有看见，延续过往的管理模式，即便发生问题，自己也没有大的过错；而一旦主动寻求改变，就相当于挑战既有的模式，万一没有达到预期效果，或者引发其他人的反对，就可能给自己的职业生涯带来阻碍。因此，基于风险厌恶的基本人性，敢于做出决策的人就少之又少。而只有在开明宽容的企业环境中才会有较多勇于任事的职业经理人。

我的理念和看法很简单：独立判断和主动行为是每个职场人能获得个人发展的恒久动力，做对了可以带来职场提升，做错了也只能说明自己的思维和能力还不足，而这种不足也只有在实践中才能得到改变；反过来讲，不这样做，将会让自己永远停留在职场底层，所以这是一个必须划掉的选项。有时候做选择题，把肯定不对的选项划掉，剩下的再难、再吃不准，那也是正确答案。

那么如何在"断"的时候,同时还能控制住风险呢?这就要求我们在做出判断决策前,"未谋胜先谋败",提前将可能发生的不良后果尽可能多做考虑,多做铺垫,多做备案后手。我们来看西门豹,他就很注意方式方法。

祭祀是一种普遍的风气,要是以官方命令的形式强行叫停,可能会引起舆论的质疑和不明真相的群众的反对,所以他才机敏地将计就计,并没有直接反对,而是在祭祀的过程中做了一点手脚,在阻力还没形成前就自然地下手。另外,我们看到西门豹都往河里扔了谁?扔了神婆以及神婆的弟子,还扔了村干部和乡干部,但是轮到县干部和当地豪强家族首领的时候,还扔吗?并没有。西门豹只是摆出了一副继续要扔的架势,而当这些人跪下磕头求饶的时候,他也顺势接受了他们的投降和屈服。这说明西门豹处理问题时,不仅考虑了可能有的风险,也计算了反对的力量,说不好听一点就是杀鸡儆猴,有成效就行,至于那些鸡究竟有多大的罪过、是不是罪行当死,其实也不好说,只能当成是代价吧。这个做法有违现代意识,但是在当时的管理理念下也实属正常。正因为西门豹方法得宜、分类处理,最终取得了良好的效果。

有"断"就有"破",但还要有"立"。真正推翻一种无良的解决方法,就要能提出更有效的解决方法,因为问题毕竟还在那里。我们再来看他推行的建造十二渠的举措。西门豹在做出这个决定的时候,手下人反映说老百姓看到要出工出力都很烦苦,这个工程太大、太艰巨了,都不愿意干。西门豹说:"**民可以乐成,不可与虑始。今父老子弟虽患苦我,然百岁后期令父老子孙思我言。**"意思是说,普通群众的思维、眼界都很有限,也没有什么很大的格局,他们只能开开心心地共享成果,却不能和他们去商量一样新事物该怎样开创。开创这种事,不是大伙讨论着干的,就应该是领导者的责任。当立则立,确定要去做一件事并且思虑周详、排除困难,这正是一名领导者应有的风范。即便在当时,民众部属不能理解,对于增加出来的工作量、投入极大的时间精力会产生厌烦憎恨的情绪,但是当成绩和结果出现以后,他们会回过去反思对当时决策的态度。也只有在那时,不仅让下属的思辨能力得到了提高,而且让下属对领导者的信服和追随得到了强化。

职场上向上攀登的每一步都需要付出。很多人期待"好风凭借力，送我上青云"，这样的事情不是没有，但是那个概率小得你绝对不能指望。大多数人会犯的错误，是在职场上不敢发言、不敢出头、不敢坚持自己的想法并无视他人的眼光和议论，其根源都是内心深处的不自信和畏首畏尾、患得患失的心理。长此以往的结果，就是工作虽然中规中矩，但是没有亮点，而作为个人来说则泯然于众人，很难脱颖而出。

事实上，不自信和患得患失这样的问题，我们每个人或多或少都有，但只有一小部分人会驱动自己去克服它，也正是这一小部分人能攀登得更高远。如何克服？给大家两个刻意训练的小方法。

第一个办法是要求自己在任何场合开口都必须有新意、有创意，必须有与众不同的点，也就是刻意追求某种程度上的"语不惊人死不休"。这样能让自己的每次发言都有作用力，都有反馈。在一开始这个观点的立意或宗旨可以小一些，命题不要太大，观点也不要太突兀，同时不断观察其他人的反应，思考怎样让整个观点再圆润一些、被接受度更高一些。这个办法可以训练思维的独到性、表达的周到性，还可以训练胆气，增加自信。

第二个办法是一旦有机会的时候，主动去扮演上级领导者的助理或助手角色。例如，在某一个项目进程中，主动承担会议记录和日程跟进这样的琐碎工作内容。目的是近距离地去观察和体会，一个新项目或一项新工作在开创落地的进程中需要考虑哪些方面的内容、可能会遇到哪些问题，而上级领导者是怎样妥善而全面地予以安排和解决的。如果有不明白的，正好借着请示审阅记录和汇报日程等工作由头，可以向上级领导者咨询请教。

为什么有很多中层管理者是领导秘书或助理出身？为什么他们可以有直接从中层开始的较高起点？很多普通人会撇着嘴说就因为与领导关系好啊。光看到这一点的人没什么前途。关系好绝对不是根本原因，其背后的关键词是长期相处形成的"信任度"；更重要的原因是，秘书和助理最了解领导的思维模式、战略需求和行为方法。当他们有了更高的视野、更广的思虑，也因为更了解上级意图从而有了更多的决策自信,当然就比很多自下而上提拔起来的干部更具备"当断则断,当立则立"的能力。

所以说,看事情不能看表象,一味跟着直觉和情绪判断走是不行的。当你明白了我所说的内在机理,就知道自己该怎么做、该怎么提升了吧!

6

职道根本唯"公平"

——中国变法第一人李悝

所谓变法，通俗讲就是一次比较彻底的国家改革，不是对局部的、部分的政策做一些小改动，也不是治理方式上的小调整，而是观念的根本性改变和全方位的变革。

大家比较熟悉的是清末的戊戌变法和战国年间秦国的商鞅变法，然而中国历史上最早也是非常成功的一次变法发生在比商鞅更早些的魏国，主持者名叫李悝。非常巧合，李悝去世的那一年，也就是公元前395年，正是商鞅出生的年份；一位变法先驱的离去，紧接着一位天翻地覆改变中国的变法猛人的出生，冥冥之中似乎是变法传承的天意。

这个"悝"字，可以念成"离"，但是用在名字上要念"亏"。我不禁笑了，那读起来不就成了"理亏"了？我也不知道他爹妈是怎么想的，不过李悝这个人做事却毫不理亏，而是有理有据、合情合理。

李悝师出儒家孔门，比较公认的说法，说他的老师是曾申。这个曾申是何许人也？曾申的学术门楣很高，其父亲和老师都是泰斗级人物。曾申的父亲是曾参，孔子弟子中的顶尖人物，四位享受配祀孔庙待遇的圣贤，即孔门四圣之一。孔门四圣分别是：复圣颜回，孔子最欣赏的弟子，没有之一的那种；述圣子思，就是孔子的嫡孙孔伋，传统学界观点认同《中庸》就出自孔伋之手；亚圣孟轲，就是大家都知道的孟子；还有一个就是宗圣曾参。曾申的老师呢，是子夏，也是孔子的学生，当时在魏国享受供奉待遇的学术领袖，相当于帝师。曾申除了教李悝以外，还教出过一个大有名气的学生，就是一代军神吴起。

豪华的师门，注定了李悝的出道起点。身为学术泰斗的徒孙、国务参事的徒弟，这块敲门砖是金灿灿、叮当响的，只不过入门之后的业绩还是得靠自己干。

李悝从政起步之处并不是什么好地方，他负责的中山和上地，这两个地区都是与秦国接壤的边境地区。要知道秦、魏两国从来就不是什么友好睦邻，即使不像巴以冲突那么你死我活吧，也好比是印巴那种长期翻白眼、偶尔干一架的情势，所以那个边境地区工农商贸条件都很差。而李悝却在中山相和上地守这两个岗位上干得相当出色，就此进入了魏文侯的法眼，被任命为相，随之就开始了中国历史上第一次变法。

李悝变法主要干了四件事：

第一件，废止了贵族的特权和世袭的制度。李悝说"食有劳而禄有功，使有能而赏必行，罚必当"，就是说谁都得给国家做贡献，有能力就能有官位、有功赏，没能力、不做事的就让开靠边站，谁也不能靠贵族身份或者祖上恩荫就吃白饭。自此之后，激励机制一旦有效，大量民间和军队中有才能的人就逐渐进入了政界，国家治理机器开始变得有效率起来。

第二件，在经济上推行"尽地力"和"平籴法"。什么是尽地力？作为一个农耕文明的国家，最基础的资产就是土地，要是能让所有的土地都有所产出，并且不断提高产出效率，资产的价值就充分实现了，这就是国家的富强之道。所以要废除井田，鼓励生产，允许土地买卖，充分激发资产的活力。那什么是平籴法呢？我们都知道，粮食太贵了会损害其他工商业的活力，但是"谷贱伤农"，粮价一旦太便宜了，种地的农民也受不了，更何况农民根本没有承担价格风险波动的能力，一旦心理底线被击穿，就会引发社会动荡。所以，国家要通过设立储备粮仓来平抑丰收时期和歉收时期的价格波动，粮食太多了国家出面收一点，荒年时候国家再平价放一点粮，这样能让所有农民和工商业者都有较好的保障。从这两条看，我简直怀疑李悝是一个穿越过去的经济学家，他制定经济政策的考量和出发点即便放到今天也不过时。

第三件，修订了《法经》。这部法典的具体文本已经失传了，只在《晋书刑法志》中记载着概要。《法经》分为盗、贼、囚、捕、杂、具六个篇章，对侵犯公权公财、民间争议和侵害、日常行政治安管理、司法、执法、审判，甚至是法律原理和精神都做了描述。《法经》是中国历史上第一部系统性的封建制度下的成文法典，而且这个系统的体系已经有些类似于现代的宪法、民法、商法、刑法以及程序法的雏形，所以，我再次怀疑李悝是穿越者。

第四件，军事改革。一人当兵，全家免赋税；当兵以后，优中选优，严格训练，从而组建出了一支精锐重装步兵，就是史上赫赫有名的"魏武卒"。国家给军队提供最好的装备，而国库的充盈也为此提供了经济上的保障；所有在军队获得战功的人，可以升官，家里赏田。让我感到惊讶的是，李悝军事改革的思想有点像当代"精简军队、提升装备、加强单兵作战能力"的策略，所谓的魏武卒也有点像现在的特种兵，于是再次再次怀疑李悝穿越这件事。

李悝变法所带来的结果，是让魏国迅速成为战国早期的第一强国，不仅在军事上击败了齐国和秦国，实力如日中天，而且国富民强、工商发达，都城大梁也成为引领各国的工商业中心、文化中心和时尚中心。李悝的变法究竟是怎样的一种魔术？其实道理很简单，这不是魔术，只不过是遵循了"公平"这一常识而已。

然而，往往越是简单的常识，实现起来却越是无比艰难。

公平，是组织治理的基本准则。

物尽其用，人尽其力，按劳分配，论功行赏，就是公平；

不问出身背景，只看能力贡献，就是公平；

个人做好个人的事，组织做好组织的事，不让个人承担天灾或组织系统的风险，就是公平；

规则条文系统合理，公之于世，悉数遵从，就是公平；

公开选拔，强强联手，优质资源向强者倾斜，就是公平。

李悝的变法，只是遵循着公平的基本准则而已。在一个组织中，一旦公平的准则确立，所有人内在的潜力就会立刻被激发，并且对未来会形成良好的预期,对环境会形成信任,这些就是一个组织能够向上的基础力量。另外,一个社会一旦形成了"贫富分化是不可能打破的""阶层是无法穿破和跃迁的""那些困难都是无法克服和改变的"这样的预期,而且成为大多数人的共同预期,那么一切就会变得非常可怕。只要普遍预期是向上、向好的,并且有值得信任的环境和公平准则,再大的困境都是走得出去的。

我们在职场中感到不满的原因,正像马云说的那样,要不就是钱没给到位,要不就是心受委屈了,说到底都是没有被公平地对待。"己所不欲,勿施于人",在职场要想获得更多的支持、帮助、资源和机会,就要秉持公平做事的态度。一个不断压榨下属的领导者、压榨乙方的甲方,他们的得利都只在一时,而相应失去的,是整个团队和乙方的主观能动性。一个没有养成价值交换意识的职场人,就会一直纠结于要不要为团队多做一些事、要不要帮助他人的问题,最后成为团队中的边缘人物。一个不具备长期多次博弈意识的职场人,就只会看到眼前的得失,就会为了短期利益而无视他人、罔顾团队,太多人把博弈看成了胜负策略,而其实博弈的本质是交易和共赢。只有形成了公平的价值观,才会有出于公心的大局观和行为模式,而这是职场上能够长期向上发展的基本配置。

所以说,职场管理之道,根本的内容不过是"公平"二字。

职场上,每个人心里都有一杆秤,会去衡量自己的付出与所得。然而,这个所得不仅仅是经济收益,还包括了很多其他内容,例如各项福利、保障,被认可的社会地位,有满足的精神激励,团队情感氛围,学习和培训的机会,探索尝试新领域从而获得个人成长的机会,等等。除了工资单上的数字,还有很多工具可以去实现公平,只要管理者能意识到每个人心里的那杆秤。

李悝所讲的"尽地力",对企业来讲就是"尽资力",把企业所拥有的各种资源包括人力资源、资产、资本用到极致。同时,对每一个职场人来说,则是"尽人力",职场人的投入就是自己的时间、精力、经验和技能,同样希望获得较高的回报。所以,无论是企业还是个人,都期望各自的投入和产出能够公平、对等。

职场人所面临的规范是否合理、是否公开透明、是否一视同仁,构成了职场环境的公平;

职场人的责权利是否匹配,相互合作关系是否能达成双赢,构成了职场权利义务的公平;

职场人是否有被培训和被选拔的机会、是否择优晋升,强者是否能获得更多的空间,构成了职场发展的公平。

我们衡量自己职场态势的标准是公平,与职场上其他人交流合作的基础也是公平。李悝的变法说穿了不过是找到并创建了公平的规则,推行、实施并且维系住了它的运行;而我们行走职场江湖所凭借的,也不过就是秉持公平的愿景和发心而已。

自此而往,无往不利。

最后聊一下李悝变法这个故事的结尾。历史上有两种说法,第一种说他功成身退,安享晚年,得以善终。很幸运的是,魏国是与韩国、赵国一起从原来的晋国分立出来而形成的,所以晋国原有的那些老贵族势力早就彻底消停了,现有的贵族势力只是原来魏家氏族成员以及亲近家臣,不算太过强大,所以李悝变法所得罪的勋贵子弟们还没有足够能力来反扑报复。而在他之后,吴起在楚国的变法、商鞅在秦国的变法都遭到了既得利益阶层的凶猛反噬,吴起被射杀在楚王灵前,商鞅被车裂于市。所以李悝还是挺幸运的。

还有另一种说法,李悝是自杀身亡的,原因也很吊诡。有一名犯人被抓后承认了数年前的一起凶杀案是自己所为,这让李悝极为震惊,因为三年前他已经审结了那个案件,而现在看来当时被处置杀掉的犯人就是被自己冤杀了。按照《法经》的规定,断错案的人要按照错案的惩罚方式一样受罚,于是为了维护自己所制定的《法经》的尊严,李悝自尽身亡。

我没有去对历史真伪做更多考证,只是内心一直记得这个颇有传奇性的故事结局。从某种意义上说,故事中的李悝是用生命在捍卫着自己所追求的"公平"之道,并为此留下了浓墨重彩的一笔注解。

7

情商与专业一样重要

——貌似所有被封武安君的都不得善终

战国时期有好几个名人的封号都是武安君。

所谓武安，就是凭借一人之能力或武力安邦定国的意思，作为臣子，这是享有极高殊荣的评价。被封武安君的这几个人，每一个都是历史上响当当的人物。然而细读典籍，撇开他们那些耳熟能详的丰功伟绩，看到他们每一个人的结局，却都令人唏嘘不已。

第一位武安君，是苏秦。

苏秦师从鬼谷子，相传是鬼谷门下第一个口才好到能够把老师说得流泪的人，于是被准许出师下山。苏秦第一站先到了秦国，没想到却出师不利，自己的政治见解丝毫不被认可，话不投机，秦王十分讨厌地将他打发走了。苏秦不但郁闷，还很潦倒，回到老家后被族人普遍看不起。苏秦备受家人嘲讽、冷落，日子很不好过。愧恨之余，他只能埋头学习，这个复读的劲头有多用功呢？你知道"悬梁刺股"这个成语吗？那就是他的备考事迹，生怕睡着就把头发吊在房梁上，一犯困迷糊就拿锥子扎大腿，真是个狠人啊！

数年后，苏秦重出江湖，换了个地方去面试。既然秦王你不给我 OFFER，我就去把你的竞争对手都联合起来跟你死磕！他改换方向去了遥远而弱小的燕国，成功说服了燕文侯，成为燕相，之后一路又说通了赵、韩、魏、齐各国，等到最后楚王也接受他的合作申请书之时，六国合纵大功告成。苏秦因此佩六国相印，衣锦还乡。这之后秦国忌惮联军，足足有十五年没敢出函谷关一步，六国总算是过了一阵安稳日子。秦国应该很后悔当初没给这家伙办入职吧。

桑弘羊评价他说:"智足以强国,勇足以威敌,一怒而诸侯惧,安居而天下息。万乘之主,莫不屈体卑辞,重币请交,此所谓天下名士也。"平民出身却凭一己之力左右了天下大势,堪称古今少有的卓越人物。

苏秦的武安君封号,不是来自燕国,而是赵肃侯封的。赵国挡在秦国东出的前沿阵地,屡屡只能独立抗秦,而有了六国的联盟压力就小了很多,因此对合纵的策划人苏秦非常感谢,不吝赐予高爵厚禄。然而,十几年后,秦国通过欺骗齐国和魏国,成功破坏了合纵,还联合起来攻打赵国。时移势易,曾经的功臣换了个时代就很容易会被忘却,甚至追究罪责。苏秦在被赵王责备之后,出于害怕就逃回到了自己当年发家的基本盘——燕国。

然而,苏秦要想在燕国长久平安也有点难,因为有两件要紧事,他始终没能很好解决。

第一件事,是他当年游说合纵之路留下的后遗症。那时候他每到一国,都会直陈与该国相关的利害关系,因为要不是这样就根本不足以引起国君的足够注意。那么为了取得信任,他难免要将各国各自的强项和困难坦诚地相互告知,分析得失,取长补短,才能达成合作。但是,这样几个国家走下来,掌握了各国军政情况的苏秦就成了一个共享情报中心,而这个数据库的安全性就多少会让所有人感到担心。虽然说秦国是大家一致的敌人,可六国彼此之间其实也一直有消除不去的猜忌、怀疑和斗争,因此在各国之间游说的苏秦很难被任何一个国家真正信任,包括最早认可他的燕国。

另一件事,是私生活问题。苏秦和燕文侯夫人也就是后来燕易王的母亲曾经有着超越一般友谊的特殊关系,你懂的,不展开细说了。有人说这是燕国王室为了笼络监视这个担任六国相的要人而采取的方式,因为在当时国君或权贵让自己的侍妾去招待重要客人并不鲜见;有人说是女方主动,事情发生在燕易王即位后,很可能贵为太后掌握实权,看上了苏秦,或者是要以这一层关系来捆绑要员,反正他也不得不从;也有人说是两人长期相处后背着国君发生了感情。但无论怎么解读这个八卦,总之在燕易王这里,这件事是个实锤,并且总是搁在心里。虽然燕易王明面上仍然厚待苏秦，但是苏秦却始终活在恐惧之中。你想一想，假如你早上起床一推开房门，发现昨夜的枕边人和前夫生的儿子正在笑眯眯看着自己，一米八五，有钱有权，你内心有没有点瘆得慌？

于是，之后苏秦的职业生涯就非常扭曲了，离开了燕国，投奔了齐国，却不知为什么身在齐国又一直为燕国当着间谍，明里为齐国献计献策，暗里却都是有利于燕国的行为。齐国的很多高官虽然没看出他的阴谋，却阴差阳错嫉妒苏秦的待遇，出于争宠之心派人刺杀了苏秦，这也算变相挽救了齐国。传说苏秦最后被车裂于市，下场悲惨。也有后人说先是有刺客，车裂据说是苏秦临死前向齐王献的计策，为的是引出刺客。真实情况是搞不清楚了，总之死得很难看这件事是确实的。

再说第二位武安君的故事，军神白起。

大名鼎鼎的军神，还有个绰号叫"人屠"。

白起出生于秦国崛起的时代，生逢其时，在秦国东征西讨的进程中充分展示了自己在兵法上的天分。公元前294年开始领兵，次年的伊阙之战就消灭了韩魏联军24万人；从公元前280年起，他三次攻打楚国，基本消灭了楚国所有有生力量，逼得楚国不断割地，就像常年不断地在熊市里割肉，最后连国都都被迫迁址了，从郢迁到了陈，实在是因为前线已经被推得太近了；公元前273年后，白起连续攻打韩、赵、魏三国，战无不胜。他的"招牌"是杀俘虏，少一点杀数万，多一点杀十几万，不留活口，因此被称为"人屠"。要是按照《日内瓦公约》，妥妥的一个甲级战犯！直到史上极为著名的长平之战，白起一次坑杀了赵国四十万降卒，"屠夫""杀神"的名号达到了顶峰。

从当时的实际情况来讲，战国七雄总人口也不过2 000万到3 000万人，各国人口都很有限，杀害对方国家的青壮年有生力量，就是直接消灭了对方长期持续抵抗的可能。而且秦国自己的粮食也不富裕，宽大俘虏投降不杀，这伙人就得吃我的用我的，划不来，更讨厌的是，他们日后有机会回国的话，下次还会来和我打仗，这么说起来还不如全杀了干脆，还能彻底断了敌国未来十几年卷土重来的可能。所以，咱们不能用当代的眼光和人权概念来看历史，白起的这种做法在当时而言不失为最有成效的策略,只是毕竟失了人望和声誉。

白起被秦王封为武安君,以不世的战功换得封地、爵位和荣耀。那么,国宝级的一代名将又是怎样走上死路的呢?

原因之一是将相失和。秦国当时的相国是范雎(念"虽",这是《史记》记载的,也有说应该是"睢"字,念"驹"。我姑且跟着《史记》走吧),著名的"远交近攻"战略的提出者,而且白起在长平获得的胜利,其中也有他在赵国使反间计,诱骗赵王用赵括替换廉颇的重要功劳。作为一代名相,范雎与白起在秦国战略上产生了分歧,虽然范雎的确有生怕白起位列三公、压过自己一头的嫉妒之心,然而从策略本身来说,他的意见多少也有可取之处。然而,白起却与范雎从来不进行任何交流,言谈举止粗鄙无礼,以致翻脸成仇。

原因之二,也是更重要的原因,秦昭襄王后来又一次想攻打赵国时,想任命白起为将。白起却劝说道,长平之战后秦军也有很多损耗,加上国力空虚,一旦其他国家帮助赵国,这次秦军必败。道理是对的,而秦王不听,白起就称病回家休养去了。结果楚国春申君和魏国信陵君联手支援了赵国,秦军果然大败而回。

身为下属,遇见领导失败时,正常状况一般会这样说:"都怪我,当时我没能讲清原委,劝阻领导,我也有很大的责任啊。接下来咱们该如何重整局面,我一定尽我所能。"然而,白起怎么说的:"看吧,谁让你当时不听我的劝言,结果怎么样?还是我说的正确吧?"这下把秦昭襄王彻底惹毛了,要白起马上回来带兵出征,算是给他最后戴罪立功、发挥余热的机会。不巧白起病重未愈。这次白起是真的病了,但问题是之前他有过很多次倨傲装病的黑历史。秦昭襄王以前就对白起经常生病有怀疑,这次联系前后表现,对他的病情彻底不相信了,于是就直接要了命,说他是"怏怏不服,有余言",就是心怀不满,下一步就该图谋不轨了,再加上一旁老冤家范雎非但不解说,还趁势添油加醋,于是赐了把宝剑让白起自刎。

一代军神,呜呼哀哉!

第三位武安君,是赵国的李牧。

喜欢历史军事的人，对这个名字也不会陌生。李牧，与白起、王翦、廉颇并称为战国四大名将，而且排名是前二。他的一生，战功赫赫，百战不败。前半段是在赵国北部边境与匈奴作战，数十年间保持常胜，一手确保了赵国北境安全。后半段是与秦军作战，屡次重创秦军，特别是肥之战，是李牧在赵军被歼十万后临危受命的一战，在这压上国运的背水一战中大破秦军。李牧因功被封为武安君，可以说是战国后期赵国赖以在危难中支撑不倒的唯一良将。

那么，李牧的结局如何呢？他是被秦国的反间计所害的，秦将王翦派人买通赵国奸臣郭开诬告李牧谋反。对全国第一名将的诬告就这么容易得逞吗？坦率地讲，所有的反间计都需要一定的土壤才能酝酿发酵，谣言诬告也需要与某些事实现象有所关联，才可能被采信，就好比明星勾肩搭背被拍了照会被怀疑偷情，高管有不明来源收入会被怀疑贪污，煽风点火、添油加醋多少也需要一个由头。而很不幸，李牧就有不少这样的由头。

李牧在镇守北疆抵御匈奴期间，拥有自行任命官吏的权力，税收也可留用，作战更是"将在外，君命有所不受"，于是养成了自主其事的管理风格。好在是百战百胜，边境安定。他觉得没什么需要向赵王汇报的，反正汇报了你也不懂啊，你又不了解匈奴和北疆的情况；至于与朝廷其他官员交流，那更没必要了，自己什么授权都有，再说他们能力都不如自己嘛，公文往来太多反而影响工作效率。在古代，一旦封疆大吏与中央减少甚至断绝了信息往来，基本很容易自取其祸。而且在勾结背叛的流言蜚语甚嚣尘上之时，李牧仍不愿意寻求渠道去想办法消弭谣言，当然了，以他一向的做派也导致没什么愿意帮他的朋友。他只是一味相信清者自清，在行为上更是保持着一贯的我行我素、自行其是的风格，最终在赵王心目中形成了李牧不得不除的决策判断。

结果很明显，从李牧死，到赵国亡，前后不过才用了三个月的时间。后世人当然会将亡国的原因归咎于赵王谦的昏聩、郭开的奸佞，然而我从企业管理和职商的角度，不得不指出李牧的管理沟通存在着很大的问题，同样要为社稷和军民的不幸承担一定的责任。

综上所述，"武安君"真不是一个好封号啊！这几个字简直就是一枚阎王爷亲自开了光的"不得好死符",名士也好,战神也好,都没好下场。

其实能够得以封侯拜相,都是特别有能力、有功绩的人;而往往这样的人都存在性格上的弱点。同样,在当今的职场上,很多优秀职业经理人的崛起是因为自己的专业能力和做出的业绩,而在提拔到一定层级的管理岗位、承担更多的责任时,情商的缺陷往往会带来致命影响。

有专业能力的人都必然自信。有时过于自信就成了自负,轻视蔑视不如自己的其他人就成了自傲。自负和自傲是低情商的最大源头之一,因为没有人愿意永远仰视他人,甚至承受轻蔑不屑的眼光,这是基本的人性;如果作为下属还会忍一忍,而同僚一定会把这种内心的不满转化为言行上的不认可、不合作,即便是不得已的合作也多半会采取不主动、不负责的态度,一有机会肯定会使点绊子,巴不得看你吃亏倒台。更严重的问题是,当老板也感觉到这一点的时候,你的重大危机就出现了。不是所有上司都有足够肚量的,大多数人在还用得上你的时候还会忍耐一时,等时过境迁了就会想办法给自己当时的心理不愉快找回补偿,严重的话就会对你的立场产生怀疑,进而就着手修理你。

有专业能力的人还很容易独断专行。的确大多数时候他的意见是对的,而且要是减少了交流讨论和请示汇报的过程,是能提高工作效率的,然而长此以往,其他人就失去了存在感;当你不给予别人机会,而别人又想自己刷一刷存在感的时候,意想不到的事端就这样一件件发生了。特别是当上级打算提醒你摆正位置的时候,就会采取一些敲打措施了。

有专业能力的人即便不得不与他人交流,也喜欢直奔主题、只求结果,不会太在意交流的过程和他人的情绪。"智商对等的人在一起做事就是舒服",这是他们喜欢的感觉。然而,越是智商高、能力强、经验丰富的人,在职场上就越难碰到自己心目中水平对等的同事和伙伴;而职场大多数的事还是需要依靠团队来解决的,因此就必须学会与不如自己的人交流的方法,特别是平级同事和老板。

有专业能力的人还特别在乎别人的认同,那种被尊敬的感觉是最爽的,而一听到反对的意见,或者不被人重视,心理上往往难以忍受。而这时就很容易说出或做出一些没必要的、过激的言行,也就是网络上说的"啥啥一时爽、啥啥火葬场"所揶揄的情形。

苏秦在未成名前,嫂子、家人都不待见他,冷落嘲笑受了不少。等他六国封相、衣锦还乡之时,他们跪拜于地迎接。豁达一些的人此时稍微做一下场面功夫都不难,而苏秦偏要冷冷地说一句:"何前倨而后恭也?"看到他们被刺得战战兢兢、惴惴不安,心里才觉得舒爽,其实大可不必。

白起在秦王打了败仗以后说:"看,被我说中了吧?让你不听。"

李牧在赵王问询的时候说:"跟您说也说不明白,您还是好好管管您身边那些小人吧。"

像这种话除了自己开心一下,于解决现实问题毫无意义,甚至还有潜在的副作用。言语和态度上的冒犯而不自知,往往会将自己置于危险的境地。

所以说,我们要在职场上获得发展,学习、磨炼、提高自己的专业能力肯定是最基本的功课,而当专业能力达到相当高度以后,务必要学会善于倾听、乐于沟通的工作方式,培养一点同理心,控制自己的心理满足和口舌之快。即便你的水平真的已经高到"一览众山小"的地步,也可以试试俯下身来与众生平等对话,你的内心可以保有优越感,但千万别有事没事就表现出来。当你忍不住想秀自己的时候,请务必多想想这三位武安君的下场。

8

高处不胜寒

——郁郁的屈原也曾少年得志

写到屈原的时候,正值端午节刚过,很多人在微信上开玩笑说:感谢屈原给大家贡献了一天假期。中国官方因古人而设立一个公共假期,屈原是绝无仅有的一个,所以要说家喻户晓、老少皆知、连文盲都认识的古代名人,屈原绝对排名前三。

不过虽然所有人都认识屈原,但是大多数人的认知离不开这样几个关键词:楚国贵族,忧国忧民,爱国诗人,懂文学的会说他是浪漫主义楚辞的鼻祖,对历史了解多些的还会记得"三闾大夫"这个官衔。然而细细研读其生平之后,屈原其实也与大众的一般想象颇有不同。

屈原所在的家族是楚国贵族名门,昭、屈、景是楚国最显赫的几个家族。屈家最早的祖先是楚武王之子屈瑕,此人大约是在公元前720年左右出生。这个出生年份没有记载,只能靠猜。屈瑕他爸楚武王有记载是公元前740年出生的,而屈瑕去世的原因则是因为带领楚军吃了败仗而自缢身亡,历史也有记载确认是公元前699年。你想,屈瑕死的时候他爹才四十一岁,而他自己是带兵战败而自杀,肯定已经成年,而且还留下了后代,不然也不会有屈原了,另外再加上一条理由:屈瑕不是长子,因此他不能继承王位。这样推理下来,大概率是在楚武王二十岁左右生的屈瑕。有点扯远了,不过历史就是这么四处找线索来接近真相,很有乐趣。

楚国的王族是芈姓熊氏,屈瑕照理应该叫熊瑕,因为被封于屈邑这个地方便以此为姓，叫屈瑕，从此有了屈氏家族。到屈原出生的那一年，大约是公元前340年左右，这个王室家族已经绵延了大约360年，开枝散叶，各分支的境况不一，屈原所在的这一宗支的声名和势力属于大不如前的那种。据史料记载，屈原虽然身为贵族之后，但除了日常博览群书以外，平时经常与普通平民甚至贫苦民众相处在一起，这与显赫贵族的生活行为模式显然大为不同。可以猜想，屈原所在的这一支已经没了什么名门大族的气派，居住在乐平里的屈原也不过就是个稍有门第背景的普通乡绅而已，就像晚清没落的八旗子弟。

因此，屈原在二十岁时突然踏上仕途，并且从一个普通"县干部"任上被楚怀王一下子召进京，绝不是家族的力量使然，其可能性有几种：

第一种可能，此时楚怀王已经即位近十年，稳定了朝廷局势，也与魏国、秦国进行过战争，逐渐立下了振兴楚国、一统天下的雄心，因此有意起用文才武略均有名声的年轻人。而屈原的文笔相当了得，并且就在一年前还组织过民间百姓抵抗侵扰的秦军，战果也相当不错，因此被楚怀王认为是文武全才，可堪大用。

第二种可能，楚怀王内心已有变法的念头，然而朝政却被贵族势力把持，又没有什么民间力量和外来的名士可以利用，因此出身于贵族门庭哪怕属于衰落旁枝、同时又有相当眼界和能力的屈原就成了既有贵族身份又可以实际利用的政治助力。在推行变法的时候，受到贵族的阻力能小一点。

第三种可能，历史学界一直有一种观点，认为屈原与楚怀王之间有某种特殊的亲密关系。这是古文学家孙次舟提出的，也有很多知名学者认同，主要依据是认为《离骚》中的文笔、称呼和修辞，已经不能单纯用"以恋情来比喻自己对王、对国家的感情"来解释。例如，"余既不难夫离别兮，伤灵修之数化"，是非常深情眷恋的男女情人相责的口吻，而灵修更是女子对恋人的常用称呼。这样的幽怨情愫在整篇《离骚》中出现了多次。传统意义上认为屈原以"香草美人"自比，以情侣关系比喻与楚怀王的关系，然而其真实关系或许未必仅仅是比喻而已。历史已然久远，我也稍稍收敛一些八卦之心，不纠结于两人到底是个什么状况，只是我们能确定，楚怀王对年轻的屈原有着超乎常人的信任和异于常人的亲近。这一点是毫无疑义的。

无论是哪一种原因,总之屈原的仕途起步十分通畅顺遂,有来自本国最高领导楚怀王的信任和支持,又被授予了左徒的职位,前途十分光明。有人问,左徒相当于现在的什么官?历史上的确没有明确说明,这个官名也只存在于楚国,但是从屈原的工作内容来看,《史记》中记载"入则与王图议国事,以出号令;出则接遇宾客,应对诸侯",可见内政外交他都是深度参与的,显然是位居中枢的要职,套用到现在至少也是相当于中央秘书长一类职位,紧紧跟随在最高领导者的左右,并且参与几乎所有政府事务。《史记·楚世家》在讲到春申君黄歇的时候有这样的记载:"考烈王以左徒为令尹,封以吴,号春申君。"所谓令尹,就是楚国的宰相,相当于总理,所以参考上述记载,左徒很可能就是预备役的宰相或者是宰相的副职。

由此可见,二十岁的"县干部"一年之间就走到了权力的最顶层,这样火箭式的蹿升速度令人称羡,完全可以说是少年得志。就职场而言,年轻而居高位或者说骤然而居高位固然是好事,然而也是危机四伏,要想坐稳位置则需要三个条件:

第一个条件是极强的背景和支持。这一点屈原是具备的,楚怀王就是他的背景。只要背景不倒,支持力度不减,即便他年轻或资历浅,位置也无人可以撼动。在当今职场也是如此,例如民营企业大老板所信任和任命的干部,无论能力高低、是否胜任,在大老板没有改变想法之前,其他人首先考虑的也只是如何与此人共事,一般不会明着杠,因为在大老板看来会想:你这究竟杠的是他,还是我呢?大家最多只会考虑一下,如何让大老板看到此人的水平实在不行。即便是揭露出来此人不堪大用,但是否继续用,决策权仍然在老板手里。

第二个条件是快速给出见效的结果。年轻是会被人怀疑的主要原因,而业绩是让所有人闭嘴的直接方式。屈原为楚怀王所进行的政务改革有没有结果?可以说有,也可以说没有。削减特权、举贤任能、鼓励生产、奖励军功,正确的举措一定会带来民心民意和经济的提升,但是这需要时间,而屈原担任左徒这四五年时间还不足以让楚国脱胎换骨。历史也的确没有记载这段时间楚国的整体面貌发生了什么重大的变化,例如国力飞升或者在军事和外交上取得什么重大的胜利。

在职场上有些举措可以立竿见影,例如市场和销售策略的调整、对财务的管控;也有些举措需要较长的时期才能看到结果,例如人才梯队培养建设、新产品的研发和新市场的开拓。高明的职业经理人会合理安排工作的分配和比重,既要有能被短期看到的成效,也要为中长期才能带来的重大增长而进行持续的建设。只看短期,这个职场人是缺乏远见的,也是没有后劲的;而只看长期的话也不对,因为很可能自己播下的种子,却等不到看它开花结果的那一天,徒然为他人做了嫁衣。

第三个条件是要有极强的手腕和手段。年少而居高位,又在进行牵一发而动全身的变法,单枪匹马肯定没有好下场。而要能笼络和控制住手下的团队,建立起一支属于自己的班底,就要有强力手腕。你还要能分化和拉拢不同派系的实权人物,哪些可以为我所用,哪些保持相安无事即可,哪些可以进行利益交换、达成交易,还有哪些必须立即清理淘汰,分门别类采用不同的应对。而要做到这些事,没有很强的手段也是空谈。屈原这位充满浪漫理想主义情怀的文人,显然在手腕和手段上都是欠缺的。

人在职场,一旦进入中层,领导力和跨部门的管理沟通就是最主要的能力,而本人的业务能力有多强还在其次。尤其是对高层而言,协调能力、驾驭管控能力以及对企业战略的理解能力更是要占到九成以上。很多优秀的职业经理人就是没明白这一点,走上管理岗位之后还只是埋头做事,没有具备去理解和应对他人诉求的意识,结果往往在升职之后,反而让他的职业发展遭遇了滑铁卢。

《史记》上写了这么件事:屈原在写政府工作报告的草稿,有个上官大夫要想拿来看,并且也许想添添改改一些东西。一般我们都会想一想,这货究竟想干吗?他的想法可以交流调和吗?要是彼此想法完全对立,又该怎么处理呢?他又会想什么法子对付我,我该做什么准备?……屈原呢,什么也没想,解决办法非常简单,就俩字:不给。人家上官大夫就很有手段啊,扭头就去楚怀王那儿打小报告,可人家很有策略,他不说是自己要和屈原争夺政府工作报告创作权的事,而是跟楚怀王说:"王使屈平为令,众莫不知。每一令出,平伐其功,曰以为非我莫能为也。"这个屈平就是屈原,平是他的本名。上官大夫说,大王啊,你让屈原出面干点事,我们其他官员可是一概不知,都被蒙在鼓里;每当有成绩的时候,屈原就说那还不都是他的功劳,没他能行吗?这个用心非常歹毒,前半句话给楚怀王提个醒,屈原现在的岗位和做派有可能一手遮天哦,后半句话再挑个事,明明是大王您雄才伟略,可外边都以为是屈原能干呢。这个就叫手段!正直的人虽然不屑于这么干,但一定不可不防别人这么干,防人的同时,自己的正面手腕和手段也得配套用上,不然肯定会被各路小人的各种手段掀翻在地。

所以屈原登上高位,虽然有背景、有支持,却没有达成后两个条件,时间久了就连第一个条件都发生了动摇。于是,屈原在左徒位置上仅干了5年就被罢黜,改任为我们大家都知道的三闾大夫这个职位。所谓三闾大夫,就是给三大王族的子弟讲课的闲散老师,兼宗庙祭祀活动的主持人,与政府实际事务再也无关了。

问题还不止于此。一位快速崛起并身居要职的干部,一旦失去了最高领导的信任,那些曾经被他伤害过的和心怀不满的人并不会因为看到他被贬官了、担任闲职了就罢手,"趁你病要你命"才是常见的做法,打翻在地还要加一脚,"斩草不除根,春风吹又生",万一你将来还卷土重来呢。江湖的险恶也就在这里。

仅仅一年以后,屈原就被流放;若干年后虽然曾被短暂召回,重新起用,然而楚怀王这个人已经变了,朝廷局势也变了,之后很快被再度流放,越流放越远。公元前296年,楚怀王死于秦国,新任楚王干脆连屈原的三闾大夫这个职位也免了,放逐到江南蛮荒之地。之后整整16年,楚国的局势日渐衰败,不断割让土地,最后连郢都都没有保住,在彻底绝望之下,公元前278年,屈原投汨罗江自尽。

在屈原的一生中,开局是极其顺利的,然而正因为过于顺利,福兮祸所伏,也埋下了被针对被打击的隐患。从职场角度而言,其一未能加强与楚怀王的沟通,保持住相互信任;其二不具备搞定朝臣、对抗反对势力的手腕和手段;其三没能快速立下功劳或取得战绩从而巩固住位置,于是高开低走也就是命途了。

虽然说楚国和屈原的命运都是大势使然,然而站在现代的立场,从历史回顾中我们所要思考的事情是:假如我们如屈原一般,一朝少年得志,有没有机会坐稳左徒、升任令尹、宏图大展、君臣相得,既成就了自己的职业生涯,也能为楚国带来新的生机?而要做到这些,我们在职场中又要吸取屈原的哪些教训?以史为鉴,增广见识,才不白读历史。

9

企业管理的 1.0 时代和 2.0 时代

——商鞅所奠定的秦帝国管理范式

对于商鞅变法，中小学课本里是必然提到的，再加上《大秦帝国》等小说和影视剧的风行，可以说是众人皆知。这件事的重要性怎么形容都不过分，从某种程度上说是中国随后两千多年国家统治方式的根基，历朝历代都未脱秦律的底色。在史学上，中国作为一个版图上、政治上的完整统一国家，是从秦朝开始的。

商鞅是卫国人，相传是鬼谷子除了苏秦、张仪、庞涓、孙膑四人以外的另一位学生，此事在两人的年龄时序和行动路线上是能找到交集的，但是历史研究一直认为可能性极小，更大的可能是后人为了凸显鬼谷子的神秘与能耐，或者为了显示商鞅的高深背景而做的传说。历史有记载的商鞅的老师是尸佼。商鞅少年学习各家学说，特别受到李悝和吴起的影响，年纪轻轻已经有了变法之志。

商鞅起初是在魏国求发展，但是没混好，魏王并不待见他。不过有几个大臣倒是看出了他的野心和能力，建议魏王要是不用此人的话，那就必须干掉。幸好魏王做事并不果决，又有好心人通风报信，商鞅才好不容易逃离了魏国的险境。没想到，他到了当时贫弱的秦国之后，竟一下子就得到了秦孝公的赏识，于是就在秦国轰轰烈烈地展开了变法。变法内容大概有以下几项：

第一，依法治国。基本上是引进了魏国李悝的《法经》，在此基础上增加了连坐。什么是连坐？就是一人犯法全家有罪，邻居乡里知道有人犯法而不举报就一并处理。数年后编订户口,五家为伍,十家为什,这些就是最小的治安管理单位,出了事情整个"小区"和"居委会"都要承担责任。而且在秦律中,哪怕较轻的罪名也会用较重的刑罚处理,就这样在严厉的"铁拳"之下和众人惶惶不安的社会环境中实现了所谓的社会安定。

第二,奖励军功。以前春秋时期,只有贵族才能从军,平民永远没有出头之日,打仗的时候也只能作为后勤和侍从;而现在是从军就能上战场,打胜仗就有机会成为贵族,根据军功大小不仅可获得不同等级的赏赐,还可按照二十级军功爵位制度获得爵位。因此,与其他国家百姓的厌战情绪相比,秦国上下却好战得很,大家都巴不得打仗,因为唯有打仗才是改变命运的契机。这样一出一入,士气高下立判。

第三,奖励耕地纺织,特别奖励开荒,以农业为"本业",以商业为"末业"。商鞅的思想是不喜欢人员和物资流动的,推崇的是所有人都老老实实、安守本分,尽全力开荒与耕织,为国家做贡献。不需要什么商品流通,大家能吃饱穿暖就可以了,什么生活享受、读书娱乐,普通民众完全不需要这些。为此在六年后的变法升级版中,废除了贵族井田制,承认土地私有,允许自由买卖。不要小看这一件事,在传统农业社会中对获得土地的渴望是人生的巨大动力,由此带来了整个秦国生产能力和精神面貌翻天覆地的变化。

第四,推行郡县制。这相当于是一次组织结构的大调整,废除了以往各行其是的分封地区,也就是没有独立子公司了,全部按照直属于核心管理层的事业部和直营店,也就是郡县机构来进行管理,权力高度集中。而且每个郡县都分设主政的县令、辅佐的县丞、管军事的县尉,就好比说每个事业部总经理、分管职能部门的副总,以及业务副总,各有权力,各司其职,而他们的考核都分别由不同的上级机关进行,这样事业部就不会成为什么人的独立王国。

其他还有诸如移风易俗强行分户居住、统一颁布度量衡标准、查封焚烧儒家经典、查处没有正当职业的游民等举措。

总体来讲,商鞅变法的核心思想就是:权力要集中,奖励生产和军工,严格管理,重典治理,希望全国上下人人都待在自己的位置上,听从管理、各司其事、高度服从。他在《商君书》中说道："**民弱国强，民强国弱**。"要实现上述核心思想，需要普通人减少思考，只需要知道苦干苦战即可，全国上下都是国君治下的工具人，身为工具只要听话好用就行，不需要自主意识。

这让我想到了企业管理科学的 1.0 时代。

从 1898 年的泰罗制企业管理改革到 20 世纪初马克斯·韦伯的科层学说，逐渐奠定了企业管理科学的基石。最初的企业管理科学，是以生产工厂为模板而展开的，历经了流水线革命、自动化革命、跨国与全球化、一体化市场等阶段，直到互联网时代的到来，企业管理科学的 1.0 时代开始逐渐走向终结。

1986 年，美国按照八大管理维度（包括市场占有率、利润、市场口碑、研发、社会责任、员工满意度等指标）评选出了综合评分最高的 43 家公司，包括 IBM、宝洁等大家耳熟能详的公司，但仅仅过了六年，其中就有 6 家财务陷入困境、1 家破产，又过了十年后，70%的公司增长陷入了停滞和倒退，5 家破产或重组。2006 年有一本风行全球的书叫《从优秀到卓越》，全世界的企业管理者几乎人手一本进行学习，书中列举了 11 家卓越企业，然而仅仅十年不到，只有吉列等两家业绩表现持续良好，两家被并购重组，两家的股票价格跌去了七成，其中还有一家几乎以一己之力掀起了美国次贷危机，那就是大名鼎鼎的房利美。综合这 11 家企业的表现走势，还不如标准普尔的大盘指数。这些现象，充分说明了管理科学 1.0 版本与时代所发生的背离。

所谓 1.0 时代的管理主导思想，与商鞅变法有所类似，就是要将企业打造成一个庞大的、精密的、高效能的机器系统。在小说《三体》中，有一段秦王朝用千万人的军队通过指挥组成了一台人力电子计算机的情节，大家都觉得可以理解，因为也只有在变法后的秦国，才可能出现这样高度机械化的组织能力。而对组织管理的机械化导向，正是由于自从第一次工业革命以来人类对机器近乎迷信的信赖，认为机器对抗人力必将取得碾压式的胜利，所以如果将人类的组织机制以机器系统的方式组建起来，也必将取得史无前例的成就。以福特、丰田等工业企业为代表的一系列企业神话也给出了很好的例证，围绕着它们的案例，总结出了 1.0 时代管理科学追求的三大目标：

第一是流程化。就是企业有非常清晰的组织架构,各个部门各司其职,每项工作任务都有最清晰的流程分解,分解后的每个步骤都有清晰的标准以及对应的责任人。流程化是企业管理的基础工作,在此之上才能进行细化的财务管理、对人的绩效考核,以及生产和销售的各种提升。一流公司与管理不善的企业往往有个很大的区别,就是一流公司有非常完整的一套部门和岗位说明书,以及几乎每个员工都有的工作手册。这与商鞅的郡县组织机构、伍什单位、法经以及对生产生活各项行为明晰严格的规定这些做法,本质上非常类似。

第二是效率化。20世纪的大多数时间还是处在供给相对小于需求或者供需基本平衡的时代,企业之间竞争的最大砝码是对成本的控制,自动化程度、技术革新、管理效率都直接影响着成本。在改革开放早期,蛇口有一块著名的标语牌:"时间就是金钱,效率就是生命。"这是当时管理科学对效率追求的真实写照。效率的实现,很大程度上来自管理规范和有效激励,管理规范的流程化和精密程度决定了每个人的工作行为和产出,而有效的激励如按件计酬和超额奖金等方式,可以激发出普通人对跨越当前状况的渴望。如同商鞅对生产和军功的奖励一样,早期的激励在很长时间里刺激着企业的原始积累,也书写出了不少打工皇帝和销售明星的神话。

第三是规模化。虽然与秦王国不断开疆拓土和试图统一六国的出发点不同,但是在20世纪的大多数时间里,企业发展的目标也是不断做大规模、不断并购,走向全球。因为在1.0版本的管理科学中,规模是降低成本的重要途径,规模也是抵抗风险的重要手段,船越大越平稳。

然而,当互联网时代到来以后,人们发现管理科学的1.0时代已难以为继。前面说过,管理科学1.0时代的目标是将企业打造成庞大、精密、高效的机器系统,那么与之相比,2.0时代的目标是企业需要有适应市场的意识、灵活应变的机制和自我学习成长的能力,企业应该成为一个有生命力的有机体。

当前的时代,变化才是永恒的主旋律,而且每一次变化席卷市场的速度都特别快,一项新的产品和服务还没来得及走到发展的巅峰,获得最大的市场份额和最多的利润,更新的迭代产品或替代产品就已经开始出现。在这种态势之下,哪怕1.0时代最完美的机器系统也会变得应对乏力,而且大公司还会出现难以克服的守旧、官僚主义和决策冗长等毛病,正如克里斯坦森在《创新者的窘境》中所说的,"越是管理良好的大公司,在面对颠覆式创新和破坏性技术革新的时候,越容易遭受惨痛的失败"。

我们发现在当前时代,企业管理的流程化固然仍重要,但更重要的是快速响应;效率化固然仍重要,但更重要的是迭代创新;规模化固然也重要,但更重要的是自我学习成长。因此,即便是1.0时代的那些大企业,也在尝试将自己切割成一个个有活力的小组织,去适应和应对新的市场。

作为企业管理和职场人职业发展的研究者,我一看到商鞅变法,就会联想起管理科学的1.0时代。这的确是过往的成功,然而这张旧船票却不能登上今天的客船。机器系统管理机制下,对于个人的个性、创意和成长都是压制的,正如商鞅所信奉的"民可使由之,不可使知之",在《商君书》中甚至有一个专门的篇章叫"弱民"。当组织的发展与组织中个体的发展从本质上看处于相违背、相对立状态的时候,从常识就可以知道,这绝非长久根本之计。

我们当前已经处在管理科学的2.0时代,并正在走向未来大数据和人工智能被广泛运用的3.0时代。作为职场人,我们的管理能力和意识绝不能再停留于1.0时代的标准和举措,而应在流程、效率和规模的基础上,寻求新的管理创新之道,以使企业具备生命的活力;同时保持敏锐的观察和触觉,思考未来还会出现什么样的管理变革。

商鞅变法的历史,的确将秦国打造成了强大的战争机器,拥有强大的管控体系,然而正如西汉贾谊所说,"秦灭四维而不张,故君臣乖乱,六卿殃戮,奸人并起,万民离叛",因此才会"二世而亡"。四维出自《管子》,其实就是我们每个人都知道的四个字:礼、义、廉、耻。为什么说秦灭四维?因为礼义廉耻都要以文化、常识和人性为基础,而工具人不被允许拥有这些;单纯在利益、赏赐、封爵和各种严苛刑罚、严格规范下生活的人们,也不会具备礼义廉耻的思维标准。人性一旦丧失,各种妖乱就会充斥。然而,人性毕竟又与生俱来地根植于每个人的心中,最终还是会反噬那些打压与消灭人性的行为。这就是单纯把人作为工具、作为机器部件的终极的不利后果。

太史公司马迁也在《史记·商君列传》的最后说："*商君，其天资刻薄人也。*"违反人性，终非大道。秦朝之后的历朝历代，都没能改动这个用于执政的基础模板，但是多少也在顺应人性方面做了各种尝试，例如普及教育、公开选拔招聘、广开言路、逐渐鼓励工商、放松人员的自由流动，希望能在治理社会与顺应人性之间求得某种平衡。取得平衡的朝代，延续得就久一些，而当平衡被打破的时候，就开始了朝代更替。当今职场所见的企业，大多数也仍然在绩效指标、人效、物质激励、做大做强这些传统标准下运营，这也需要一个逐渐求取平衡的过程，最终完成对时代的适应和改变。

成为管理科学 2.0 时代下相当于有机生命体的企业组织，对大多数企业来说还只是一个进化的目标。必须尝试，但也有现实的难度。因为要实现它的基础，首先是要有一群具备独立思想能力、有自我发展目标、有职业感、把工作当成是个人与企业之间的相互合作而不是单纯雇用与被雇用关系的员工，而这也是我不断推广和传播职商理念的使命所在。

10

战略素养是常被低估的职场能力

——秦帝国奠基者之一：非著名名将司马错

说到中国最早的一统王朝——秦帝国，早期的基础自然是秦孝公和商鞅打下的，之后有名相张仪、名将白起，他们逐渐将秦国推上了战国第一强国的地位；而要说到直接参与秦灭六国、一统天下进程的那些名人，我们大多数也都耳熟能详，包括秦始皇嬴政、吕不韦、李斯、韩非、尉缭、王翦、蒙恬，有些对历史研究深一些的还会知道昌平君等人，有谁说"我知道，还有项少龙"的，我就只能呵呵了。

然而，在秦帝国崛起的辉煌历史中，有一个名字很少被提及，却是奠定了秦国得以攻伐六国的战略基础的大功臣，那就是本文要说的"非著名名将"司马错。有些小众的历史军事论坛上，甚至有网友将他评为超越白起和王翦的秦国第一名将。白起被称为"战神""人屠"，有生之年经他手消灭的六国军队高达九十二万，包干了秦军歼敌总数的八成以上；而王翦除了没有参与最早的灭韩战役以外，剩下灭亡五国的胜利都是由他一手包办的。那么与这两位相比，司马错又究竟建立了怎样的功勋，为什么会得到如此推崇呢？

司马错其人留在历史上的记录并不多。在《史记·秦本纪》中，只写了简单一句："司马错伐蜀，灭之。"关于司马错的生卒年均不详，也无从得知他出生于哪里，师从何人，又是怎样成为秦国重要将领的。后世经研究发现，司马错其实还是司马迁的八世祖，所以说，但凡能够得到较多的信息，司马迁绝对不会吝惜他的笔墨。实在是因为他所建立的功绩只是伐灭了边陲小国蜀国而已，既不是击溃战国群雄、夺取名城,也没有破敌雄师、杀人盈野,所以在当时众人完全没有意识到其巨大的战略价值,因此也没有多费笔墨为其立传。

那么,伐蜀是怎么回事呢?秦惠文王时期有两件事情同时发生:一是韩国不知道为什么脑袋进了水,主动来侵袭秦国;二是蜀王的弟弟苴(念"居")侯和蜀国的宿敌巴国勾搭,被蜀王讨伐,来向秦国求救。于是应该先对付韩国,还是先解决巴蜀问题,秦惠文王为此召开了高层会议。张仪从政治角度主张先打韩国,他的目光方向还是朝着中原核心区的周王朝而去,意图获得传国玉玺,从此号令天下;至于蜀国,只是个蛮荒小邦,劳师动众攻打,他认为没有什么收益。

当时的天下,整个版图的核心仍然是围绕着周王朝所在的河南地区,以此向四周辐射,北有燕赵,东有齐鲁,魏韩在侧,楚国在南,西边的秦国在传统眼光里都算不上什么上等贵族,长期被诸侯认为是礼仪不通的野蛮国度。至于巴、蜀两国,更是被秦岭、大巴山等隔阻在所谓中原之外,向来不为诸侯看重。今天众所周知的天府之国、四川盆地的千里沃野,在当时完全不被中原人士所认知,毕竟李冰父子兴建都江堰是大约三四十年以后的事情,因此这块沃土还没有成为农业大粮仓,所以巴蜀在当时的确也不过就是张仪所说的"蛮荒小邦"。

但只有具备超强战略眼光的人,才能看到巴蜀之地的价值。哪一位高人?就是当时担任秦国都尉职务的司马错。

在《史记·张仪列传》中,记载了张仪和司马错在王前会议上的交流讨论,这可能也是司马错在历史记载中唯一一次拥有大段台词、成为男二号的高光时刻。

针对张仪的观点,司马错说:"臣闻之,欲富国者务广其地,欲疆(就是'强'字)兵者务富其民,欲王者务博其德,三资者备而王随之矣。"就是说,要想称王天下,一定要开拓疆土、富足民众、广施恩德,这三件事都具备才行。蜀国这个地方土地面积很大,也积攒了不少财富,再加上本土发生的祸乱,我们把蜀国干掉,那是又有地又有钱,看起来还是帮忙平乱的仁义之师,连德字都占了。这么好的事为什么不干?而打韩国呢,打赢了都不一定有啥好处,万一把其他国家牵扯进来还不一定能打赢,至于劫持周天子更是会落下失德的口实。

秦惠文王最终采纳了司马错的观点，决定先灭蜀国。关于公元前316年灭蜀的进程，历史上没有多费笔墨，但是从我们现代人的眼光看，古往今来巴蜀地区都是易守难攻，而秦国仅用了一年不到的时间就彻底战胜了蜀国，将其降格成为一个附属的侯国。可以想象，在这个过程中司马错表现出来的政治计谋和军事策略都堪称上乘。虽然张仪仍然是本次行动名义上的总指挥，但司马错才是军事主官。并且消灭了蜀国之后，司马错顺手还把苴侯、巴国给一起处理了，你们几个也别吵吵闹闹了，都到我秦"爸爸"的碗里来，老老实实一起变成大秦的"子公司"，从此相亲相爱一家人。

灭国容易，治理则难。秦国随后花费了数十年的时间，才真正将巴蜀之地置于自己的治下。尤其在前期，军事治安管理更重于民事行政。灭蜀国后五年，秦国任命的蜀相陈庄叛乱，随后平定叛乱的人还是司马错；又过了十年，因为失宠而被派到蜀地的秦国王子嬴辉再次叛乱，依然是司马错承担起了平叛的重任，从此蜀国彻底并入了秦国的郡县体系。很多人不知道啊，蜀国其实也是周朝开国时武王征讨商朝的所谓"牧誓八国"之一，老牌诸侯啊，虽然偏远却也历史悠久，数百年文化底蕴加上川人自古以来的桀骜和血性，作为征服者要安然实现治理，可想而知有多大的困难。而司马错一战成功，已属不易，十五年间的平叛和治理仍需他来坐镇，可见他在巴蜀之地拥有了怎样的震慑力或者说威望。

我们再来看为什么说吞并巴蜀是秦国根基建设的重要战略。

秦国原本是个没有战略腹地的国家，只有在东和东南两个方向与六国展开争战，主要是函谷关这一个出口，战胜了也无法展开兵力，而每次一旦战败，都城就告急，形势立马岌岌可危。同时，秦国耕地也十分有限，自从实行了商鞅变法后，随着军事上胜利增多，很快就发现说好的军功奖励，包括分发田地、免赋税等政策，兑现起来越来越难。而这两个大问题，在吞并巴蜀以后均迎刃而解。

巴蜀之地的土地面积甚至比秦国的本土还要大，沃野千里，并且一直在六国征战的战场之外，相对民生和耕种情况都相当不错。秦国陆续将国民和军队迁入巴蜀，并从巴蜀地区成军十万，大幅度扩充了国力和军力。另外从战略上说,具备了出川向东、"浮江攻楚"的条件,并在随后的数十年内对楚国发动了多项攻势,彻底改变了秦、楚两个大国之间的均势。公元前280年到前278年,秦国从多条战线完成了对楚国的决定性打击,占领了郢都,楚国被迫迁都到陈,从此一蹶不振,直到覆灭。几百年的均势在短短三十多年里被彻底打破,不得不说司马错的战略思想厥功至伟。

在平定巴蜀并对楚国进行了数次攻击之后,司马错在历史记载中渐渐消失了。有时候,没有消息就是好消息,因为历史不记载就是没啥大事件发生,大概率来讲,这位大将军是默默老去、善始善终了。像张仪在秦惠文王死后因为不被秦武王宠信而出逃魏国,白起更是功高震主而被杀,但凡出了点事的历史上多半都会记一笔。而且历史有记录,司马错的子孙都还保有爵位,倒推来看,司马老爷子应该还是备享哀荣的。

讲完历史故事,还是要回到我们的职场主题。这一篇我们主要讲的就是战略眼光。

有人说,战略眼光是老板的事情,决定公司往哪个方向走、有什么重大决策,轮不到职业经理人来思考。如果这样想呢,你在职场的发展就很难走到高管层级了。职场发展的三个阶段:第一阶段是从"小白"到骨干,重点是培养专业技能、搭建职场人脉、提高思维眼界;第二阶段是走到中层管理岗位,重点是培养管理沟通能力和领导力,逐步树立合伙人心态和全局观念;第三阶段就是进入高管序列。高管所需要的能力和素养,内容上与中层干部差不多,无非是升级版、强化版,但唯有一条是中层干部不具备的,那就是战略思维,站在老板的位置上或者老板的身边来思考战略问题。不具备战略意识,职场的路最多到中层也就止步了。

具备战略思维的职业经理人,会在两个维度上脱颖而出。

第一个维度是与众不同的执行能力。一般人的执行力无非是指哪打哪、一接命令就立马动手,当然有些老板还就喜欢这个调性。但真正卓越的执行力,是在充分理解了企业的战略之后,这样在执行进程中才能保持高效率并且毫无偏差,而在发生意外与突发状况时,还能够准确地选择应对策略。

例如，腾讯开发微信是一项商业行为，试图通过社交来打通整个生态圈，这是企业的战略。张小龙在微信开发的进程中果断地放弃某些功能，而又对某些用户观感高度重视并且坚持，他选择取舍的理由来自哪里？就是来自对战略的解读，社交便利性和满意度高于商业上的一些蝇头小利，于是微信快速占据了几乎每个人的手机，这个结果就充分证明了张小龙那些取舍决策的正确。多年后有人问：究竟是微信成就了张小龙，还是张小龙成就了微信？这个问题不好回答，但一定是微信成就了后来的腾讯。2012年腾讯的市值还不过600亿美元，随后就节节攀升，2016年9月市值突破2万亿港元，最高位一度超过7万亿港元。虽然未必全都是微信的功劳，但投资界相对公认的意见，腾讯市值中微信的价值至少要占一半，这就是战略的影响。而伟大的战略都需要落实执行，正确的执行也需要对战略的理解，这就是战略思维能力对于职场人得以走上高层的巨大作用。

第二个维度是参谋能力。当高管具备了宏观视野和战略思维能力，就可以从自身负责的领域出发，反向提出能均衡各方的整体建议，进而思考颠覆性的、革命性的、中长期的战略构想，成为老板的"参谋长"。当代企业都在逐步培养自适应和自我成长的能力，从一个局部出发，有时甚至是末端终端的一个反馈，都有可能成为战略调整的开始。企业的领导者进行整体决策，无论是组织架构、资源分配、计划实施还是运营管理，都会以战略为根基进行调整。而在此过程中，能够提出建议和参与战略制定的高管，其重要性不言而喻。例如，对很多视频音频网站而言，有限的资源是更倾向于强化现有的头部播主，还是更倾向于在长尾中发掘和扶持新人，这可能就是一个战略判断。前者对于短期的利润和各项指标贡献都会更加显著，而后者更着眼于长期的生态繁荣，两者之间的均衡取舍非常考验决策的水平。任何一个高管如果脑子里存有对这一战略问题的思考，在管理行为中就会不断去摸索两者的平衡以及动态的调整。这才是判断是否具备高管素养的标准，否则，不过是扛着高管头衔的中层而已。

战略素养常常是在企业中被低估的职场能力。大多数老板喜欢的还是专业能力强、执行力强、忠诚听话的下属，只有当遇见市场发生大变革或者行业发生大变化的时候，才发现原本喜欢的那些下属提不出有效的建议，完全无助于问题的解决，而只有具备战略素养的人才能给出真正有价值的方案和意见，甚至有些高级人才早在一两年前就已经在为应对趋势变化开始了试验和准备。也只有在这时，金子的闪光才被看见。

那是不是这么晚才被认识到价值，人才就会很吃亏呢？放心，未来的世界会有更多的变革、更多的新产品和新模式，具备战略素养的职场人只会越来越容易被看见！而且在每个细分领域，只有具备战略能力的企业才能成为头部，而头部企业如果忽视了战略也很容易落伍，所以不要怕一时吃亏。待遇是企业给的，但是战略思考能力却是属于自己的本事，此地不留爷，自有留爷处，是英雄就一定有用武之地。

又有人要说了，我现在还只是一个第一阶段的"小白"或者第二阶段的普通中层，战略这种事离我还远，以后再说吧。问题是，没有什么能力是一夜之间能获取的。将手上正在做的工作，结合公司的战略，去尝试进行全局性的思考，将自我视角换成市场和用户的视野去反向思考，多去学习行业分析和宏观经济解读，你的战略思维素养就会一点点培养起来。我平时在企业讲课时，经常会观察，当老板在讲话的时候，很多年轻的新员工会玩玩手机、开开小差，但总有那么几个人在认真听、认真思考，这就是接触和解读企业战略的开始。我相信他们的职场之路一定会更宽广一些。

小人物也要有大志，不是吗?!

11

职场独木的力不能支和风必摧之

——霸王帐前的可怜范增

公元前209年，陈胜、吴广大泽乡起义，天下各路英雄纷纷揭竿而起，向暴秦宣战。也是这一年，一辈子都还没有任何建树的范增老先生第一次离开了隐居的山村，走向乱世的战场。这时的他已经七十岁了。

范增是居鄛（念"巢"）人，居鄛相当于现在安徽巢湖附近，在当年隶属于楚国。关于他年轻时候的事迹，历史完全没有记载。不过按照历史纪年对照起来，他出生的那一年，正是楚国被秦国打得溃不成军的时候，郢都被占领，国土沦丧，国势凋敝。伴随着他的成长，也是楚国一步步走向没落衰亡的过程。年轻时空有一身才学却无从报效，也可能是觉得大势已去，不想以身殉国，因此范增之前并未有任何作为。而且，他安然躲过了秦国灭楚的战争，也避开了随后的"焚书坑儒"等一系列暴政，由此看来，范增的韬光养晦工作还是做得相当不错的。可以合理地推断，他应该既没有担任过什么重要官职，也没有著书立说办学，否则很难安然活到七十岁。

当秦国的天下大乱之后，或许也是觉得再不折腾一下这辈子就完了，他终于出山了，并选择了看起来最有前途的势力：楚国将门之后——项羽的集团。

他给出的第一个建议，就说咱们要干大事还少一面大旗、一个愿景，企业没有愿景一定走不远。"楚虽三户，亡秦必楚"，六国之中对秦国仇恨最深的就是楚国人，所以最好的办法是打起楚国复国的旗号，就能凝聚起楚国旧人的力量，因此就需要去立一个楚王。项羽听取了这个建议，找来了一个正在放羊的娃娃,称其是楚怀王的孙子,谁也不知道真假,反正就将他复立为楚怀王,之后江东父老果然景从云集。这件事对于项羽集团的迅速扩张、实力雄踞各路起义部队之首,是起了决定性作用的。

之后范增就成了项羽集团的军师,被尊称为"亚父",为项羽的南征北讨出谋划策,堪称厥功至伟。

最为后人称道的,是范增早早看清了刘邦的野心,几次三番劝说项羽要早点将刘邦干掉。他说刘邦这个人就是个地方小流氓,一贯是又贪财又好色,然而现在他攻入秦国都城之后,却忍得住贪心、耐得住寂寞,金银财宝不抢,三千佳丽不要,还跟老百姓约法三章,这说明什么?只能说他的图谋更为远大。秦帝国都亡了,刘邦也成诸侯了,他还能图谋什么?自然是要与你争夺天下啊。

可惜一向对范增言听计从的项羽却没有听取这一最重要的意见,鸿门宴上放虎归山。这一宴的细节已经无从追索,只有一些类似小说的情节,什么项庄舞剑、借如厕开溜等,推敲起来有很多说不通的地方。但可以肯定,项羽绝不是默许或犹豫,而是坚决地制止了这场谋杀,否则以范增之能,有一百种方式能让刘邦跑不出这四十里地。

等到刘邦出汉中,楚汉相争前期,汉军其实根本打不过项羽,屡战屡败,刘邦使出缓兵之计又提议和谈。范增坚决拒绝议和,他的意见是一战灭刘,永绝后患,结果又未被采纳。相反,项羽还中了离间计策,逐渐削夺了范增的权柄。最终范增一怒之下告老还乡,途中死于背上毒疮的发作。

范增从出山到身故,前后不过5年,其间辅佐成就了西楚霸王的一时伟业。后世人看到自从范增离去,项羽集团由盛转衰,很快被刘邦击溃,直至四面楚歌、自刎乌江,纷纷感慨:要是项羽能听从范增计策的话,一代"力拔山兮气盖世"的英雄豪杰未必就会走向末路,历史或许就此改写。

然而,从职场研究分析的角度,范增的境遇偶然中有着必然。

在项羽集团中,能征善战的将领云集,然而动脑子的谋臣唯有范增一个,可以说是职场上的"独木"。"独木"是职场的死门,最大的问题就是难成气候。

首先,交流代沟是第一个问题。"独木"只属于他那一个时代,而团队却是各个年龄段、各种阶层的人才集合。就说范增,年龄摆在那里,在五十岁已算高寿的时代,七十岁的老人家客气点讲是亚父,也就是干爹,其实呢差不多可以做项羽的爷爷了。对项羽来说,范爷爷的存在始终是师父甚至是师祖的身份,两人之间几乎没有共同语言,也没有平等交流的机会。前期来说,是尚未成熟的大王听从师父的意见,到后期等大王坐稳了位置,两者之间的对话就会变得极为尴尬。此时,如果在集团中有一个在年龄上能承上启下的臣子,两头搭话,圜转说合,又或者能有一个与项羽年岁相当又能理解范增的臣子,那么关于战略和重要决策的讨论都会变得更有成效一些。

其次,一个人的作用只能是出一个计策、完成一件事,必须有一群人才能形成企业文化和规范。范增说对了再多的事,都不足以改变项羽集团缺乏远见、缺乏管理沟通机制的状况;前者只能得胜于一时一地,而机制的建立才是能让集团长远发展的基础。独木不成林,不成林则谈不上生态,没有生态就没有稳定的系统,外界发生任何的变故都很容易摧毁独木。不是说风单单就喜欢去摧独木,而是唯有独木才更容易被风摧!当刘邦用反间计扇乎起了一股妖风,一次不行再来一次,众口铄金,积毁销骨,只要有一次成功,范增就不再被项羽接纳了,独木就此倒矣。

最后,作为独木,独自承担负荷压力也非长久之计。范增的地位相当于宰相或首席执行官,宰相下属要有六部官员,总裁下属要有各位部门经理,各项工作按部就班,相互配合,组织才能顺利运转。大事小事各项决策如果都交由范增一人,要想不出差错,他多半要活活累死,就像几百年后的诸葛亮;而要是万一有了差错,作为整个集团唯一的决策者,他的权威就会受到很大的影响,之后的决策贯彻实施就会受质疑、打折扣。因此,组织的分工和决策体系是头等大事。而范增显然在这有限的几年里,忙于应付各类事关生死的大问题,而没有时间完善组织建设和人才梯队的培养。古话讲独木难支,即便项羽没有中离间计,这位七十五岁的老人家要想面面俱到,从养生角度看,多半也很难活到胜利的那一天。

我们现代的职场人,很多时候容易把同事看成竞争关系,而忽略了团队合作的力量。不妨这样想，当有一天自己从底层一路"升级打怪"，"干掉"了所有有能力的竞争对手，最后成为总裁，这时你放眼望去都是剩下的能力平平的下属，要不就是与自己劲不往一处使的貌合神离之辈，这个感觉就与孤独的范增是一样一样的。这时候依然还需要你独自一人去与老板、与董事会进行沟通，讨论战略和计划，讨价还价业务指标和激励政策，红脸白脸都是自己，连个搭把手的人都找不到，内心多少有些惶惑和悲凉吧。其实，每位 CEO 心里都要有数：再好的蜜月期也总会过去。最后自己做事累死累活，与老板交流要死要活，这难道就是我们职场发展所期待的终点吗？！

因此，我们一旦摆脱了职场的最底层，哪怕只是成为一个小主管、小组长或者小团队的头目，寻求各种合作和友军就是我们的首要工作。除了少数必须较量的场合，职场的所谓竞争更多是随着自身的不断强大从而"不战而屈人之兵"。

如何不断强大？在内来说是自己要不断学习，在外就是不断扩大"统一战线"，能与自己配合、合作以及交易的人越多，自己能搞定的事情就越多，工作质量也越好。自身能力和眼界格局的提升，外部人脉关系的不断拓展和加厚，让别人的能力和资源能为自己所用，或者能与自己合作共赢，这就是职场人的强大所在。而在别人看来，这个人不好惹，也没必要惹，这就是不战而屈人之兵。

在自己的下属团队里，你更要明白：任何一个层级的领导，都要有主动愿意追随自己的下属，而下属愿意追随的理由，一定是自己可以得到成长和发展。因此必须要经常给予指点，给予奖励和回报，更要给予机会。然后要从中找到"辅助者"，就是那些能力强且忠诚的下属，从而构建起一个自己的基本班底。同时，作为管理者，你还要找到两种人：一种是"目标一致的同行者"，另一种是"各取所需的利益互换者"。前者是志同道合、三观接近的人；后者呢，是大目标与管理者一样却有点自己小九九的人，不过尽管如此，还是可以通过博弈和沟通找到双赢的解决方案。如果要建立一个对自己来说有利的职场生态，这两种人都是良性因子。这样无论进退纵横，你的职场之路不孤矣。

从老板的角度看，一个高效的职业经理人团队和良好的职场生态，远比一个厉害的总裁要强得多。看看悲催的项羽，真正有头脑的下属其实就一个范增而已，剩下的都是不动脑子、靠着能打仗来吃饭的，例如被人阴了一道并干掉的龙且，例如悄摸反叛自立门户的英布。等他败退到垓下的时候，连个能合计合计的人都没有。更别提就连亲戚里边还有里通外敌的，你看那个项伯，明里暗里又是通风报信又是资敌逃跑，没少帮着刘邦，最后自己竟然还当上了西汉开国的侯爷。项羽的案例清楚地让我们看到：没有团队、没有企业文化和职场生态，这样的企业能有什么前途？！

与之对比，我们再来看看下一个案例：靠团队打天下的是如何成功的。

12

创业何需"梦之队"？
—— 汉初十八侯里的"老乡帮"

成者王侯败者寇。与最终失败的项羽集团形成鲜明对比的，就是建立了汉王朝的刘邦集团。

我们先来比较一下两位"董事长"的出身和集团的起步。

项羽，出身楚国军事世家，名将项燕的孙子，创业初期要人有人、要名望有名望，本人也是身高体壮、武艺高强。拥立了楚怀王之后，更是各路义军中的翘楚，相当于行业的发起者和赛道里跑在最前面的头马，与他相比，其他各路人马都只能算是中小微企业。

而刘邦呢？号称自己的曾祖父曾经是魏国的丰公，到底是怎么个地位也没看到更多记载，感觉上更大的可能性是他当了皇帝之后给祖先找个拿得出手的出身。他本人的身份是沛县泗水亭长，亭长是什么干部？就是县级下属的乡镇派出所所长。创业初期，刘邦手下只有一些农民和服刑犯罪分子，所谓团队妥妥是一群草根。而刘邦本人也是文不成、武不就，人品还很不咋样，关于他如何说话不算数、如何坑蒙拐骗、如何泼皮无赖的流氓行为，历史上有很多小故事，在此就不多说了。反正每次讲到"好人不成事，祸害能称王"的时候，他经常是案例之一。

所以，无论是看团队成员的履历，还是领导者的素养，楚汉两家都根本没法比。

然而历史上的结果，众所周知是汉兴楚亡。如果要细细剖析成败的原因，天时地利人和、政治军事策略甚至是很多历史的偶然，不一而足。我只取其一条来说，那就是创业团队与帮派团伙的区别。

项羽集团更像是一个帮派团伙。项羽是帮派老大，范增是军师，港片里也称"白纸扇"，剩下的无论是文臣还是将领，从定位来讲都只是帮派成员。军师虽然也考虑决策问题，但更像是帮派老大的私人参议；至于其他成员包括团伙核心分子，都是唯老大之命是从，相互之间很少配合，内讧倒有不少，因为团伙里根本就没有建立过什么分工合作和沟通交流的机制。

刘邦集团，看起来就比较像一支创业团队了。

创业团队的老大最重要的职责是什么？就是找对人，组建好团队。我看过很多创业案例，有些创始人是技术大牛出身，有些创始人是优秀的产品经理或者销售天才，但如果创业企业就一味围绕着创始人最厉害的领先技术或者产品销售能力来做文章，路都走不长远。成功的创业企业大多由4到8人的核心团队来推动，其中有创始人身边的辅助参谋和内勤管理人员，有前台开拓人员、中台组织人员和后台包括财务、人力资源、法务等方面的专业人员。

"一个人可以走得很快，一群人才能走得更远。"

后人所称刘邦集团的"汉三杰"，战略方面有张良，后勤行政有萧何，军事战争靠韩信。而且人才的梯队和层级还不仅于此，在不同的部门都有能任事的专业人才，各级部队也有将才和基层军事主官。正因这样的团队建设和人才体系，刘邦才能一次次败而不乱，打散了的伙伴也能各自为战，找到机会就归队重组。因为只要组织在、核心骨干在，重整旗鼓卷土重来就不是白日梦想。

而且我注意到一件事，刘邦团队中的大部分成员竟然是个"老乡帮"。西汉开国之后第一等的功臣是所谓的"十八功侯"，我仔细看了一眼：

酇侯萧何、平阳侯曹参、汝阴侯夏侯婴、绛侯周勃、舞阳侯樊哙、鲁侯奚涓、安国侯王陵、汾阴侯周昌，这八个都是沛县人，也就是刘邦的同乡。

信武侯靳歙出自宛朐县，如果加上清河侯王吸、广平侯薛欧、曲成侯虫达，那么来自江苏、安徽、山东交接的丰沛砀地区的共有12人，这一块小小的三角地带贡献了西汉三分之二的开国功侯。

众所周知,在企业管理中是非常忌讳任人唯亲的,过去课堂上也经常拿一些乡镇企业全部由亲戚和乡亲担任高管并经营失败的故事来当反面案例。那么,为什么刘邦的团队就成功了呢?

其实任人唯亲也好,任人唯贤也好,都不是绝对的标准。贤者如果没有足够的忠诚度或者具备团队配合意识,其贤也很有限;而亲者如果能够形成凝聚力,每个人把自己的能力发挥到极致,即便一开始能力有不足,也能在过程中逐渐提升。

老乡帮的第一个特质是忠诚度高。那个战乱时代里自立为王或者改换门庭的事情相当多,而刘邦的老乡帮里一个也没有。直到高祖刘邦去世,吕后掌权,曹参、周勃、陈平等人依然忠于刘家,勇担平叛重任。

第二个特质是目标统一。韩信刚刚被拜为大将的时候,由于他当年遭受胯下之辱的故事以及过往职位低微,没有什么人服他,但是当他展现出军事调度的才能之后,为了集体统一的目标,所有的将领不管各自背景都能听命行事。

第三个特质是相互信任。萧何死后曹参继位为丞相,他非常谦虚地确定了不折腾的理念,沿用了萧何所有的管理规则和政策,确保了西汉开国几十年的稳定,这就是成语"萧规曹随"的由来。

老乡帮的这些特质,逐渐影响到从不同地区和阵营归附的外来人才,并最终成为团队的特质。

忠诚、共同理想和相互信任,是刘邦集团成功的底层建筑,也是成就十八功侯团队的核心要素。

十八这个数字,令我想到了当代鼎鼎大名的"阿里十八罗汉"。当我们分析阿里初创期这十八个人的时候,也并非个个都是名校毕业或者业已事业有成,他们中有海归、有高才生,也有普通打工仔和技术宅,甚至还有前台,唯一的共性是对创始人马云的信任,以及对事业的忠诚。而伴随着阿里的成长,每个人的能力都得到了锻炼、提高和充分的发挥。当阿里成就一片天地的时候,他们也成就了自己的"罗汉金身"。

在多年投资管理经历中，我看过很多创业项目，从商业计划书上的描写来看，他们的团队构成简直是一支"梦之队"，HR是来自世界500强的高管，技术负责人是来自北大、清华的博士，财务负责人出身于四大所，看起来每个人都是各自领域的顶尖高手。然而，如果没有一致的愿景和三观、没有协同配合的机制，每个人都很可能会倒下或离去，而公司的发展也举步维艰。有时我宁可创始人跟我说：负责销售的是我大学同学、二十年死党，管财务的是我小舅子，那样团队的凝聚力可能还更强一些。尤其在创业团队，面临的困境和艰难尤其多，凝聚力远比专业能力重要十倍百倍。

这就是职场的共生效应。孤木不成林，一棵树独自成长很容易夭折，而一片树林再加上花草、灌木和动物就能相互作用，共同生长。如果能够成就为一大片雨林，那么可以说已经自成生态，能对抗几乎大多数的自然灾害。

在职场中大多数人考虑的是竞争问题，怎样才能让自己打败竞争对手，拿到更多的资源和职权、爬到更高的位置。然而，竞争问题只有在职场的底层才可能是主要矛盾，一旦进入管理序列，竞争是难得一见的课题，而共生与合作才是需要花最多时间考虑的。你是选择独自拼命生长，还是去融入环境，或者构建一个小小的共生生态？前者会在短时期内让自己高歌猛进，超越所有人，无论是物质收入，还是心理满足，都可以得到实现。然而，木秀于林，风必摧之，并不是风盯着你这棵树来搞事情，而是你离其他的树有点远，风是一样的风，而你越高越容易倒。所以，后者才是职场能持续长足发展的更好选择。

那么，与谁一起共生呢？

一是信服自己、愿意追随自己的下属。一个能够凝聚在自己周围并且有战斗力的团队，是每一个管理者最宝贵的财富。为此，需要给忠诚、有能力和有发展潜力的下属以足够的待遇和关心，更重要的是给予他们发展规划上的指点以及可能成长和出头的机会。如果下属中还有人能给自己提出有价值的意见或建议，帮自己查漏补缺，那就像是啄木鸟与树木的关系，这样的人才不仅有价值，而且可遇不可求。

二是三观一致、互通有无、相得益彰、相互成就的同僚。假设你是财务部门的负责人,要推行一些财务管理上的新制度,有些部门负责人会积极配合,跟你交流他们的工作特质和业务情况,帮助你将新制度的目标更好地达成;也有些部门负责人会当面打包票,落实的时候敷衍了事,甚至还有人会故意给你制造麻烦,或者明知有不足、有问题却就是不说,等着看你的笑话。有共生意识的人,只能去找自己的同类来共生,有同道则不孤。随着时间的推移,这一群共生在一起的干部人人都在进步,无论是业绩提高的压力还是谁遇到困难棘手的问题,他们都能合作抱团,从容地去面对;而那些只顾自己的人、看不得别人好的人,没有进步、只有止步,最后跟不上团队整体发展,后果不言而喻。

三是彼此都着眼于长远、相互能提供价值并且遵守交易规则的商业伙伴。无论是供应商,还是甲方客户,又或者是机关和事业单位、协会商会、会计师律师等第三方,在所有这些与自己职业发展有关联的人中,大多数人其实未必有长期意识,更多的是着眼于眼前的事。很多人的工作方式是有事有人,请客送礼,事情过了就很少联络,等下次有事再说。这样的关系始终停留在一单一单的交易层面,谈不上合作,更谈不上伙伴。我们需要去发掘出那些有长期眼光的人,或者在交往中会逐渐形成长期意识的人,彼此相互支持、价值交换(特别需要注明,这个价值不是特指经济利益,也包括信息、知识、人脉等)。而且彼此都着眼于长久未来,双方就都会更尊重规则和道义,这样都能在各自的位置和职业领域取得进步。

四是值得跟随的领导和前辈。怎样的人才是值得跟随的领导和前辈?有学识和能力,有人脉和资源,以及最重要的——有好人品。你在职场上的付出对他的成功肯定有价值,而他也会看见,并且给予公平的回馈。我不知道很多职场人是不好意思呢,还是出于"这只是一份工作,我也不知道做多久""领导也有可能跳槽走人,可能会白搭浪费"等的考量,他们从不愿意与领导做更多的交流,去努力形成更近的关系。如果这真的是一位值得追随的领导的话,那绝对是你职场上极大的浪费。领导虽然未必一直是你的领导,但可以一直是你的老师、你的资源。

我们每个人可以回去翻一翻自己的通讯录和朋友列表,有没有三五个铁杆下属？有没有三五个默契同僚？有没有十来个彼此认可的商业伙伴？有没有两三个你愿意追随而他也认可你的领导和前辈？如果你数得出来，那么我打包票，你的职场一定正在或即将进入一个高速发展期，未来两三年很可能再上一两个台阶；要是数不出来的，缺哪一块，就尽快去补上吧。

13

顺应和利用人性的激励

——说说献策推恩令的主父偃

中国一直被说成是几千年的封建社会,其实并不是。"封建"究竟是什么意思呢?"封"是分封,"建"是建国,就是把皇室子孙和亲信大臣分封到各地建立各自的邦国。从这个意义上讲,中国的封建制度从周王朝开始,到秦汉时代就算是个结束。之后,历朝历代一直到清朝确切地说应该是君主专制制度,其中除了汉代、晋朝和明朝初期短暂有过分封的反复之外,其他的朝代都没有再采用对宗室和功臣进行"封建"的方式。

最早采用封建的方式,用现在话讲,既是一种管理的手段,也是一种激励的措施。

周王朝推翻商朝的时候,对比双方实力,周王朝只是兴起于西方的一个小部落,而商朝已经绵延五百多年,幅员辽阔,拥众极多,这就犹如说是一个小毛孩要去掀翻一位巨人。周武王直到获取胜利之后估计仍有点发懵,怎么就这么赢了呢?!而且创业不容易,守业更难,干翻了庞然大物之后,周朝往下又该如何治理呢?

周武王采用的方式,就是把自己信任的人派到各个地方。谁是信任的人?当然是子侄、亲戚,还有跟着打下江山的忠心耿耿的臣子。"封建亲戚,以蕃屏周",通过这些人对各地的管理,来实现整个王朝对国家的统治。为了让大家更加用心地管理好自己的封地,周王朝批准封建领主占有土地,并自主管理封地内的农民和奴隶,也可蓄养自己的亲信家臣;封地内的自由民可以自行开发与耕种,而封建主也可以在自己的领地内向他们收取地租。

以我们现代人的眼光看,这种做法当然存在着很多弊端,例如各位封建领主自行其是,中央没有管理力度,收税困难,抵御外族各自为战,等等,这些行为都可能导致力量分散。但是,周王朝一共存在了790年！在中国有记录的信史中占了将近五分之一的时间,国祚是相当绵长的,而且在周王朝之后再也没有存在超过400年以上的朝代了。可见封建制度在当时还是实现了稳定统治和有效治理的。

为什么能做到？主要是因为早期社会的生产能力和管理水平都不高,各封建领主之间可以相安无事。随着生产力和管理水平不断发展进步,相对强大的封建领主就会开始出现扩张领地的需求,甚至会对中央的管理出现阳奉阴违或者抗拒的行为。周王朝后期,从春秋进入战国时代,事实上已经没有了中央的管理,各大诸侯国只是名义上尊周朝为"天下共主",实际上各行其是、你争我夺、群雄混战、逐鹿中原。

唯有秦国从商鞅到韩非、李斯出现了几个明白人,也造就了野心。他们看清楚了封建制度是大一统中央王朝的最大隐患,因此推行起了郡县制度。"普天之下,莫非王土;率土之滨,莫非王臣。"没有宗室子弟或者大臣可以获得土地所有权,绝不允许任何人脱离中央、自行其是,所有的地方都由皇帝任命的郡守和县令按照法律和政令来进行管理。这一套中央集权的制度成为后续两千多年历代统治者的基础模板,只是在当时由于秦朝暴政,仅仅15年二世而亡,因此没有引起随后汉朝的足够重视,甚至还一度考虑改弦更张。

打江山的时候,刘邦就给出过很多许诺和激励,其中就包括分封王侯,坐江山了不能说话不算。另外,刘邦充其量就是一个不学无术的乡镇基层干部,自然也没有足够的政治眼光,总之汉初延续了封建制度。

刘邦一立国,先分封了七个异姓王,即韩王信、梁王彭越、淮南王英布、楚王韩信、赵王张耳、燕王臧荼、长沙王吴芮,大多是重兵在手的实力派和地方豪强。结果刘邦登基没几个月,燕王臧荼就第一个谋反。平叛之后,刘邦不再信任任何人,本着消灭异己的考虑,又主动出手干掉了韩信和彭越,于是英布看在眼里,这早晚是一死啊,也半是害怕半无奈地反了……前前后后折腾了很久,刘邦最后总算是发现分封有功之臣问题很大。

然后,他又觉得自己亲人总可以信任吧,于是就与群臣约定"非刘姓不王",这样就形成了郡县制和九位刘姓王并存的治理格局。至于那些异姓的功臣,可以封侯,也有封地,俸禄你拿,封地的田产收益你也能拿,但是侯爷本人得在京城待着。

刘邦以为自家人可信,却不知帝王家里越是亲人越能闹事,结果依然是叛乱频频。尤其是刘邦死后,自己的老婆吕后专权,操控天下,甚至要分封诸多"吕姓"为王,这下就闹腾得更厉害了。吕氏被干掉之后,开始文景之治,国家刚恢复了些元气,结果景帝时期又闹出了吴楚七国叛乱,七个叛王全是刘家子弟。前因后果具体缘由这里不多做讨论,总之封建王侯各自为政、势力不断膨胀绝对是一个基础诱因。可这又是所谓祖宗成法,如果要彻底废除,无论是在王族内部,还是地方舆论导向,都可能引起轩然大波。所以,这几乎成了一个无解的难题:

取消封建,侵害了大批皇家亲戚实力人士和核心管理层的利益,统治者很危险;

延续封建,在国家各地就继续埋藏下一个个隐患,统治者早晚也有危险。

怎么办?在汉武帝时期,有个叫主父偃的人出了一个高招,史称"推恩令"。

主父偃这个人出身贫寒,历史上连他确切出生年份都没有记录。他在汉朝的各个诸侯王国如燕、赵等地游学,都没有得到重用,可能也就是因此而种下了他对诸侯王不爽的种子。当他到达长安,汉武帝刘彻与他一席交谈,大为赞赏,一年之内官升四级,成为天子近臣。

主父偃说:陛下,你是不是在为各诸侯王国尾大不掉又不好处理而烦恼?

汉武帝说:对啊,这话说到我心里去了,你有什么妙招?

主父偃说:好办,我们不明着去削减诸侯王国的既得利益,我们只需要发这么一个政策,原本各诸侯王国只能由嫡长子承袭全部,现在允许次子甚至庶子都可以继承一部分的土地,只是要受郡守管辖。

汉武帝一听眼睛都亮了，其中的深意他稍稍一想就明白了。

古代都讲子孙满堂，只要有可能就会努力生孩子，随便哪个诸侯王都有好多孩子，这样一分为三、为四，势力就不完整，各自都小了很多，等到了再下一代一分为八、为九，那就不过只是个顶着贵族帽子的地主而已了，不足为患。而且，这条政策哪个诸侯王都说不出什么来，因为并没有削减任何他们现在的权益。另外，如果他们反对的话，家里可再也不得安宁咯。对于小儿子、小老婆们来说，原本自己啥都不是，现在突然也能自立门户，自成一家，简直是天降的喜讯，绝对大力支持。老头子要是不干的话，小儿子哭闹、小老婆撕脸，而且幼子小妾本来就比较受宠，皇帝都同意的事你偏不干，你倒是说个理由出来呀？家里这样闹将起来，谁受得了。

于是这条被称为"推恩令"的政策，为后世历朝历代解决了一个千古难题。后世朝代即使出于激励的考虑而分封了宗室子弟或有功之臣，大多数也会有个附加条款：其子可多人参与分配，并且没有特别功劳的话，到子女那一代就自动降一个等级。主父偃这一招连消带打，绝妙无比。

要说此人的确是见识广博、能力很强，但可惜为人的情商实在太低，又有一些阴私被人抓到了把柄。于是他得罪过的那些诸侯王，后来就成了扳倒他的主力，而满朝文武几乎没有人愿意帮他说话，放眼望去竟没有一个与他有点交情的大臣，真是悲不自胜。司马迁写道："**主父偃当路，诸公皆誉之，及名败身诛，士争言其恶。**"所以，他的下场其实挺惨的，落了个满门抄斩。汉武帝手下能臣酷吏是真不少，但大多数没什么好结局，厉害的皇帝不好伺候啊，翻脸无情，喜怒无常。

我们讲这个故事，其实与主父偃这个人关系并不大，不是要在职场上学习这个人，而是要体会激励政策与战略目标以及人性的关系。

管理上的激励政策都必须为战略目标服务，并且要顺应人性，否则激励效果会打折，甚至适得其反、埋下隐患。

日常的激励政策有奖金、提成、荣誉、福利等，特殊的激励政策包括股权、期权。每一项激励政策其实都很有讲究，给出的奖励要确实能起到刺激的效果，否则要是使用不当、思考不周，有时花了钱还起到反效果。我们一项项来说。

拿奖金来说，最常见的是年终奖。年终奖有两个最大的弊端：一是全年集中于一个时间段发放，最常见的是年底或春节前，带来的问题就是节后会有集中的跳槽离职，所以后来很多企业调整为季度奖、半年奖，降低了年终奖在全年收入中所占的比例。二是对于年终奖，每一个员工都有一年的时间来形成对它的预期，并且还会不断调整，而我们之前就讲过，决定一个人行为的根本因素就是预期，预期向好就会不断投入，预期变坏就会不断离场。当年终奖在年收入中比例非常高的时候，在这一年中如何管理员工预期、减少行为波动，就是一个很大的课题。

另一种奖金是考核奖励，对应月度、季度和年度的考核都有。这时考核的公平性和有效性、考核难度与奖金金额的对等，是管理者必须考虑的。例如有没有必要设立全勤奖，迟到早退是扣一两百，还是扣月工资的三分之一，不同的企业环境，结论也大不相同。再如，经常出现对前台部门如销售和门店采用定量的严格考核，收入与业绩强关联挂钩，而对财务、人事、行政等后台部门考核走个过场，奖金形同固定工资，于是带来的问题是：业绩不好的时候，前台会觉得后台的人太舒服，而业绩一旦飙升，后台的人又会觉得自己吃亏。这些都是常见的问题。

接着我们说提成。提成是与项目或销售量直接挂钩的一种奖励方式，但是从企业角度来看，还有其他管理指标要综合考虑，例如销售费用不能过高、账期不能过长等。这时有几种方法来解决这个问题，有的将其他指标也作为提成的前提条件，有的将提成一次计算、分期给付，也有的发放提成的方式简单粗暴，而将别的管理指标压到其他部门身上，让部门之间去相互制衡。还有一个很经典的问题，有一名销售足足跟了一个客户两年，而在他离职后不久，该客户就签了一个大单，我相信很少有企业会选择把提成给这名离职销售送过去的吧，那么是选择提成归公司所有，归团队所有，全部分给幸运的继任销售，还是部分且有条件地给他，不同的管理者有不同的看法。在上述所有这些情形下，无论你选择了怎样的提成管理模式，都必须考虑到不同的人性，并采取不同的配套和辅助措施，才会得到较好的结果。

再说荣誉和福利。在有些企业环境里，"明星员工""销售冠军"这样的荣誉，其激励作用巨大，与之相比，几百几千的物质奖励反而微不足道。还有像破格提拔、委以重任、登台演讲等形式都是荣誉的激励，配备车辆、特别设施的使用权、招待费用、选送外出培训和就读商学院等都是福利的激励。这些激励，用好了一块钱投入能起到两块三块钱的效果，但是一定要做好团队氛围建设，和对每个人个性需求的把握。

最后说股权和期权，还有一些内部创业的扶持计划，这些是最顶端的激励方式了，本质是将员工变成某种意义上企业的股东、主人。股权激励计划设计得好，可以牢牢地将创业伙伴和核心骨干绑定在一起，并且激发出最大的干劲和活力，前提是要让企业愿景成为每个人的愿景，让企业发展战略和路径为每个人所信任。当第一年任务达成、激励兑现的时候，其实也给每个人加上了很大一块放弃成本，再过一年两年，大家会逐渐发现自己其实已经没有了选择，只有铁心干到底，不断给自己加码，否则损失实在太大。这就是人性，有点像推恩令下的那些宗室和大臣，一开始懵懵懂懂，等两三代之后，皇帝想要的结果都在不知不觉中已经达成。

所以对于每一个激励，都要把自己放到被激励者的角度感受一下人性的反应。从对方的角度看看，这个激励力度到底够不够，他认不认、愿不愿，而采取的做法可能会带来哪些连带的其他效应。管理者要光是坐在自己的位置上想：就这样他还有什么不满意的？他还不能好好干吗？那么，大概率真的会事与愿违。尤其是对于现在很多95后、00后的年轻人，你给了加班费，他也未必愿意加班，你拿出的悬赏，他也未必真的看在眼里。当今时代，怎样才能有效地进行激励，真的是一个新的课题。

14

初心远志的力量和基层的历练

——不扫屋而扫天下的陈蕃

千古名篇《滕王阁序》引用了23个典故,贡献了超过40个至今还脍炙人口的成语。其中一联"物华天宝,龙光射牛斗之墟;人杰地灵,徐孺下陈蕃之榻"就讲到了一个著名的故事。

在滕王阁所在的豫章郡,也就是现在大部分江西和小部分湖南的地区,有一位名士徐穉(念"稚"),也可以写成徐稚,字孺子,品性才华均属上乘。汉桓帝问当时担任尚书令的陈蕃,说他听人介绍有几位名士,应该先聘请哪一位来当官?陈蕃当即回答道:"徐穉,出生在江南卑薄之域,如角之特立杰出,应当为先。"只是徐穉认为东汉王朝已经病入膏肓,大树将倾,因此坚决不愿意出来做官。后来陈蕃被贬为豫章太守,他到任的第一天,连官衙都没有进就直接去拜访徐穉。徐穉与陈蕃相谈甚欢,他虽不愿意当官,但还是同意经常去陈蕃的官邸谈心论道,为此陈蕃就特意为他设置了一张专属座榻,只在徐穉来的时候才会放下。这段惺惺相惜的佳话也随着《滕王阁序》而千古流传。

徐穉终身在野,而对他赞赏有加的陈蕃却是东汉王朝的风云人物。他的传奇故事,要从小时候说起。

陈蕃官宦人家出身,其祖父曾任河东太守。《后汉书》记载,他十五岁时曾经独自居住修习。他父亲的朋友薛勤来看他,只见满园子荒芜败落,房间里也是又脏又乱,就批评他说:"孺子何不洒扫以待宾客?"意思是说,你这小孩子也算读书人,却不知道收拾收拾房间招待客人,这算有礼貌吗?陈蕃回答道:"大丈夫处世,当扫除天下,安事一室乎!"我的志向是扫除天下的不平事,怎么能就管这一间房间？薛勤一听,认为这个孩子有奇志,将来一定了不起,而这个故事传开以后,世人也对陈蕃刮目相看。

从小就初心宏远的陈蕃,也的确没有令大家失望。他作为孝廉被推举当官,所谓孝廉就是"孝顺亲长,廉能正直",从而被地方众人所认可。推举孝廉在汉朝是重要的选拔人才的机制之一。当官以后,陈蕃一直保持刚正不阿、秉公办事的气度,既不迎合皇亲国戚、高官权贵,也不结交宫中宦官和皇帝近臣,在汉桓帝时期几度起起落落,曾经在中央担任过尚书令和负责选拔官员的光禄勋等要职,也曾被贬为过太守和县令。据说,当时天下所有追求高风亮节的读书人,列过一张名士排行榜,陈蕃高居前三。

等到汉灵帝继位,陈蕃得到了特别重用,原因是他当初曾经强烈支持汉灵帝的生母窦太后当皇后,这份拥戴的功劳窦太后记在心里,必须有所回报。但可惜的是,窦太后同时还非常信任汉灵帝的乳娘和曹节等宦官,而这群人及其爪牙们贪婪暴虐、横行不法。她同时看重的这两拨人,不可避免地处于敌对的两个阵营。

在整个东汉王朝后期,宦官、外戚、清流朝臣和地方豪强这几股势力相互之间的血腥争斗不绝于史,各方势力此起彼伏,一方得势就打压另一方,而另一方一旦反抗得手又会残酷报复。陈蕃就经历了其中著名的三次争端：

第一次是得罪了飞扬跋扈的大将军梁冀,幸好只是将他贬为县令,之后梁冀被汉桓帝处死,陈蕃也就安然无事了。

第二次是党锢之祸,陈蕃是反对宦官干政的首领之一。宦官得势清算的时候,他的处分还只是被贬官而已,而其他人如李膺和杜密则遭受到了关押拷打。

终于在第三次,陈蕃再也没有那么好的运气了。他试图与窦太后的父亲、大将军窦武联手清除宦官势力,看起来阵容不错,却在事情泄露后,两人均被曹节等人伪造了太后诏书而杀害。

纵观陈蕃一生,历经九起九落,只要是国家需要,慨然不辞。东汉后期朝政混乱腐败,很多有识之士不愿意为官,宁愿做个隐士,也好过在政治倾轧中赔了性命。而陈蕃为国家大计，完全不考虑自身，后世人称他"以一己之力为汉室续命三十年"。

一个人在职场能走多久，做多大事，取决于初心。职场的路很长，几十年，能一直走好的有几人？有多少人得过且过，有份工资就求个小安逸，没了进取心；有多少人曾经意气风发，而随着接触商场和社会越久，就逐渐迷失在金钱和权位之中；又有多少人空有抱负，却在受到打击时颓丧沉沦，放弃了理想。只有初心宏远、意志坚定的人才能不断提升、不离正途。

回想 20 世纪 80 年代，那真是个很热血的时代，百废待兴，人人奋进，如饥似渴地学习各种思想、学说和知识，电大夜大里坐满了人。那时的我和我的同龄人，从小被问得最多的一个问题就是：你的理想是什么？回答很多，最多的是成为科学家，还有想成为医生、教师、军人。虽然我们说的是不同的职业，但我相信我们的内心有一个共同的声音：要成为一个对社会、对时代有所贡献的人！这种改变国家现状、让它更富强更兴盛的使命感，不仅是我们学习的动力，也是那整整一代人走上职场的初心。

在那之后经济蓬勃发展，慢慢地，功成名就、名利双收成了成功的代名词。的确，很多时候事业成功的同时也为社会带来了效益，然而毕竟个人和国家的利益并不是每时每刻都在同一个方向上的。当我听到越来越多的孩子被问到同样的问题时，他们的回答是老板、是明星，我不能指责他们有什么错，但内心的确感觉到了一点伤感。这个差异不仅仅是时代的不同，也不仅仅是为公为天下和为自己的差别，从本质上看，我认为是两种人生导向的区别：一种是不断修炼提高自己的"过程思维模式"，而另一种是纯粹用名利来做判断的"结果思维模式"。

在成长的路上，不断地会有各种结果出现，预料之中的，超出预期的，意想之外的，还有大失所望的，而这些结果会影响我们行为出现各种变化。能支撑自己保持不变的，只有内心最渴望达成的那个人生愿景，也就是初心。每个人的初心，取决于他的个性、家庭、成长经历以及一些特别难忘的事和人，大多数人在十几岁的时候就会形成自己的三观和愿景，并且在随后的人生中都不太容易改变。因此，我们首先要去除外界舆论和各种思潮的影响，认真地去看到自己真实的内心，然后找到匹配它的路径和行为。

回到我们今天所聊的陈蕃。祖父为官一方，他自小应该已经见过太多的民生凋敝，也见过太多的官场腐朽，加上自己饱读诗书的勤奋，又受到历朝历代贤良的激励，因此才会逐渐确立"扫除天下"的雄心壮志。这个远大初心并不是一时的心血来潮，而是从少年时就根植于内心，也因此才能支撑起他一生的风骨。正如周恩来在中学时所立下的"为中华之崛起而读书"的志向，马斯克从孩童时就没变过的探索宇宙、挑战自己的梦想，多少最终做出一番成就的人，初心都是他们得以克服一切艰难的原动力。

陈蕃少年时的那个故事还有个未经考证的后半截，据说薛勤在听完陈蕃的豪言壮语之后，还说了一句："一屋不扫，何以扫天下？"后人也经常把这个故事用在两个地方，在鼓励别人要有雄心壮志时会用，在提醒别人应该脚踏实地、一步一个脚印时也会用。

从陈蕃的经历也可以看到，在他的宦海浮沉中，刚直有余，手腕不足。在职场中，并不是正确的初衷和直截了当的行事风格就可以得到好的结果，人情历练、迂回、交易、暂时或部分的妥协，在更大的程度上决定了成败得失，而这些能力，往往在日常的、底层的历练中才能得来。这也是为什么很多一帆风顺、少年得志的人，或者被超常擢升的人，经常会遭遇暴击，结局惨淡。其实那些所谓的暴击也不过是非常常见的商业和社会现象罢了，未必是多么狡猾可怕的阴谋，只是他们没有足够的醒觉，也没有合理的应对而已。

我们看看最终导致陈蕃事败身亡的事件，其中他究竟犯了多少明显的错误。

他和窦武准备诛除曹节等宦官之前，已经动手铲除了几个对方的非核心成员，这个事对手肯定是知道的，而且显然会引起警觉。但他们却没有放在心上，仍然不紧不慢、按部就班，要是果断采用雷霆手段，结果或许就大不一样。

接着，陈蕃和窦武按照正常程序去请示窦太后，希望窦太后支持他们清除宦官集团，然而在窦太后表示犹豫时，他们竟然真的也就随之停下了全部行动，浪费了宝贵的时间，更重要的是丧失了行动的主动权。

再有，他们在审讯对方组织成员时，完全没有意识到需要做好保密工作，以至于准备将对方一网打尽并全部诛除的最终意图轻易地就被曹节等人得知。宦官们原来还吃不准陈蕃等人的举动是碰巧打击到某些人，还是有预谋的计划，另外也不知道对手打算如何处置自己，要只是贬为平民、放逐外地说不定也就认了，毕竟对手一个是文坛泰斗、一个是主子窦太后的爹。但是一旦明确了这是个不死不休的终局，他们终于放弃了事情还能善了、大家还能共存的幻想，从而硬生生被逼上了鱼死网破的绝路。

最致命的问题是，陈蕃和窦武既没有控制住皇帝和太后，拿住玉玺和发布文告的权力，也没有真正掌握住禁军兵权，以至于曹节等人拿着伪造的诏书，威胁利诱之下让禁军全体倒戈。最后，陈蕃带了几十个太学学生冲向宫门，不过是以死殉节而已，于大事已然无补。要说窦武是从没打过仗、没见过官场世面的皇亲国戚公子哥也就罢了，而陈蕃作为两朝老臣却仍然没有实际工作的章法，实在令人惋惜。

宋代苏辙评价说："蕃一朝老臣，名重天下，而狷狂寡虑，乃与未尝更事者比，几乎暴虎冯河，死而无悔者，斯岂孔子所谓贤哉！"说陈蕃志向高远，却缺少谋略，还与没有经过什么历练的人在一起共事，简直是赤手空拳打老虎、挽起裤管蹚大河，很难称得上一个"贤"字。这个评语之哀伤、之入里，实在中肯。

陈蕃的故事，一正一反两层意思，职场人不妨各自体会。

15

普通人永远不要与趋势相抗衡

——诸葛亮的神话和悲歌

三国一直是国人最感兴趣的一段历史时期,有各种影视作品、民间传说、流行歌曲,还有风靡整个东亚地区的电子游戏。无论是老人还是孩童,都对其中的很多人物津津乐道、耳熟能详,曹操、刘备、孙权、关羽、张飞、周瑜、诸葛亮……我们接下来会讲几个三国时期人物的故事,先说诸葛亮。

对于三国,首先要纠正两个误解。

其一,大多数人把《三国演义》里的故事当成了真实的历史,而其实它的大方向和基本事件脉络虽然属实,但很多脍炙人口的桥段却没有真的发生。例如,刘关张并没有桃园结义过;关羽并没有经过那五关,斩的所谓六将也统统没有在任何史书中出现过;诸葛亮没有气过周瑜,周瑜死后去东吴吊唁的人实际上是庞统;而赵云也不是什么白袍小将、帅哥哥,在赤壁大战时他就已经是五十多岁的大叔了。所以要了解那段历史时期的真实风貌,应该看陈寿的《三国志》以及《后汉书》《魏书》《资治通鉴》中的相关部分内容。

其二,所谓三国时期,并不是从黄巾军叛乱或董卓进京开始算起。我们大多数人对三国的概念也来自《三国演义》,而书中的很大篇幅准确地讲仍属于东汉末年,很多故事发生的时候还有汉灵帝和汉献帝两位皇帝呢。直到曹操去世,汉献帝也还健在,名义上仍是汉王朝。真正的三国,要从公元220年曹丕称帝、立国号魏开始算起,一年后刘备称帝,八年后孙权称帝,史称蜀汉和东吴,直到266年司马炎迫使魏元帝禅让,立国号晋,最终在280年灭吴,这才结束了三国时代。所以，三国时代统共是60年。

不过从东汉末年到三国时代，演义也好，正史也罢，总之民不聊生、群雄逐鹿、战祸绵延的乱世悲风主旋律是一致的。而风云人物也往往是在这样的时代才会涌现。其中，诸葛亮就是被后人称颂并近乎神化的一位。

诸葛亮一生的功绩几乎每一个中国人都能说上一二，从隆中对三顾茅庐，到匡扶刘备三分天下，然后治理蜀汉，七次北伐，其中各种奇计妙策、传奇故事层出不穷，为后人所称道。在这里就不重复那些大家都知道的事，我们沿着他一生做一个简单的编年纪事。

公元181年，诸葛亮出生在琅琊郡，家族是当地的望族，父母病逝后跟随就任豫章太守的叔父诸葛玄生活。董卓进京是诸葛亮八岁时候的事情，3年后董卓被吕布刺死，天下大乱，群雄并起。197年，诸葛玄去世，十六岁的诸葛亮就开始在隆中隐居，不出世的少年英才，只有徐庶、崔州平等人欣赏他。

"三顾茅庐"是207年发生的事，那时诸葛亮二十六岁，风华正茂，而刘备这时已经颠沛流离了许久，四处投靠，屡战屡败，无立锥之地。三分天下的"隆中对"之后，诸葛亮得到了刘备的赞赏并委以重任，而这个战略也是此后数十年刘备集团的基本策略。不过顺嘴提一句，要说刘备多么求贤若渴，其实也是要打一个折扣的，因为史书记载早在六年前他就已经听司马徽提到过诸葛亮，至于为何迟迟没有行动，后人也不得而知。

一年后，孙刘联军在赤壁大败曹操。诸葛亮在这场战役中并没有像《三国演义》所说的那样又是草船借箭、又是借东风，甚至几乎就没有什么实际参与度，火攻策略和战场指挥都是周瑜所为。但是，诸葛亮依然要占据赤壁胜利的首功，因为正是他的分析和游说才促成了此次孙刘的联合，可以说战略决策的功劳在他，周瑜的功劳是在于计划和执行。

到年底，刘备听从诸葛亮之计平定荆南四郡，终于有了自己的地盘。又过了三年，诸葛亮劝说刘备应允了益州牧刘璋的请求，率军进入了益州，之后刘备与刘璋决裂，又历经了三年时间的征伐，最终诸葛亮与刘备会师成都，刘璋投降，蜀汉的基业就此奠定。在这一连串的开疆拓土行动中，诸葛亮不仅是总策划,更是总指挥,除了运筹帷幄,也直接到一线指挥战斗,名副其实是蜀汉的奠基人。

这一年,诸葛亮三十三岁。

220年,曹丕称帝,开启了三国时代。221年,刘备紧接着也称了帝,并以为关羽报仇的名义率军伐吴,意图夺回荆州,可惜一年后兵败夷陵。这也许是刘备一生中唯一一次没有遵从诸葛亮的意见,而其后果也几乎难以承受。那么这么重大的一仗,诸葛亮为什么没有在场呢?有三种说法:其一,鉴于此战违背了联吴抗曹的基本策略,诸葛亮提出强烈的反对,刘备一意孤行之下自然不愿意带着这样反对派在身边。其二,据说东吴使出了反间计,派出诸葛亮的兄长诸葛瑾驻守南郡,出现在战场第一线,让刘备有所顾忌。对于这两种说法,我个人认为都低估了刘备对诸葛亮的信任。我更倾向于第三种说法,那就是全军出动以后,后方需要一个强有力的人物坐镇,唯一能全盘托付的人只有诸葛亮,而他也明知自己不可能随行,反对刘备出征的原因很大程度上也是出于自己不在旁边,不放心。

夷陵大战后一年,刘备病重,在永安向诸葛亮托付后事,请他辅佐刘禅。传闻中刘备对诸葛亮说,刘禅值得辅佐便助他,没有才干,你就"自行取度",这在历史上确有其事。只不过这到底是刘备的真心实意,还是欲擒故纵的攻心手段,我们无法揣度。

刘禅继位后,封诸葛亮为武乡侯,领益州牧,四十岁的诸葛亮总领了蜀汉的所有军政事务,花了四年时间,稳定了南中不毛之地,七擒七纵孟获的故事就出自这段时间。蜀汉治理终于逐渐上了轨道,北伐也有了基础。

226年,曹丕去世。四十五岁的诸葛亮开始了第一次北伐,此后八年七次北伐都没有获得预期的成功。234年,五十三岁的诸葛亮病逝五丈原。在他去世29年之后,司马昭派遣邓艾、钟会伐蜀,蜀汉灭亡,而诸葛亮的长子诸葛瞻和长孙诸葛尚一起战死沙场。

纵观诸葛亮的一生,青年时一手扶持破落户刘备,直到三分天下,壮年时稳定治理一国,维持了天下均势,与他少年时经常拿来自比的管仲、乐毅也的确是不遑多让。直到今天,诸葛亮这个名字半人半神,对国人而言就是智慧与才干的化身;从一介布衣到一国丞相,也堪称是所有职业经理人的偶像。

但是我今天想说的是,其实诸葛亮从神话到悲歌也许是一种必然,因为他对于天下的趋势看对了前一半,而后期其实是在逆趋势而为。

当他出山之时,世道从董卓之祸算起已经乱了近二十年,用曹操的诗句来形容,就是"白骨露于野,千里无鸡鸣。生民百遗一,念之断人肠"。人口锐减,民不聊生,哪一方势力都有自己的旗号,百姓也无所适从。曹操挟天子以令诸侯,有说服力;刘备号称汉室宗亲的身份和体恤百姓的仁义名声,也有一定影响;而孙权拿江东地区的和平富庶实惠来说话,同样得到拥戴。至于其他没有眼界、没有格局、一心只为自己的大大小小割据势力,其失败是早晚的事。因此,三分天下客观上有天时、地利和人和的基础。

然而在曹丕称帝之后,形势发生了三大变化。

第一,大规模的战乱、掠夺和屠杀逐渐减少,在三大势力各自的地盘上,人民开始休养生息,恢复生产。尤其是曹魏,曹丕可以说是不输乃父的雄主:他采用九品中正制整肃了管理体系,并改善了与士族的关系;强化了屯田制,国库充实,经济恢复;而在军事方面,主要肃清了内部的割据势力,消除了北方的少数民族威胁,并且一直将讨伐蜀汉和东吴的战争保持在有限的强度,并不以倾国之力强求天下一统,更多的还是着眼于自我发展,相信顺势的力量。我们看《三国演义》,感觉诸葛亮治理蜀汉特别好,用兵也如神,然而客观上讲,曹魏才是三国中国力最为强盛的一方。

第二,汉王朝已经宣告正式终结。无论哪一国,其民心都已没有必须恢复大一统的意愿了,只要能维持现状、不打仗,就是大家最希望的。因此,所谓复兴汉室,只是少部分人的目标,北伐也好,统一也罢,与广大老百姓都没什么关系。从历史现实也可以看到,无论是魏伐吴、吴攻魏,还是蜀魏相争,基本没有明显的胜败,更不要说倾国之战。如果不是蜀汉后来出了庸主刘禅、诸葛亮早亡,而东吴又出了暴君孙皓,三国说起来也未必必然归晋,亡国的根子都出在自己。

第三，名义上虽然是三国鼎足而立，其实只是基于地理和军事方面的原因所形成的相对稳定的边界划分，真要说鼎立三分是谈不上的。从三国的疆域、国力和资源来看，魏吴蜀的排序是非常清晰的，"天下九州，魏国得其六，吴国得其二，蜀国得其一"。即便单看人口这一个指标，根据《三国志》和葛剑雄教授的《中国人口史》，魏国编户人口400多万、东吴约240万、蜀汉100万左右，加上佃户、部曲、兵户、屯户、漏户、逃户等，估算当时天下总人口约3 000万人，按比例分摊，曹魏一家就占一半多，而蜀汉只有曹魏的1/4~1/3。人口如此，经济实力大体也是如此，严格来讲蜀汉的生产率比曹魏只会低、不会高。

所谓战略，是基于趋势而制定的，不完全在于一城一池一战的得失。逆趋势而行，采用了错误的战略，即便不断取得战术上的胜利，也会在最后一战中失去所有，甚至有时胜利本身还会加速失败。举个很简单的例子，即便诸葛亮每次北伐都获得胜利，杀敌一万、自损五千，军费消耗也只是对方的一半，这已经是非常了不得的成绩；但是如果考虑到曹魏的国力三四倍于蜀汉，那么算起来，这样的胜利掏空蜀汉的速度还远超过曹魏，所以这其实是在加速蜀汉的败亡。

诸葛亮在《前出师表》中说，要"亲贤臣，远小人"，如今"南方已定，兵甲已足"，决心"当奖率三军，北定中原，庶竭驽钝，攘除奸凶，兴复汉室，还于旧都"，并且信心满满："愿陛下托臣以讨贼兴复之效，不效，则治臣之罪，以告先帝之灵。"然而仅仅过了一年，在《后出师表》中文风语气就为之一变："故知臣伐贼，才弱敌强也。然不伐贼，王业亦亡"，"今民穷兵疲，而事不可息"，分明已是知其不可为而为之，最后留下一句"臣鞠躬尽瘁，死而后已，至于成败利钝，非臣之明所能逆睹也"。总之我尽力吧，至于什么结果，我也实在没能力看清。

可见以诸葛亮之能，北伐一仗之后，他对局面就有了清醒的认识。但他为什么不好好地休养国力，而是不断坚持要这样做下去呢？大家留意《后出师表》中那句："然不伐贼，王业亦亡。"除了曹魏比自己发展更大更快的原因，似乎话里有话，还有不方便明说的理由。

后世分析，蜀汉执政集团的地位原来并不稳固，内部有分裂的隐忧。执政集团的主要力量是刘备的老班底，但对蜀汉这块地界来说却是外来户，而就这一股力量中还分成了两个小派系：一个是早期跟随刘备的北方团体，包括关张赵、简雍、孙乾，还有一些亲戚同乡；另一个是后期跟随诸葛亮加入的荆州团体，包括马良、马谡、黄忠、魏延、蒋琬、费祎等人。除此之外，足以挑战执政集团地位的还有两伙人，一是原来刘璋手下的东州集团，一是益州本土的氏族集团。就说白帝城托孤，其实并不是刘备把一切都交托给了诸葛亮，托孤大臣是有两个人的，另一位就是东州集团的李严，以求均衡，由此各方势力分布可见一斑。所以，蜀汉内部其实暗流涌动、危机四伏。

因此，诸葛亮必须通过对外战争来将军权和政权牢牢地抓在手里，通过半军事化的管理来实现对局面的控制。史学上一直有一种意见，在易中天先生的分析中也提到过，诸葛亮的北伐军事行动所采取的策略是"可以小胜、可以不胜，但绝不能败"。大败就会要命，小胜最好，从某种程度上说，大胜未必是什么好事，因为会很尴尬，诸葛亮难道真的亲自率军去逐鹿中原吗？那样的话，后院搞不好就会起火。

其实这样看来，诸葛亮实在不容易，进退两难，勉力而为，也难怪五十岁出头就累病死在战场上。他也许看明白了趋势，但是受困于现状又不得不为。我们作为职场人，有一条铁律：普通人永远不要与趋势做对抗。当股市走入下降通道，千万不要火中取栗去抢反弹；当国际贸易出现各种变数，就必须考虑转型拓展国内市场，而不是去赌各国政策会突然发生什么转变。逆趋势而行的人，的确也有成功者，并且一旦成功还能收益颇丰，但是这个概率奇低无比，之所以你一直看到这样的逆袭故事，是因为心理学所说的"幸存者偏差"，只有神话故事才能得到广泛传播，更多失败的例子都悄没声地自我消化了，不会和别人去说道。你想，即便以诸葛亮之能，与趋势对抗也绝对没有胜算，你我那点智商够看吗？就靠着他奠定的管理体系的惯性，加上蒋琬和费祎的继承，即便摊上了一个庸碌皇帝刘禅，蜀汉也还足足撑了29年才败，诸葛亮真的已经算是极其了不起的人物了。

清朝赵藩在成都武侯祠写下了一副著名的楹联：

"能攻心则反侧自消，从古知兵非好战；

不审势即宽严皆误,后来治蜀要深思。"

上联高度赞赏了诸葛亮安定蜀地的策略;而下联的"不审势",既一针见血地看到了本质,又饱含了多少对他的理解和惋惜。

对职场人来说,学会看清趋势是一门必修的功课,也是一门难修的功课,不仅需要学习对宏观经济的解读和理解,也需要对市场有所观察和判断,同时还要清醒地认识和评估自己的职业能力、人脉以及所处的企业和团队。一般人如果不具备准确的眼光,那么我建议你要经常向老师和前辈去请教,他们的分析有时候一两句话就可以为你指点迷津,不要吝啬这点时间和投入,也不要放不下这点面子,因为看错趋势的结果往往不是你自己能承受的。

而且很多人还容易犯一个错误:他们把大多数人认为和相信的事情当成是趋势,而事实上大多数人的想法更多的是误解和被忽悠,要不然就是之前一个趋势已近尾声,而在这之后即将会出现方向上的逆转。举个很简单的例子来讲,高三学生填选哪个大学专业,毕业之后寻找哪个行业或企业去就业,大家都会根据当前的热门来做出选择。但你要清楚,它之所以会成为热门,是因为过去若干年的就业情况和工作待遇发展情况而得出的结论,那么当一个机会、一个趋势已经发展到了人人都有所了解的地步,你觉得还是机会吗?事实上,大概率这件事已经到了发展曲线的顶端,机会未必再是机会,上升可能正在转为衰退。于是结果就是,那些热门专业的学生往往发现毕业找工作并不像四年前那样简单,而去了那些热门行业的就业者也往往是在入职后才看到行业正在开始竞争加剧、危机不断。讲清楚了这个道理,我相信人人都很容易理解,只是事到眼前、事关自身,又往往会自我蒙蔽,从众而行,毕竟和大家在一起更容易有安全感。

所以说,保持不断的学习、思考,修炼对情绪的管理、对外界干扰的屏蔽,是每个职场人终生的任务。

16

关于机会这件事，你怎么看？

——谨慎谨慎再谨慎的司马懿

"只要站对风口，猪都可以飞。"这句名言有阵子人人都在说。它的潜台词是：机会，很多时候比个人的能力和努力更重要。

坦率地讲，这句话的意思是没错的。比如说，的确有人因为学历不行、能力一般而只能进了一家初创的小企业，却不承想这家企业获得了资本的青睐，数年之间高速发展，而这个人也因此获得了高工资甚至股权、期权。还有人是在这家企业的早期被忽悠、误打误撞跳槽进来的，结果竟然也超额完成了自己的职场小目标。人们会说前者命好，后者则是抓住了机会。在我看来，这个说法不完整：前者的命是不错，但是能让自己的发展跟得上企业的高速前进，他在任职期间的自我学习和能力提升上一定也付出了极大的努力，而这一点外人看不见；后者的确抓住了机会，但是决定这样跳槽的人，只有极少数是真正看准了机会的，例如当年放弃高薪加盟阿里的蔡崇信，大多数人其实也是无意间做出的选择，或者纯粹赌一把，还有更多跳槽跳得很不成功、赌输的人，外人同样也看不见。

那么，怎样发现机会、判断机会和抓住机会呢？我们来讲讲三国时代的另一位著名人物司马懿。

大多数人对司马懿的记忆，似乎他一出场就已经是个老头，只记得他与诸葛亮对峙以及空城计的故事，另外就是装病骗过曹爽，一举掌控朝政的故事。其实，司马懿也是个年少成名的风云人物，只是一直隐忍低调而已。

司马氏家族是河内郡的望族，司马懿的高祖父曾是征西将军，曾祖父、祖父都担任过太守，父亲司马防为京兆尹，相当于首都市长兼公安局局长。司马懿少年时就才华横溢，东汉名士崔琰当着他哥司马朗的面就直截了当地说："你弟弟聪明果断、气质不凡，比你强多了。"不过一旁的司马懿却并不得意，反而在自我检讨，哎呀，竟会被人这么简单就看出来，自己多少有些锋芒毕露、涵养不足啊。

司马懿第一次可以当官的机会也不算出现得太晚。当他二十二岁时，曹操听到了别人的推荐，想请他出来任职。当时曹操已经完全掌控了东汉的政权，北方的士子要想当官，总是逃不出只能在他手下做事。换做其他人，这事并没什么好考虑的，而且当朝丞相看中自己，作为职场的起步，堪称顺风顺水，多少人求之不得。但是，司马懿面对这样的机会，是怎么做的呢？他并没有接这个茬。也许是想在这个乱局中再看一看，曹操掌控一切的局面还会不会有变数，也许是想再观察一下曹操的为人，总之呢，司马懿选择了称病不去。而且他还料到了曹操会派人夜间前来刺探，提前故意躺在床上一动不动，装作如同风瘫一般。由此可见，装病这一招年轻时司马懿就用过，等年老再用的时候，早就已经是熟练工了。

司马懿二十九岁时，曹操再一次强制征召他做官，这次扬言说，你再敢报称生病就把你抓起来，不得已司马懿历任了一些并不算太要紧的职位。即便如此，司马懿仍在事务处理上几次不小心地展现出了自己的才华，比如在征讨张鲁时他就献出了良策，虽然曹操没有采纳，但是事后却印证了司马懿的眼光。照理说，在老板面前证明了自己，正是进一步施展抱负的好机会，然而司马懿再次选择了退隐人后，接下来除了极其勤勉地忠于自己的职守，小心任事，再也没有主动出头。为什么？因为他的智慧深远，他敏锐地觉察到曹操不愧是一代枭雄，眼光毒辣，已经逐渐发现了自己藏不住的才能和野心，并且正在担心自己会对曹氏家族不利。以曹操多疑的性格和"宁可我负天下人，休教天下人负我"的做派，很可能会兴起干掉自己的念头，看看身边，杨修、荀彧、华佗那些被杀的名士可都是自己的前车之鉴啊。于是司马懿韬光养晦，并且刻意去和太子曹丕交好,靠着曹丕的多方维护,让自己得以安然无事。

220年,曹丕登基称帝之后,司马懿作为其亲信嫡系,一般人或许觉得该是春风得意马蹄疾的时候,可他却依然恭敬谨慎,也绝不超越自己的职权行事。224年,曹丕伐吴,司马懿奉命留守许昌。曹丕对他加官晋爵,让他处理一切政事,并且还授予了兵权。第二年再度伐吴时,仍然授予他留守的一切权力,可谓信任有加。按照我们对日后历史的了解,既然司马懿终究还是篡夺了魏国的全部权力,那么当时自己大权在握、兵权在手,皇帝远征的时候为什么不动手?这难道不是极好的机会吗?然而,司马懿却一直不断地辞让册封,自减权柄。为什么?从曹丕的表现来看,这位皇帝在执政治国、军事经济各方面的处置都可以说井井有条、心思细密。所以,要么是司马懿此时还没有真正确定兴替的想法,要么就是对照这位才略深茂的君主仍觉得自己成算不足。

曹丕仅仅称帝六年就亡故了,接着魏明帝曹叡继位。是不是司马懿的机会就来了呢?此时司马懿已经是朝中重臣,他击溃了意图叛向蜀国的孟达势力,数次对抗诸葛亮的北伐,力保魏国安定,无论在朝在军,都权势滔天。可他依然表现得忠诚卫主,毫无二心。这是念在曹丕当初看重自己的君臣情义?还是发现曹叡仍是一个精明能干、并不昏聩的君主?不得而知。我们从他屡次对抗诸葛亮的指挥方式中也可以看出他这个人的性格,不求有功,但求无过,没有胜算就坚壁清野、保全自身,空城计虽然是演义的故事,但也是为了强化体现司马懿这种为人做事的风格。我们可以相信,在司马懿看来,此时举事仍然没有绝对的把握。

又是十三年过去了,魏明帝曹叡去世,曹芳继位。作为四朝老臣,司马懿此时被任命为太傅,"入殿不趋,赞拜不名,剑履上殿",就是见皇帝不用跪、不用报名,还可以带剑上朝,称得上是一人之下万人之上。司马懿依然严守本分,甚至拒绝让子弟当官。如此再过了整整十年!直到大将军曹爽陪同魏帝曹芳前去祭拜先帝皇陵,业已称病两年之久的司马懿终于有所行动,奏明太后,罢免曹爽,架空魏帝。他的准备工作做到何等地步?军队尽在掌握,曹爽仅剩身边的几千亲兵;朝中众臣附和,甚至连曹爽身边的人都是他派的间谍,假模假式地故意给曹爽支损招,直接忽悠得曹爽放弃抵抗,束手就擒。

大功告成之际,司马懿已经足足七十岁了!

在当前的时代,我们都希望能像李荣浩歌中所唱的那样,"年少有为不自卑",英雄成名须趁早。在我们身边,似乎每时每刻都在发生着一战功成和逆袭翻身的故事。每个人回首去看自己过往的经历,多少都会有那么几个时点让自己感到后悔,假如当时……那么如今就不是这个样子。我们都认为:机会曾经有过,现在仍然遍地都是,如果今天不抓住,那么将来还会后悔。

在这个思路中,有几个容易令人迷惑的事情,我想和大家说一说。

第一件事,如果回想起来曾经有过一个机会,而自己没有抓住,那么本质上,它从来就不是你的机会。你只是看起来似乎可以抓住那个机会,但如果细想当时的场景,无论是你的能力、眼界,还是手头的资源、储备,都不足以让你真正去实现。如果你有足够实力去做,你是不会放过的。当时你的心里一定有个声音在隐隐告诉你可能在哪里有点问题,你放弃是因为对自己有所怀疑。很多人喜欢看穿越小说,其实就是想体会那种快感,以洞悉未来的视角去轻而易举地取得成功。这些都只不过是意淫,想用作弊的手段去换取某种确定性罢了,现实中哪有这种可能? 即便有人真的实现了穿越梦想,我看多半会死在山贼的手里而成不了《寻秦记》里的项少龙;在成为王爷或王妃以前多半会被一个无名小卒干掉,不管你今生的历史课学得好不好都来不及有用武之地;哪怕你记住了一个彩票号码或者一段股票行情,之后也会是同样失败的人生,就与当前无数中了彩票却结局惨淡的人一样,当你的能力不足以驾驭你拥有的财富时,好运就成了噩运。

第二件事,人生的确每天都在出现机会,但要想发现真正属于你的那一个,需要修炼慧眼。说个你也许不相信的事实,我和相当多各位心目中的大佬们聊过他们的成功故事,他们几乎每一个人都认为自己成功最大的原因是运气,语气之诚恳,令我动容。他们在私下场合说话和在舞台讲台上指点江山的姿态完全不同,那些是出于商业目的的要求,而私下几乎没有人会斩钉截铁地认为成功是因为起步时自己就发觉并抓住了机会,更确切地讲,只是一个机缘巧合或者因地制宜的开始,然后经过无数努力尤其是运势的加持之后,终于有一天得到了机会的青睐。心理学上所说的幸存者偏差,就是指这样的情形,我们所看到的成功,是因为它们更容易被我们看到,当时和他们同样起步的人,销声匿迹黯然退场的更多上几十、几百倍,而我们无从得知。如果我们能凭自己的能力真正看准一件事,努力对了方向,并且得到高人指点、多方配合、命运垂青,这样的事在人生中出现一次已经是幸运儿。如果心思活泛,每见到一个自以为的机会都投入进去搏一把,大概率谁也没有多少本钱可以挥霍,并且还会与真正的机会失之交臂。

第三件事,所有的机会,成功所获取的利益背后都对等潜藏着风险,标注着价码。我们也许做不到像司马懿那样谨小慎微,不断地去降低风险、提高成功概率,毕竟那需要一个无比健康长寿的身体做底子,但我们至少应该对输赢赔率要有个最基本的概念。很多人一听到"合伙创业稳赚不赔""投资没风险、收益很可观"就盲目轻信,特别容易上头,眼睛里只有正向的收益,而对反向的成本、风险和代价选择视而不见。这也是为什么有那么多人频繁创业、四处投资却屡战屡败,为什么有那么多人三天两头跳槽却经常遇人不淑。如果总是在失败之后才幡然醒悟,却永远学不会在机会面前保持冷静,进行理性的分析,那么即便遇上了机会,你也找不到正确的做法。

向司马懿学习一下吧,孙子也说过"不谋胜先谋败",遇事先看成功的概率,更要问问自己失败的代价能否承受得起。正常人都不会接受"俄罗斯轮盘"游戏,哪怕赌注是上亿的钱。忍得过诱惑,耐得住性子,当你内心有一个声音告诉你这件事风险很大,哪怕这个声音只是隐约浮现,也请务必认真倾听。司马懿如果从不理会这个声音,不知道已经死了多少次。

是的,我与那些讲成功学的人意见不一样。我的观点是:宁可错过,不要做错,那些错过的机会就不是真正的机会,至少不是属于你的机会。为什么建议大家要这样保守?因为每个人的人生都只有一次,而人生的每一步都算数,尤其包括错误!大多数职场人根本没有那么多的资本去容错,就比如说让你白白消耗掉几年的光阴、赔上几万几十万的损失,这对于很多人来讲,其实已经是不可承受之重了。

　　一定有很多人不服气，他们绝对相信自己的能力和坚韧，也不甘心人生过得如此畏畏缩缩。然而，这个世界真的比你想象的要暗黑很多，就像《三体》里说的黑暗森林法则，永远有太多比你强大或者更早占据了好位置的人，他们有太多的方法可以把你变成一株长势喜人的韭菜而进行收割，有时甚至只是误伤到你，但也没有人会来道歉和补偿。而我，只是希望你能至少先长成一棵小树，简简单单一刀下去还砍不断的那种。

17

感情是管理的双刃剑

——刘备的感情牌

三国的几位创始人中,刘备是最没资本也最没能力的一个。

先说曹操。父亲曹嵩官居太尉,曹操少年时担任首都洛阳北部尉,执法严明,棒杀了得宠宦官蹇硕的叔父,名声大噪;黄巾叛乱时,作为骑都尉参加了皇甫嵩的部队,大获全胜,军功名声尽入囊中;董卓作乱,又散尽家财组织义军,群雄归附,开始成为一方诸侯;直到迎接汉献帝到了许昌,挟天子以令诸侯。曹操有背景家世,又有治世才干,而且一步步应时而动,可以说占尽天时之利。

再看孙权。父亲孙坚和兄长孙策于群雄割据中打下了江东基业,孙权继位后平定了庐江、庐陵、豫章、会稽等地的动乱,广招名士良将,结交本地豪强与世族,牢牢地占据了江东江南富庶之地,又凭借着长江天险,对抗曹操把持的朝廷。孙权可以说是尽得了地利。

那么刘备呢?家门败落,织席贩履为生。他参与了平定黄巾叛乱和对抗董卓的作战,也经历了各路军阀混战、割据兼并的进程,虽然有张飞、关羽等猛将,却是一败再败,一路颠沛流离,四处投靠各方势力。然而,他又经常所托非人,混得不好的时候老巢也被人端掉过,混得好的时候像曹操这样的人又对他十分警惕,保不齐还有杀身之祸。就这样凄凄惨惨地足足混了二十年,直到遇见诸葛亮,才有机会改写人生剧本。

刘备既无天时,又无地利,如何逆袭?唯有靠人和了。

要做到人和,有两项要素不可少:一是大旗,高举兴复汉室的旗帜,用政治正确和情怀理想来感召有识之士,放在企业来说就是愿景和使命;二是口碑,通过温良仁贤的举措,通过讲人性识人情的治理,口耳相传地建立声望,换取广大下层官吏和普通民众的拥护,对企业来讲就是品牌和声名。事实上,刘备也是这样做的。

他的第一张感情牌,是"乱世家国情"。

刘备宣称自己是西汉中山靖王刘胜的后代。这一点其实各种史料考据都没有明晰的考证,自刘备祖父往上梳理,亲族脉络是模糊和散失的。司马光在《资治通鉴》中就说:"昭烈之汉,虽云中山靖王之后,而族属疏远,不能纪其世数名位。"这事咱们只能说可能性是有的,各方线索放在一块也没有说不通的地方,但是实在是"疏远",不能当成确凿的事来讲。

但是刘备非这样说不可,唯有以汉朝皇室宗亲的身份,高举匡扶汉室的大旗,才能在乱世中找到自己的一席之地。你看其他那些势力,袁绍、袁术、张绣、孙权都是地方官员或者豪族,可名义上都还是臣子;刘表和刘璋虽然也是汉室宗亲,但是已然割据一方,完全不听中央号令,所以汉献帝也不会和他们去攀亲戚。刘备正是因为既没有自己的根据地和势力,为人又很亲厚,汉献帝才愿意称他一声皇叔,封了一个左将军加上空头司令的豫州牧。这个皇叔的官方认证,在其他人看来虚头巴脑,没什么意思,但对刘备来说可是太重要了。这样他就可以用正统皇亲的身份,来指责群雄占地为王、拥兵自重的行为,指责曹操篡权专政、不守臣道的行为,而且这一声声义正词严的指责,对当时许多依然拥戴汉室、恪守臣子之道并且有心匡时济世的人来说,就是一面值得追随的旗帜。

然而这张牌也有反面作用,在曹丕篡汉登基之后就显示了出来。作为汉室皇叔,眼瞅着乱臣贼子谋朝篡位,你刘备应该做的事难道不是率兵除贼勤王吗?曹丕接受的是禅让,汉献帝刘协还好好活着,并没有被曹丕除掉,而且后来比曹丕都还多活了整整7年。作为皇叔,你不应该讨伐曹丕,救自家皇帝侄儿于水火之中吗?可刘备是怎么做的呢?就在曹丕登基后的第二年,仅仅根据汉献帝已经遇害的传言,他就在诸多大臣的劝进之下,登基做了蜀汉的皇帝。而且,之后刘备以举国之力去攻打的并不是篡位的曹丕,而是东吴的孙权,他的目的根本就是为了扩充自己的地盘和实力。这下就彻底暴露了其"忠于汉室是假、自家立国是真"的本意。

刘备的第二张感情牌，是"仁政爱民情"。

刘备担任安喜县尉时，不肯扰民，不愿为了自己的官位而去搜刮民财讨好督邮；在下邳时与盗贼作战，努力保一方平安；后来担任平原县令，对外抵御盗贼，对内乐善安民，救饥扶贫，而且毫无架子，和普通百姓同席交谈，甚至感动了一个前去杀他的刺客，此人放下刀子向他坦露了实情，然后自行离去。他的这些治理举措在东汉末年的乱世中尤为难得，在百姓间被广为传颂，也被一些爱民的官员所认同，徐州牧陶谦就在临死时交代，一定要将徐州交给刘备来治理，后来刘表也表示要让刘备代替自己的子女治理荆州，只是刘备碍于名声不好听而没有接受。官员与民众的拥戴和支持，这是刘备集团得以立足和延续的重要力量。

而这张牌也有反面作用，那就是仁政在乱世之中根本行不通，或者说在乱世中没有足够的军事实力，你根本无法施行所谓仁政。刘备所管理过的地方，从来都没能保住，虽然百姓都愿意抛家跟随，也于事无补。反而像曹魏和东吴管理的地区，虽然没有仁政的名目，例如税负依然不低，因为要用于招兵买马应付战争，但是经济和生产的恢复其实不慢，曹丕重用士族稳定政局，大力屯田开荒重振民生，无论是人口还是经济实力都占到了三国整体的一半以上。

其实即便不是乱世，管理中的仁也有可能是滥情，而看似无情的公平和规范，却可能是真正的有情。好比说，一个勤勤恳恳、家庭负担极重的员工，而工作能力却实在不行，从仁的角度似乎应该留下他，通过帮助教育让他提升，但是这却显失公平，从团队角度来看也未必是最佳的选择。正确的做法还是应该根据考核结果进行劝退，对个体的小不仁却是对组织的大仁；而咱们体现感情的地方，是为他推荐下一份可能合适的工作，是以个人名义或组织募捐来给予额外补偿。再好比说，亲如一家的团队氛围对某些企业、某些部门是可行的，例如创意型企业、研发和行政部门，但未必适用于所有的地方。对大多数组织管理者来说，绩效和规范才是更佳的选择。有些喜欢工作环境充满大家庭感觉的人，一定要清楚，那是职场上的小比例情形。

刘备的第三张牌，是"君臣兄弟情"。

刘备穷，而且颠沛无定所，所以他招募猛将贤臣时，给不出多少实惠好处，那么除了"画饼"，能给的就只有信任和感情。曹操的丞相参军傅干就评论说："刘备宽仁有度，能得人死力。"正是靠着这份感情，在他二十多年东逃西窜屡吃败仗的日子里，关羽、张飞不离不弃，死力相助；在他三顾茅庐之后，比他小二十岁的诸葛亮同意出山，贡献了三分天下的战略，并且终生效忠。刘备手下拥有的文武人才，与曹魏、东吴集团相比较起来毫不逊色。大家耳熟能详的五虎上将，张飞、关羽在和他相识的微末之时就破家相随，赵云感其名而主动投奔，黄忠败而诚心归顺，马超是被曹操打崩了以后不得已而来求收留，来路各不相同，却都为刘备奉献了一生；至于其他文武官员，有同乡同族和早期创业时就跟从的北方团队，有诸葛亮时期之后发展的荆襄团队，还有东州团队和巴蜀本土的益州团队，所有这些势力，至少在刘备在世的时候都能做到同心协力，没有二心。不得不说，刘备的感情管理法使用得颇有成效。

然而这张牌也有副作用。就拿两件事来说。

一是为关羽报仇而引发的夷陵之败。这场仗在方向上就违背了联吴抗曹的基本国策，虽然是东吴下黑手在先，但是如果放下私人感情而从整体战略出发，依然应该接受孙权提出的谈判要求。此时曹丕刚刚登基，尚有联合东吴与其一争的可能，而经此一役之后，蜀汉和东吴的合作是不可能深入了，表面上互相不搞事就不错了。而曹魏保有着天下九州之六，随着时间的推移，差距只会越拉越大，三分天下就注定只能是一段过程，最终被统一于曹魏集团（虽然这个集团也被司马家族篡夺，但是基本盘没变）已然是难以更改的结局。

二是刘备对手下不同派别团队的管理也过于讲究感情。既然心里知道不同派别之间存在着不容易调和的矛盾，那么当蜀汉建国之时，相当于创业企业完成上市，此时管理者必须通过规范和整顿来进一步完善管理基础。这项工作在刘备的手里因为不好意思而没有去完成，那对诸葛亮而言就更是个难以措手的问题。

刘备托孤时，面前只有两个人：一个是诸葛亮，另一个是尚书令李严。李严是东州派系的首脑人物，与益州本地团队不和，与诸葛亮也不怎么对付。为什么刘备却委他以军政重任？只因李严对夺取巴蜀以及后来向刘备劝进称帝有大功劳，重用李严不得不说是感情胜过了理智。后来李严忽而想搞独立王国、谋求自治，忽而又对诸葛亮的北伐大业多番掣肘，最终被诸葛亮上奏贬为平民。整个过程中，蜀汉的内部矛盾也一直暗流涌动，李严的行为给几方势力都留下了恶劣的影响，所谓的安定团结其实全靠诸葛亮一人的威望硬压着。在他死后，各势力间的冲突就陆续爆发了出来，国事也一直处于动荡和维持态势，以蒋琬、费祎和姜维之能，不发生大乱已经阿弥陀佛了。回想起来，整顿各方势力这件事原本应该在蜀国建国第一时间就进行梳理，却被刘备的感情管理法给耽误了。

诸葛亮在《隆中对》中对刘备说："*将军既帝室之胄，信义著于四海，总揽英雄，思贤如渴。*"这句话点明了刘备赖以成就一番事业的三张感情牌：天下家国、信义爱民、宽仁爱贤。但在职场和管理中，感情永远只能是一张辅助牌，企业的愿景和使命大过于情怀，公平高效的管理规范也大过于仁爱。即便在创业初期感情牌成为企业团队极其有效的管理利器，可是在发展过程中仍然需要找到合适的时机来主动淡化它的作用，否则很可能"成也感情，败也感情"。

18

疑心不是病，成病了就要人命

——"休教天下人负我"的曹操

后世评价曹操，比较主流的定义是：乱世奸雄，挟天子以令诸侯。这句话最早出自袁绍手下的沮授，而后诸葛亮和孙权就都给曹操戴上了这顶帽子，其实这些都是其敌人给他的定位。随着时间的推移，主流社会把刘备塑造为正面人物，曹操就相应地被定为了奸臣，这是历朝历代统治者出于自身利益的考量。毕竟曹丕最后篡了位，而基础是从曹操开始就打下的，从皇帝角度绝对不能纵容这种臣子大过天子的行径。

我个人比较接受易中天老师对曹操的"洗白"，他说曹操一直说的是"奉天子以令不臣，奉天子以令天下"，挟和奉出入巨大。从事实上看，曹操终其一生也没有篡位，甚至影响到他的儿子，曹丕直到篡位后都一直留着汉献帝刘协的性命，刘协甚至活得比曹丕都长。

曹操在诗中写过"周公吐哺，天下归心"，这应该是他内心的真实写照。我们第一个故事说的就是周公，辅佐治理天下，谋其政而不谋其位，被后人尊为圣人，而曹操真正想成为的就是周公这样的圣贤。孙权曾经有一次派遣使者，表示准备向曹操称臣，劝曹操取代汉朝做皇帝。手下群臣也趁机拍马屁劝进。曹操叹了口气说：这货是要把我放在炉火上烤呀，太不地道了，咱可不干那事。从他一生的表现来看，虽然没能完成天下一统，然而将中国整个北方从乱世中拯救出来，从"白骨露于野，千里无鸡鸣"的人间地狱逐步恢复了生息，其实堪称一代雄主。

曹操的生平事迹数不胜数，整体上都是有利于民生安定的，除了有一次因为徐州陶谦的手下杀害了自己的父亲而征讨徐州，之后屠了城，这事一直被人诟病。后人批评他的其他恶行，主要与他强烈的疑心病有关。

流传最广的是他杀吕伯奢的故事。《三国演义》中，曹操被董卓的追兵追赶，跑到父亲的好友吕伯奢家。吕伯奢好心想招待他，说去隔壁村买点好酒回来。曹操一见他出了门，就暗暗起了疑心，别是悄悄举报我去了吧？这时又听到后院有人说话，大概意思是"绑起来杀了"，于是惊惶之下先下手为强，手起刀落杀了吕伯奢一家八口，杀完了才发现厨房里绑着一头猪。他发现可能是自己搞错了，打马就跑，路上遇到了买酒回来的吕伯奢，一开始还有羞惭之心，不答话低头只管跑路，后来想了想干脆又折回来把吕伯奢也一起杀了。一家老小都死在自己手里，留着他将来报仇么。随行的陈宫大为不满地质问他，说你怎么能这么干呢，曹操就说了那句著名的话："宁教我负天下人，休教天下人负我。"从此坐实了他的疑心病以及卑劣的人品。

从真实历史上看，曹操疑心病是有的，但那些过度卑劣残暴的细节则可能是文学家加上去的桥段。有三处离当时并不久远的历史记载，《三国志·魏书》说："从数骑过故人成皋吕伯奢，伯奢不在，其子与宾客共劫太祖，取马及物，太祖手刃击杀数人。"《世语》则称："太祖过伯奢，伯奢出行，五子皆在，备宾主礼。太祖自以背卓命，疑其图己，手剑夜杀八人而去。"《孙盛杂记》又说："太祖闻其食器声，以为图己，遂夜杀之。既而凄怆曰：'宁我负人，毋人负我！'遂行。"真相无从探究明细，《魏书》很可能为其粉饰了，要说几个平民试图去干掉一个还带着几位随从的将军，我个人感觉不太可能。曹操为了自身安全过度反应是正解。

这个故事是他疑心病的经典范例。

另外还有一个故事，有个侍卫半夜进帐看见曹操被子被蹬到地上了，就想帮丞相大人盖一下，结果曹操警醒，不由分说把人一剑刺死了，还谎称是自己梦游杀的人。此事依然难辨真伪。

《三国演义》还贡献过另一个经典，就是曹操赤壁大战之前中了反间计，杀了蔡瑁和张允。这在真实历史中被证明完全是虚构的,蔡瑁后来历任司马、长水校尉等职并封汉阳亭侯,张允的经历没有被详细记载,但总之两人都没有被冤杀,因为史书记载,曹丕登基后对这二人是百般看不上,那至少说明是活到那时候的,只不过下场也未必多好就是了。

其实演义也好,野史也罢,之所以这么编排,本质上还是曹操疑心极重这件事已经广为人知。有人说是因为曹操在家族中从小并不受重视,因此警觉性比较高,还有人说他屡次遭到信任的人背叛,受伤害太多才影响了健康的心理。而野史、演义之所以有市场,也是因为见诸正史的、曹操因疑心而杀害大臣的案例就相当不少。

我们都知道,四岁让梨的孔融是建安七子之一,文坛领袖,才华出众。此人一直看不上曹操和袁绍,认为他们会对汉室不利,但是在汉献帝的一再征召之下还是在朝中担任了职务。孔融对朝政一向直言不讳,言辞偏激而犀利,而且非常重视年轻人才,时常和他们交流并不吝提携。曹操看在眼里,内心不能容忍却又碍于他盛名在外,迟迟没有下手。直到建安十三年,由于担心孔融的言论造成政局不稳,曹操再也忍无可忍,指使手下枉奏孔融以"招合徒众""欲图不轨""谤讪朝廷""不遵超仪"等罪名,将其处死并株连全家。

东汉名士崔琰,曾经也深得曹操赏识。在曹操考察决定继承人的时候,崔琰毫不犹豫地坚持"长子当立"的立场,也就是坚定地站在曹丕这一边,丝毫不避讳当时正在得宠的曹植,况且曹植的夫人还是自己的侄女。这种做法一度令曹操对他十分敬仰尊重。但是,后来崔琰有一些批评朝政的言论,被一些与他有过节的人诬告到曹操面前,三番五次之后,曹操终于疑心崔琰是否已经对自己不满了呢?他支持曹丕又与曹植联姻,这种介入会不会是别有用心呢?他骨子里是不是就要搞垮曹家、恢复汉室呢?……算了,想不明白了,安全起见赐令自尽吧。

再有,博学多才的杨修,担任丞相主簿职务,处理内外事务一直非常合曹操的心意。但是,当曹操得知杨修原来数次暗中帮助曹植通过自己的考验,从而获取了自己的欢心,就开始怀疑起了杨修的动机。从喜爱到容忍,从不满到大怒,曹操对杨修的态度变化也非常快,以往他从不计较杨修的母亲是袁术的女儿这一件事,此时也就成了有通敌嫌疑的罪过,最后给安了一个"前后漏泄言教,交关诸侯"的罪名处死了。

还有娄圭和许攸,都是曹操的发小,后来仗着那点老交情,有时候言语就不加检点,说话比较狂悖,最后都因为曹操疑心其不敬和有二心而找了个由头杀了。

而对朝政影响最大的莫过于他对司马懿的猜疑了。司马懿只因睿智而有谋略,就成了曹操的眼中钉。司马懿察觉到了曹操的怀疑,就一边装疯卖傻远离权力中心,一边勤劳刻苦做好手头的事,而且从不逾矩,同时刻意交好曹丕,以取得他的庇护,可以说是使尽了浑身解数,才保住了一条小命。所以说,司马懿难道是一早就有取代曹氏自立的念头吗?还是在曹操的不断逼迫之下逐渐产生了我命由我不由人的决心?我们听不到他的真实心声,但我个人认为后者的可能性也非常之大。

作为普通人,商场职场里同样有各种尔虞我诈,生活中、情场上也都可能遇到各种渣人、海王。所以说"害人之心不可有,防人之心不可无",保持观察、分析和辨别是很有必要的,合理的怀疑也无可厚非。

那么,正常的合理怀疑与病态的疑心病之间,区别在哪里呢?

第一,疑心的起源一定来自直觉,是主观的,但是观察分析直到下结论的过程,一定要归于客观。带着主观意识去看,一定觉得事事可疑;只从主观分析,一定认为目的不纯。一个人在任何时刻、任何阶段,都只凭主观意愿去做事,这种状态一定是不正常的。

举例来讲,很多职场人认为老板对自己有成见,经常故意针对自己。而要想确认这种感觉,需要客观地去看几件事:老板对自己的不满或指出的问题是不是确有其事?他的反应有没有加码过度?假如我们设身处地站在其他同事的位置上去感受一下,是不是老板对他们其实也是差不多的?除了个人观感之外,老板有没有具体实锤的对自己不公的行为?以我个人接触的各级管理干部和老板来说,对某个下属真正有顽固成见的比例是非常低的。人们会对老板有这样的看法，是因为每个人都会过于关注自己的利益和感受，于是过于主观。当你不能客观观察分析的时候，你自然会认为每一项老板交给自己的困难工作都是故意针对，每一次对自己的批评指正都是成见使然，而每一点对其他人的鼓励，哪怕只是表扬和微笑，那都是对自己的不公。

第二，不能还在疑心的过程中就贸然地采取行动，特别是有些过激的行动。曹操就是疑心上来了，不求证就行动，而且一搞就把人弄死，这就非常过分了。我们说，人的直觉往往都是有缘由的，但也往往与事实有相当的出入。贸然行动多半不符合事实，而过激行动更是危害甚大，而且无法挽回。

还是拿上面那个例子来讲，当一个员工觉得老板有点针对自己，那姑且我们可以肯定一点：至少他不是老板特别喜欢欣赏的那几个。但是，是不是特别讨厌就不好说了，有没有特别针对？针对的是人还是事？事实有可能与他凭直觉猜想的并不一样。聪明正确的做法是，通过观察找到更准确的事实，然后去解决问题，改善老板对自己的印象。普通一点的做法，要么是尽可能多做一些努力去挽回，要么是一边应付手头的工作，一边去找新的职位，在职场上骑驴找马也很常见，大家也能理解。但最差的做法是四处去说老板的坏话，有些还未必真实，仅仅是一些揣测和附会，还有是鼓动其他人对老板的不满，甚至故意给老板制造一些麻烦。前面那些做法叫应对合理怀疑，最差的那种做法就是搞事情。如果管理者或者老板患上疑心病，由于他们手头的权力可以让他们更随意地去做些什么，因此"发病"所带来的伤害就更大。

第三，蒙上眼睛，拒绝任何事实和他人意见的，一定是病态。

有的心理病态叫偏执，就是一旦自己产生了一个想法，并且粗制滥造地完成了推理的闭环，从此就会拒绝任何会引起这个闭环断裂和想法动摇的信息。所有传递这些信息过来的人都对自己有恶意，或者是对面的帮凶。

另一种心理病态叫被迫害妄想症，特别容易往某一个方向去放大别人的言行，感觉全世界都对他有深深的敌意，都是欲除自己而后快。我感觉曹操比较接近这一种，原本就多疑，加上多次被信任的人和亲近的人背叛会逐渐加重这一心理疾病。

还有一种心理病态是受虐满足,这一类人在和善和静好的氛围里感受不到喜悦,必须在被虐待的痛苦中,通过告诉自己"你真不容易""你真厉害真坚强"才能找到生命的意义。因此,他们会主动去发掘和追随一些可能对自己不利的信息,要是最终发现并非如此,心里还会若有所失。

不管哪种心理病态吧,得病了一定要去看,还没有严重到疾病状态的,就要小心自己的心理问题。当心理疾病和疑心结合在一起,人就很有可能做出让自己都瞠目结舌的事,而在事后又会后悔不迭。

对照以上三条标准,时时检点自己的想法和行为,管理好自己多思的直觉和萌发的警惕,不要让它们成为"疑心病"并且对身边重要的人发作。看看曹操的前车之鉴,记得提醒自己。

19

忠诚度应该是职场人的底线配置

——三姓家奴吕布

青春期的男生看《三国演义》总是特别崇拜那些能打的。我年轻时也非常热衷于根据那些武将的各种事迹来编排武力值排行榜。大家对三国时期其他武将的高低顺序还会有异议,但是当之无愧公认的 No.1 总是吕布吕奉先。直到今天大家打游戏时还特别爱选吕布,还给特别"勇猛善战"的足球运动员伊布拉西莫维奇取了"大奉先"的爱称,就因为人家名字简称"伊布",与吕布很接近。不过后来又有人说"大奉先"的绰号其实是在嘲笑伊布,说他效力了很多家俱乐部,而且从尤文图斯投奔死敌国际米兰,又从国际米兰转会到德比对手 AC 米兰,这就不太像是一般意义上的转会了。于是就说他与吕布一样,是个"三姓家奴"。

那我们就要来说道说道了,这么英勇无敌的吕布,为什么会被称为"三姓家奴"呢?

话说吕布从小生长于九原,现在的甘陕北部一带吧,出身军旅世家,自幼习得一身武艺。最早发掘他才能的是并州刺史丁原,相当于地委书记兼军分区司令,而并州这个军分区长期与匈奴对抗,部队实力雄厚,战斗力也很高,所以丁原地位不低。

不过丁原并没有让吕布在军队中任职,而是让他担任自己的主簿,差不多就是秘书。像我这样看惯职场风云的人当然很清楚,这并不是丁原看不上吕布、不肯好好发挥他的才干,而是对吕布极其赏识,因此才想让吕布跟在自己身边。军务吕布原本就比较懂,所以要多接触一下政事,才能比较全面,这分明是打算让他未来继承全局大业的。但吕布实在太糙,完全看不到这种用心。

后来丁原带兵入京,准备协助大将军何进诛杀宦官,不料反被宦官先下手为强干掉了何进。接着董卓率领青州兵进京掌握了大权,这时他就看上了丁原手下能征善战的队伍,以及武艺高强的吕布。董卓索性就开出了收买的价码,这个价码也很奇怪:要不你来当我儿子吧。吕布竟也就上赶着认了这个爹,反手杀了义父丁原,带着并州军投靠了董卓,自己被任命为都骑尉,后来又提拔为中郎将、封都亭侯,相当于一个集团军首长,还册封了贵族。这是吕布的第一次背叛和转投,没有任何不得已的缘由,纯粹是卖主求荣、另攀高枝。

之后董卓一路倒行逆施,惹得天怒人怨。天下各路兵马组成了联军来讨伐董卓时,这阶段吕布倒也积极出战,流传的"虎牢关三英战吕布"就是那阵子的故事。随着战事越来越不利,董卓挟持着汉献帝退到了长安。这时吕布不知怎么与董卓的婢女勾搭上了,说起来真的就只是婢女,历史上没有貂蝉这个人。这事把董卓彻底惹毛了,威胁要断绝父子关系、褫夺其一切权位。这时,朝中一直暗中策划推翻董卓的司徒兼尚书令王允就来游说吕布,将军你要保住自己的命,就得把要你命的人干掉啊,你说是不是?吕布就被策反了,当朝诛杀了董卓。其实,一开始吕布还假惺惺地表示,哎呀,毕竟是名义上的父子啊,怎好下手哟,但是在性命和权位面前,他还是最终做出了选择。这就是吕布的第二次背叛,换取的职位是奋武将军、进封温侯,相当于官方的三军总司令吧。尽管东汉末年各自为战,也没什么真实的三军可以管,但毕竟从军长到司令,名分上又进了一格。

不料好景不长,董卓的部将李傕、郭汜整顿了部队来替旧主报仇,兵雄势大,吕布独力难支,只能带了几百人杀出重围逃跑。至于王允呢,咳咳,吕布跑路没带上他。敌兵攻破长安以后将首犯王允第一时间就处死了。咱们姑且认为是战场情势紧急的缘故吧,又或者是王允一介老迈文官,体力不行,也不擅长战斗和奔逃吧,就不把这件事的责任全部算到吕布头上了。

之后,吕布想过投奔袁术,而袁术看了看简历,冷淡地说你回去等通知吧,然后，就没有然后了。接着又去投奔袁绍，甚至很主动帮袁绍平定了黑山乱军，但袁绍仍然看吕布一百个不顺眼。看起来袁家兄弟的用人口味还挺一致的。正觉得不自在，吕布遇到了准备反曹操的陈宫，陈宫又说服了同样想反曹操的张邈，他俩去迎接吕布来担任兖州牧，就是兖州地区的最高长官，带领大伙的部队一起对抗曹操。曹操率军从前方归来平叛，几番胜负之后，花了近两年的时间赢得了最后的胜利。吕布武艺高强，再度逃窜成功，这次投靠了被陶谦托管了徐州的刘备。顺便说一句，陈宫跟着跑了，张邈与之前的王允一样，也没跑掉，死在曹操手里。

  吕布刚在刘备那里入职、办好劳动关系，袁术就率军来攻打徐州了。这会儿袁术想起当初自己看不上眼的吕布了，就写了封信来封官许愿，承诺会送上大笔粮草。吕布又又又欣然接纳了，立刻就带着人马去偷袭了刘备老巢下邳，把刘备的妻儿老小以及部属家眷都给抓了。这绝对算是吕布的第三次翻脸不认人，但还是不太好说严格意义上的背叛。为什么？因为刘备虽然是吕布名义上的老板，可是吕布一直是腆着老脸称呼刘备贤弟的，他自认为官阶、实力都远高于刘备，心里可没认。咱们要说是背叛，吕布自己绝对不承认。问题是人家刘备肯定不能同意啊，在刘备看来这就是一场赤裸裸的出卖！君子报仇，十年不晚，这场子早晚要找回来的。

  之后两年，吕布、袁术、曹操、刘备，这几方分分合合，忽而作战，忽而结盟。袁术也想过与吕布结儿女亲家，曹操也请汉献帝任命过吕布为左将军，吕布又再次去打过刘备，而刘备大败之下又去投奔了曹操，总之这中间的关系线还挺乱的。直到建安三年吕布再次背叛了朝廷，说起来就是又反了曹操。这必须得算又一次背叛了，因为曹操名义上是朝廷的最高长官，而且吕布之前接受过朝廷的任命，这确认就是一次造反。

  仗打到第二年，吕布的部队开始上下离心了。直到有一次下属侯成无缘无故挨了骂，干脆就联络了几个部将，将吕布绑了投降曹操。尘埃散尽之后的白门楼上，吕布被带到曹操跟前。他还想活命啊，就跟曹操说：您也知道我是特别能打的，要是我替您带着骑兵，您自己统领步兵，咱俩合作还不愁天下一统吗？

曹操想了想，转身去征求一下身边某人的意见。身边站着是谁？就是家属妻儿都被吕布抓过的刘备啊。刘备暗喜，人畜无害地小声提醒了曹操一句：吕布这都第几回了？您想想丁原和董卓呢？

于是，吕布卒。

三国时代，战死或被杀的武将不计其数，无论归属于哪方势力，每个人都是一段慷慨英勇的事迹或者乱世中的一曲悲歌。只是唯独武力值首屈一指的吕布，死得既没人击节赞赏，也没人扼腕叹息，就好像这种人就该有这种下场，平淡无奇得果不其然，还被后人奉上了"三姓家奴"的不雅称号。

当今时代的职场人，谈不上什么你死我活的生死相争，但是利益的诱惑永远存在，如果忽视了自身道德修养的建设，仍然会有很多人做出不诚信的背叛行为。为什么我会用"背叛"这个词？因为我们虽然不归属于眼下的企业，但是我们的职业素养要求我们"在其位谋其政"，只要还在职一天，就至少要尽到一天的职责。这不是忠诚于企业，而是忠诚于我们自己的职业精神。哪怕离开了眼下的企业，有些话依然不能说，有些事依然不能做，例如透露知悉的商业机密、客户信息，还有对原企业的诋毁，等等。虽然未必有明文的法律或规定可以来制裁，但是在互联网时代，世界已经变得太小了，人与人之间的联系也太容易了，很有可能你的口碑和所作所为早已经在你所不知道的地方广为流传，而你还一无所知。为人的缺失，尤其是责任感和忠诚度上的问题，是职场上最大的负面标签；这张标签一旦被贴上，就是无数老板和 HR 眼中的"三姓家奴"。如果有一天你发现自己四处求职无门，行业里连个面试机会都没有人给你的时候，可能真是都不知道自己是怎么死的。

很多年前，有家广告公司有两位总监，姑且就叫张美和李帅吧，两人一前一后都向公司提出了辞职。张美是准备回家做全职妈妈，但她认真负责一直工作到临产前两周，辞职后也没再插手过原有的业务。而李帅是被同业高薪挖角，为投桃报李，他带走了原先的相当一部分客户。但是，新东家一边用着他，一边自然也防着他，等到公司局面逐渐稳定下来，对他自然就没那么重视，当然也不会给他更重要的客户机会和职位。当李帅觉得越来越不爽的时候，却发现整个行业已经没有自己可去的地方了,只能祈祷现在的公司看在他曾经立下汗马功劳的份上,留自己一条活路。而三年后,张美重新回归职场时,她加入了一家新媒体渠道公司,而她的老东家第一时间请她吃了饭,并且成为她的第一个客户,顺利地帮她把新工作打开了局面。诚信所带来的回报在长远,而所有眼前出奇诱惑的利益,往往都标注着你不能承担的隐形代价。

　　我曾经在一家外企中国区公司担任高管,两年后有机会去担任基金的合伙人,我就向老板提出了离职。但当时我手头有若干项非常重要的工作都进展到一半,我在最后的一个多月时间里努力完成了其中的大部分,其余的也妥帖安排了交接人和后续工作程序。最后一天的时候,老板招呼所有的高管晚上一起吃饭,在餐桌上他宣布了今天的主题是为我送行,然后他看到了所有人大吃一惊的神情。老板非常感动地讲:我们公司来来去去那么多员工,这是唯一一个在提出离职之后却没有被任何同事看出来的,这就是职业精神。这位老板还有当时的高管同事们,直到现在都是我很好的朋友。

　　关于职场忠诚度和责任感的口碑,其重要性远胜于专业能力和管理技巧,后者只能用于一时,而前者能加持整个职业生涯。正如陈寿评点吕布说:"**吕布有虓(念'肖')虎之勇,而无英奇之略,轻狡反复,唯利是视。自古及今,未有若此不夷灭也。**"有勇无谋,唯利是图,狡猾反复,这样的人自古就是没有好下场的。以此互勉吧。

20

通透地放下，谁都可以吗？

——千古真隐士唯陶渊明一人而已

在大城市、在激烈竞争的职场拼争了多年以后，很多人会生出"退隐"的念头。我看到过很多故事：有人辞职去周游全国、环游世界；有人开了一间吃不太饱但也不亏本的咖啡吧、花店或书屋；有人把大城市的房子卖了，扣除了贷款，回老家买了房和车之后，就靠剩下来的钱的利息来过最简单的生活。我希望他们都能一直保持住快乐的状态，因为事实是大多数人的退隐只是暂时的逃避，一段时间以后会出现新的痛苦，又想寻求生活有新的改变。

真正的隐士，不仅隐，还应该是士。隐士与平常离群索居者的最大区别，是他能在远离喧嚣城市的环境里构建出一个独立的、丰盈的、自洽的精神世界。而且，这个精神世界还要能通过留下的言行、文字，或者某些业已受其影响的人去传播，从而对现实世界产生积极的作用。中国自古以来所谓"士"的精神，就是要凭借自身的思想和学识而对世道、对民众甚至对君主和官员有所教化。一个饱读诗书、学究天人的隐居者，如果他终生不见任何人，也未留下任何文字，那么他对这个世界可以说是毫无价值的，也不符合我们对士的定义。

说到历史上有名的隐士，汉朝初年的商山四皓还是走到了太子身边，魏晋时期的竹林七贤也没能真正逃离政治漩涡，东汉的严光身后未留著作，唐朝的王维半官半隐不算彻底，宋朝的林逋虽然诗书双绝但也仅仅是自娱自乐。在我心目中真正既"隐"且"士"的，从老子之后可能就唯有陶渊明一人而已。

陶渊明名陶潜，渊明是字。他的曾祖父是东晋名将陶侃，陶侃曾任太尉，兼两州刺史，都督八州政务军事，所以陶渊明属于顶级官宦门庭之后。当他八岁时父亲去世，之后家境就逐渐开始没落。但是，陶渊明本人自小就有奇才，袁行霈的《陶渊明集笺注》里这样形容他道："**自幼修习儒家经典，爱闲静，念善事，抱孤念，爱丘山，有猛志，不同流俗。**"从这描述中，我们可以看到陶渊明的性格中有非常矛盾的两极，一个是"爱闲静"，一个是"有猛志"，似乎不应出现在同一个人身上。另外说他"爱丘山"，正如古人讲"仁者乐山"，儒家经典核心也是一个"仁"，而仁是要俯身向大众的，他却同时又"不同流俗"。

事实上，陶渊明一生从未消却过自己的志向，从他所写的诗文中就可以看到：少年时代的"猛志逸四海"，到中年的"日月掷人去，有志不获骋"，再到晚年的"猛志固常在"。他只是在以史上从未有过的方式来践行和传递他的思想，既然不能亲自在政治舞台上施展才干，那就将志向融于自己的诗赋和独特的生活方式中去，将自己融会了儒释道精神的人生感悟，去影响那些正在当权和未来即将掌权的人们。

青年时的陶渊明也是在核心政治力量圈子里混过的。

他的第一次出仕是二十九岁时担任江州祭酒，相当于一个地方上负责文化教育方面的官员，很快他就觉得无所作为，辞职回了家。

第二次出仕是给大将军桓玄担任参谋。桓玄何许人也？他是当朝权倾一时的大将军，大司马桓温之子，后来总领朝纲，到了403年干脆逼着晋安帝退位禅让，建立了桓楚政权，也算一个开国皇帝。然而仅仅一年不到，桓玄就兵败身死。不过陶渊明早在他篡位之前就已经以母亲身故为由丁忧返乡了，没去参与那一时的荣耀，也避过了一场灾祸。

第三次出仕是担任北府兵首领刘裕的参谋。刘裕不是旁人，正是起兵击败陶渊明旧主桓玄的人。刘裕之前平定过"五斗米道"孙恩的叛乱，从推翻桓楚到之后北灭南燕、平复岭南、收取荆蜀、平定后秦，军功斐然，战无不胜，一直到420年取代晋国而成立南朝的宋，史称刘宋，堪称一代雄主。

陶渊明入职正是在刘裕讨伐自己旧主桓玄的过程中，因此从这个时间线看，他离开桓玄是早有预谋的。但仅仅一年不到，在次年一月刘裕彻底平定桓玄势力之后,陶渊明就再次离开了刘裕的幕府,而去担任了建威将军刘敬宣的参军。这也是他的第四次出仕。为什么又要离开胜利者刘裕呢?说起来刘裕对陶渊明是非常欣赏的,以陶渊明的政治素养和远见,也一定可以看到刘裕风生水起、纵横天下的前景。关键是在陶渊明看来,刘裕与桓玄并无差别,都是权谋主义者,与他儒道的治世理想本色相去甚远,一样令他感到失望。

刘敬宣则是个好人,甚至可以说是个官场上少有的老实人。他是东晋名将刘牢之之子,战功赫赫,也兼任江州刺史。陶渊明原本是想着如果不能救济天下的话,能帮着刘敬宣安定一方也是好的。然而,官场就是个对好人很不友好的生态环境,越是好人就越是在官场得不到发展,刘敬宣就是这样受到百般排挤。虽然刘裕对他还很信任,但是架不住各种官场倾轧,他的仕途一直艰难,想要做成一些事也基本上不可能。陶渊明看在眼里,感受着政治的黑暗,悲叹自己救世壮志终不能遂,最后当刘敬宣被解职,自己也随即回归故里。这一次的经历几乎磨灭了他所有的政治热情。

最后一次出仕是担任彭泽县令。这并非出于陶渊明的本心,只是却不过情面,加上能换点不用动脑子的酒食罢了。原以为这是可以用来安民也安己的一方小天地,结果却仍然不得安生,仅仅八十多天就遇见个索贿的督邮,陶渊明留下一句"岂能为五斗米折腰"就挂冠而去,从此再也不碰政治。

这一年陶渊明刚刚四十出头,此后二十二年一直隐居田园,直到去世。

但是他的隐居并非毫无作为,而是在文学与哲学上都树起了两座高峰。

文学方面的杂赋以及他开创的田园诗风,为后世打开了新的天地,从当时的谢灵运和稍后的谢朓,直到唐朝的孟浩然和王维,都从中受益良多。而他在哲学上的建树,则更为重要,某种程度上他在完成儒释道合一的思考。

陶渊明是接触过庐山慧远佛教思想的,他汲取了部分佛教理念,却不认可"神不灭论"和"因果报应说"。他在《形影神三首》中说:"天地长不没,山川无改时。草木得常理,霜露荣悴之。""憩荫若暂乖,止日终不别。此同既难常,黯尔俱时灭。""三皇大圣人,今复在何处?彭祖爱永年,欲留不得住。老少同一死,贤愚无复数。""纵浪大化中,不喜亦不惧。应尽便须尽,无复独多虑。"从这些诗句中可以看出，陶渊明接受了佛学中生命无常、通过对彼岸般若智慧的追求来解决此岸问题的思考方式，但他不认可神道的终极意义，更不认可对今生今世的淡漠和放弃，也就是说，他不认为消极是解决的办法。

对于今生今世的问题，陶渊明的理想部分寄托于道家玄学，而现实部分又始终未离弃儒家的本源。在魏晋时代儒家学说已然式微，在朝的一个个尸位素餐，在野的名士又纷纷崇尚清谈，然而陶渊明始终以仁义礼智信作为自己的行为标准，坚持君臣大义和民生为本，即便不能践行也绝不同流合污。虽然不能通过仕途去"立功"，但务求要能用诗赋来"立言"、用隐居的生活方式来"立德"。在生活中要做到"有所为有所不为"，需要有理想来作为精神支柱，而理想的根源正在于终极本源的"道"。《桃花源记》中"阡陌交通，鸡犬相闻""怡然自乐"的情景与老子所说的"小国寡民"理想境界如出一辙。

因此，"仁""道"与"无"究其根本是相通的，而"生死""功业"与"得失"想明白了也是一回事。陶渊明这一点的通透，可是十分不得了的大事，它深刻地影响了身后一千八百年的文人精神世界。后世唐宋元明清历朝历代，读书人在社会中的地位不断上升，但是与社会现实又往往格格不入，于是表现各不相同，有秉心求仁的，有随波逐流的，有兼济天下的，也有独善其身的，但是唯这一点通透才是所有读书人最后的精神家园。正如《归去来兮》中所写：

"既自以心为形役，奚惆怅而独悲。悟已往之不谏，知来者之可追。实迷途其未远，觉今是而昨非"，"善万物之得时，感吾生之行休"，"聊乘化以归尽，乐夫天命复奚疑"。佛学的字，道家的句，却是儒家书生的意气。该如何做人，又该如何做事？如何看未来，又如何看过去？如何看自己，又如何看人生？何时该做事，何时又该退隐行休？归，去，来……

当今世人压力巨大，焦虑缠身，都在追求一点清明的通透，却哪里如此容易?! 求之于佛或其他宗教，假使自身并没有悟的话，那么只不过是归于一个形式；求之于道，自身却首先就不能放下，"无欲"才能"观其妙"，而自己身在此山中，又如何看得到真面目；至于求之于世理，则更容易失望，人性世情的向好需要很长时间的演变，而身边更多随处可见的往往是小人得志、恶人当道。那么，我们该如何修炼自己的心灵呢？

我有一个建议：以佛家看过去，以儒家看当下，以道家看未来。

所有过往的人生经历都是这一世的风云际会。用佛家的眼光来看，所有曾经让自己开心满足、有所获得的事都是因缘，不仅是果，更是缘起，你需要将善念经验和所得再传递出去；而所有让自己有损失、有伤害和痛苦的经历，在它们之前都有曾经的"业"，此时是"业"所带来的"报"。如果你想不明白这些因果，那是不自知，而这些都是自己形成更高智慧所必经的路、须渡的劫。

而对每一个当下来说，都需要有所为而有所不为，而为与不为的判断标准就在于儒家所说的仁义礼智信，因为这是现世修行的方法。我们从最基本的"信"开始，首先是对自己诚实、对他人诚信，信就像是树植在大地上的根，也是人立身之本。然后展开思考，学而时习之，提高智慧。进而明辨各种社会关系、人性曲直，继而得以取义成仁。在每一个当下都做一个正人，即便眼前并没有什么立即的回报，但心态始终可以是坦荡明白的。

至于未来，要相信永远有一个"无形无相"、不可名也不可道的"道"在指引，那是我们毕生去追寻靠拢的方向。道是世间万物的终极本源，也是万事万物运行的终极原理，我们所容易获取的科学理性并不能解决所有问题，也不能让我们抵达本源和终点。我们只能不断地通过现象和演化去摸索那个本质，每进一寸、每得一分，都有一寸一分的欢喜。这就是人生的意义。我们需要不断给自己设立阶段性的目标，但那个目标并不是限时要达成的，也不是一个应然必然的结果。所以说要对未来充满向往，而不应是每个人当前压力的来源。

这是我看待自己人生的方式，这种态度也只是在最近若干年里才逐渐形成的，但自此之后的确少了许多焦虑和迷茫，做人做事能有几分从容淡定，在外人看来我竟也有几分通透明达了。这种理念不一定必然是对的，也不一定适用于所有人，只是大家可以做一个参考。

另外，人要想通透，多少需要先做到衣食无忧，要不然就是你有一定经济收入和储蓄的支撑，要不然就是你要把生活水准和物质需求放在一个相对较低的位置，这样才能有心灵和思想的相对自由。就算是陶渊明，他的隐居生活也是不愁吃喝穿度的,毕竟是在两任皇帝的"中央办公厅"里都工作过的人,退隐山林那也是州县和省领导人都会经常来看望的,更有当朝宰辅不断发出招募令,这样的名望之下他的生活能差到哪里去?陶渊明自己写道:"种豆南山下,草盛豆苗稀。"杂草遍野收成寥寥,还能泰然写下这样自嘲的诗句来,可见他本来也不单指着这些豆子过日子。

所谓的隐居,重要的不是形式,而是独立的自我,"君子慎独"。如果能够做到"和而不群",那么就算在喧嚣都市和纷扰的职场上,你也有了一份陶渊明的情致。更进一步,如果你还有与众不同的思考和见解,有自己的生活哲学,并且能传递给身边的人,帮助他们更从容地生活,那才算有了几分陶渊明的隐士风范。

21

有士心无需士风，知用人更应识人

——东晋清谈风雅中的直人王恭

东晋崇尚清谈风雅，于国家治理是毫无帮助的，但在艺术、哲学方面却建树甚多。玄学研究推动了道家、新儒家和阴阳五行家等哲学新发展，在诗的领域有陶渊明、谢灵运，书法有王羲之，绘画有顾恺之，这些都是中国文史哲和艺术方面堪称巅峰造诣的代表。所以有人才说"乱世出思想、弱世现艺术"，从魏晋时代的表现来看还是有点道理的。

这篇说的是王恭的故事。此人也是东晋名士之一，公认才华卓著、风姿过人。曾经有一次，孟昶隔着竹篱笆偷看他，只见在漫天小雪之下，王恭鹤氅高车而过，忍不住赞叹道：真是神仙一样的人物啊！要特别提一下，魏晋时期是个绝对看脸的时代，颜值风度就是正义，而且可以直接转化为生产力和执政能力。谁要是长得好看，就能当官，就能出入顶级社交场所，空有才学而粗鄙丑陋的汉子在东晋完全没有出头之日。更何况王恭除了颜值，才华也十分了得，与人清谈，常常奇思妙想新意迭出，每每令人击节赞叹。而他本人却并不全然以此为荣，曾说："所谓名士，也不需要什么特殊的才能，只要闲来无事，多喝点酒，能熟读《离骚》就够了。"

这话听起来是有几分不屑，而其原因是他志不在于名士，而在于国事。因为在王恭自己看来，他的家世和学问都比颜值更拿得出手，与清谈相比，成就一番天下大事才更重要。

王恭出身于名门世族太原王氏，祖父是名士王濛，父亲是光禄大夫王蕴，妹妹是晋孝武帝的安皇后,极其荣耀炫目的家族荣光,再加上他自小才华过人,注重清誉操守,因此眼界奇高。他曾经官拜佐著作郎,一接到聘书就是一声"呵呵",慨叹"仕宦不为宰相,才志何足以骋",装个病就给辞了。这股子狂傲的名士风范,与竹林七贤有一拼,但人家毕竟是在竹林,王恭身在朝堂却这身做派,就埋下了祸患。

晋孝武帝时期,王恭深受器重,一度担任中书令,相当于宰相之职。之后因朝局动荡还专门任命他为平北将军、兖州青州二州的刺史,以拱卫京都,平衡各方力量。朝局的动荡根源来自哪里呢?孝武帝的同母弟弟司马道子。此人深得太后宠爱,贪财好酒,热衷权势和受贿,引发了朝政的混乱。而且司马道子非常信任一个叫王国宝的人,此人不学无术肆意妄为,更加引起朝中大臣的不满。大臣士族与皇亲国戚之间的争斗,孝武帝也很难摆平,于是派遣信任的大舅子王恭以及殷仲堪(任命为荆州刺史)等人带领重兵镇守要地,以做外援。

在这段过程中,没有查到王恭与司马道子任何交流的记录,但是王恭用自己的行动摆明了立场。陈郡有一个叫袁悦之的人,用各种奸邪狡诈的方式在取悦攀附司马道子,王恭禀明孝武帝之后将其诛杀。这非常符合东晋名士的做事准则,占据法律与道德的高地,摆明车马做事,至于有没有更合适的做法、要不要更合理的统筹布局却不屑为之。所以,王恭与司马道子之间的对立关系昭然若揭。

孝武帝驾崩之后,晋安帝即位,但安帝愚笨,司马道子就此掌握了朝政,那个王国宝更加得到宠幸,大权在握。王恭在皇陵祭拜完孝武帝后,慨叹:栋梁虽然还是新的,却已经有了亡国的征兆。于是他联络了殷仲堪和桓玄,义正词严地上书说王国宝"专宠肆威,将危社稷",必须清君侧。司马道子很清楚地知道这几个人割据藩镇、兵马强壮,好汉不吃眼前亏,权衡再三还是把王国宝逮捕起来让他自尽了,平息了眼前的事端。

但司马道子肯定不能让这种状态长久延续下去,否则在朝廷中自己还有什么话语权,于是开始着手搞起了官场捭阖,分割各地州县的管辖,并任命一些亲信去担任刺史。众人一看,这样搞下去大家就都靠边完蛋了啊,于是公推王恭为盟主,约定日期共赴京师。虽然说推翻皇位不是目的,但是让司马道子挪挪位置是必然的。王恭的行为堂而皇之,但司马道子的对策却是在暗中进行的。

他的对策是收买王恭的部下大将刘牢之。

我们先说王恭的同盟,这些人分散在各方,通过约定来一起举事,包括殷仲堪、桓玄、杨佺期、庾楷等人,大家说好从各地一起向建康进军。他们与朝廷派来的司马尚之、司马元显的部队交手有胜有负,关键还是要看作为盟主的王恭这一路的战事进展。而王恭手下所有的部队都在刘牢之手中。

刘牢之何许人也?他曾经是鼎鼎大名的谢安手下的北府兵首领,参加过淝水之战,因功晋升为龙骧将军。刘牢之在与后燕的作战中被人安了个罪名罢了官,是王恭重新起用了他,任命为司马并拜辅国将军;也是在刘牢之的兵锋所向之下,朝廷不敢对抗而诛杀了王国宝。王恭与刘牢之两人之间原本是一场将相之间的风云际会,然而王恭却只以为是自己的威望让天下臣服,将刘牢之视为只会打仗的武夫而已,而且自己还有恩于他,所以并不以为意。时间长了,刘牢之其实是有怨恨的,王恭却毫无觉察。

当第二次结盟起兵之前,刘牢之曾劝王恭:"朝廷之前都把王国宝杀了,屈服于将军的姿态也摆足了,再加上司马道子毕竟拥有摄政皇叔的身份,至于那些州县管辖的调配与将军您的利益并没有直接冲突,何苦做那出头鸟呢?"话里话外不想打这场仗的意思已经很明显,王恭却依然不当回事,许诺了一番高官厚禄后依然派刘牢之率兵出征。问题是,能用钱解决问题的人多得是,高官厚禄谁不会给啊?司马元显开出的条件就是取代王恭!王恭的一切都是你的,这个条件王恭肯定给不出啊。刘牢之想了想,就做出了倒戈的选择。

即便到了这个时候,王恭其实还有扭转局势的机会。有个参军叫何澹之的,探听到了刘牢之即将反叛的消息,马上跑来向王恭汇报。此时如果王恭及时收回刘牢之的兵权,或者退一步讲,就算制止不住刘牢之,但能逃离危险之地的话,未来形势还大有可为。可惜,仅仅因为何澹之与刘牢之以前有过矛盾,王恭竟然怀疑何澹之的用意是不是在挑拨离间,于是并没有采信。之后的结果就不出意料的简单了,刘牢之杀了随军部将颜延,反戈一击击溃了王恭的部队,逮捕王恭送达京师，司马道之就在建康斩杀了王恭。

临刑之前，王恭风姿依旧、神色安然，坦承："*我暗于信人，所以致此，原其本心，岂不忠于社稷！但令百代之下知有王恭耳。*"意思是，是我看错了人，但我本心唯有忠于社稷，未来会给我公正的评判。多年后桓玄掌握朝政，为王恭平反并给了"忠简"谥号。正如《晋书》所说，王恭"**忠于社稷**"，"**简惠为政，家无财帛**"。

一代名士，有家世、有圣眷、有文采、有兵权，为何会落得事败身死的境地？

启示之一，在职场立心要正，但做事仍要讲究手段方法。以王恭为鉴，士心要有，却未必处处都要有士风，凡事都摆在面上、明来明往，很难取得最佳的效果。例如，有一个新项目对公司至关重要，却会对当前的经营带来一些冲击和调整，那就绝不能仅凭一份商业计划书就上董事会，哪怕这份计划已经绝对翔实完整，在你看来非常具有说服力。因为每一位董事和高管思考问题的出发点都是不一样的，在会上绝对不容易简单取得共识。因此，在会前必须与所有参会成员进行私下沟通，也许需要达成很多项两两之间的小默契和小交易，并且判断清楚强硬反对者的票数，才能确保项目获得通过。在职场有非常多的场合需要在私下做各种交流和铺垫，才能确保台面上的多数意见。王恭显然没有这样的意识，自认为地位和立场都占据了正义制高点，于是就理所应当得到认同和支持。作为一个文人、一个思想家，这样的做派固然是令人称颂的，但是作为政坛管理者就失之天真了。

启示之二，在职场要用人，先要学会识人。每个人的三观都是不一样的，谈不上谁对谁错，然而对管理者来说，要达成管理目标，就必须判断这个人与自己、与团队合不合。司马道子是否有合作的可能？殷仲堪和桓玄是否是牢固的合作同盟？刘牢之是怎样的人，有什么志向和忌讳？何澹之又是怎样的人，是否应该给予足够的信任？这些问题王恭都是没有仔细考虑过的。就拿刘牢之来说，作为一员战将，从之前的淝水之战，到王恭身死之后参与平定孙恩叛乱，能力是毋庸置疑的；但是在他一生之中曾经三次反叛直属领导，虽然都没有背弃朝廷，仅仅是站队问题，却也说明了此人目光短浅、犹疑不决的缺陷。存在如此严重决策思想问题的人,在日常表现和发表的意见中不会毫无端倪,毕竟他只是一介武将,而不是司马懿那样老奸巨猾的谋臣;然而王恭对此毫无觉察,进而毫无警惕,不得不说是识人不明。

我们在职场上,识人用人是管理的基本素养之一。如果有的下属重利贪小,那应让他远离销售、市场和财务等岗位,否则是在纵容他犯错;如果有的下属谨慎持重却缺乏进取心,那么审计、质量监督和项目跟踪等工作就相对更适合他。遇到有野心、有内驱力的人,要给予机会,也要以鼓励和认同为主,才能激发出他的主观能动性,减少误解和对立;遇到耳根子软的老好人,则要严加管理,不断用工作进度和管理规则来约束他的行为,并且不能让他负责相对重要的岗位和项目。这些道理摆在桌面上,大多数人会认同,但是要看清楚一个人却不容易。如何判断一个人个性的长短优劣,作为管理者首先要有意识去了解,其次才是如何了解和判断的方法。

王恭是一个直人,但绝对不是个管理者的好榜样。所谓管理,无非是两件事情,一个是用对人,一个是做成事。要用对人先要会看人,而看人要注重侧面观察、要看细节。要做成事则要讲迂回、要讲铺垫,不打无准备之仗,未谋胜先谋败,运筹帷幄,水到渠成。如此才是优秀职场人的素养。

22

直臣也讲斗争技巧

——唐太宗的"镜子"魏征

魏征与唐太宗李世民之间,是中国历史上少有的一段君臣相济相得的佳话。

我们读历史都会留下唐太宗是个明君的深刻形象,其实这与真实历史并不完全一致。李世民不算是一个和善好说话的主子,他也曾贬杀过大臣,例如忠诚敢言的刘洎(念"继")和张亮,乃至于好色、好享受之类的帝王小毛病也是一件不落。之所以在历史上唐太宗能光明伟岸,完全是因为他本人对记载历史的工作特别关心,多次"亲切"过问编写情况。

所以在这样一个又要名声、又不全然英明贤良的君主身边,魏征终其一生既能坚持自我又能保全自己,同时又成全了唐太宗的名声,在耿直的背后一定需要有高超的斗争技巧。

第一步是站稳自己的立场。古往今来,很多忠直的人以为自己站在国家立场、民众立场或仁义道德立场就是天然正确的,其实不然,这中间缺了一环:还要让领导者认识到其利益本质上与这些立场是一致的。碰到一个昏聩的领导者,他完全认识不到,并且还刚愎自用、手段酷烈,这时也许离开是你唯一的选择,正如孟子讲的"君子不立危墙之下"。即便是人品格局还过得去的领导者,那也未必都能时刻保持英明和清醒,在一些具体问题上也会看不清、看不透。这时一味地讲大义,就容易让领导者形成自己受到了批评和指责的感觉,即便不得不接受了你的意见,心理感受也非常差。所以,要让领导者体会到这是善意的提醒和劝谏，先要让领导者确认你是自己人，你所讲的大义与他的个人利益是一回事。

唐太宗在使用魏征前是有过测试的。

魏征早年是瓦岗军李密的部下，归顺大唐之后又是太子李建成的得力下属，曾经多次劝说李建成将李世民调去偏远地区。玄武门之变后，李建成和李元吉被杀，李世民夺取了大权。魏征作为对头阵营的要员当然也被抓了，李世民就质问他：你为什么要离间我们兄弟？此时一定要注意，首先你不能否认，李世民手里一定是有实锤证据的，不诚实很难被赦免；其次既不能轻易认怂，那样会因为没有气节而被看轻，但又不能强硬到底，因为你如果是李建成的死忠粉，那一定也难逃一死。所以，这是一道非常难应付的送命题。

而魏征回答得非常精彩，他就说了一句话："先太子如果早听我的，就没今天的事了。"这话有几层意思。第一层请注意这个"先太子"，这就表示已经接受了如今的现实格局。第二层是坦率承认事实，但这是自己忠于职务的行为，而不是忠于个人。第三层才是提醒李世民注意到自己的才能，我是能臣，李建成却不是明主，不是吗？这个回答不愧是上佳之选，赌的就是李世民头脑清明，他能听懂话里话外所有的潜台词。

果然李世民是听懂了的，马上将魏征吸纳为自己的幕僚。之后自然也有各种试探，而魏征的所有表现都是为人之臣、忠人之事，体现了极高的职业素养，最终赢得了信任。

信任都来自职业经理人与其领导者之间一致的立场。那如果硬是不一致怎么办？还是那句话，在确认自己正确的前提下，或者离开，或者等待，或者绕开这位领导曲线晋升，总之都不是些常规的职业发展路径，自然也有各种曲折和风险。因为立场不一、没有信任的话，就没有良好的沟通，作为下级也不会得到更多发展的机会，这样的职场岁月无疑是浪费时间。

第二步是明确说话做事的目的性。基于之前所说的立场和信任，那么对自己所提出的意见和建议就要明确其目的性：我是为了领导者你好。

比方说，现在很多父母批评子女念书不用功，往往对子女说：你对得起我的辛苦养育吗？或者会说：名次下降了这么多，你不嫌丢人我还嫌丢人呢。在子女看来，这个批评的目的就是父母为了自己得到回报，或者保全父母的面子，从内心就会产生叛逆对抗的心理：你们就是为了自己而来逼我。那么如果换一种方式，对子女说：人生的每一步都很艰难，现在的压力远远比不上未来社会将带给你的；现在努力学习的目的不是为了分数和名次，而是要学会思考问题的方法，这能让你的一生都受益。这样才会让子女感受到你批评的目的是为他本人好，从而才会引发触动和改变。

魏征就一直很清楚自己的目的，也很清楚怎样让它成为唐太宗的目的。

贞观元年有一次唐太宗征兵，有大臣建议他说，咱们现在百姓日子不错，营养也好，有些年龄不到十八岁的男子身体很壮实，可以一并征发。唐太宗同意了，但是这个条文在魏征那里被卡了四次，就怒气冲冲地把他叫来责问。从管理学的角度，什么才算壮实，标准很难界定，而模糊的标准一定会有各种隐患；另外，征用未成年少年不仅会引发民间的强烈不满，还会影响到国家未来的劳动力和战斗力数量，这些都是非常简明的道理。但是，你要是提意见的时候这样说，那目的就成了要分辨清楚道理，双方要分个是非对错，而唐太宗既然已经表达了自己的意见，那么提意见就必然是与他对立的。

魏征相信这些道理只要点一点唐太宗就会明白，因此他的着眼点就放在了另一个地方：皇上，咱们之前有些事已经有老百姓在说闲话了。现在这件事儿做起来当然可行啦，但仔细想想实际的好处也并不大，这么些大的小娃子在战场上肯定不怎么能打啊，同时却会让人说您无信于天下，进而影响您明君的形象，不划算。我这全是为了您啊。于是唐太宗很高兴地接受了建议，还送了他一只金碗。

职场和生活中的各种交流，其目的不应该是"我希望你可以……"或者"你应该如何如何……"，而是"我们都认同……"。从前者的视角看，双方是在不同的两边，而后者是大家站在同一边、一起看待同一个问题，目的一致自然更容易达成共识。

第三步是选择合适的时机。

贞观之治令唐朝的国力迅速得到了恢复,兜里有钱了,身为皇帝的唐太宗也难免会增加一些个人享受。魏征有时候会提出劝谏,多少会惹得唐太宗心里不高兴,偶尔吃点好的、用点好的,被人说道几句滋味都没了。就像老公刚拿了笔奖金获得了升职,正在兴高采烈的当口,老婆在旁边幽幽地来了一句:"不要骄傲自满哟,人家隔壁老王去年就升了,奖金也比你多。"这话说的是不是也太煞风景了。就算意思没错,说话的这个时间点也大有问题。

那什么是好的时机?贞观十一年,唐太宗出巡洛阳,他嫌吃的用的提供得不够好,就把当地官员骂了一顿。魏征就在一旁提醒道:这座宫殿就是当年隋炀帝杨广住过的,他当时逼着当地的百姓上贡了特别多的东西,有些根本没吃完就扔掉了,所以他的结局也就啧啧……唉。您就是当年推翻他暴政的一员呀,当然比我更懂啦。这响锣还用重重地敲吗?!谁还不是一个明白人。

所以在职场上,当领导者踌躇满志时,你要和他去谈设想、谈建议;当领导者遇到困境时,可以和他讨论问题,并找找根源。在工作场合、在会议上,要务实;而在茶歇和聚餐的时候,可以务虚。适当的时机,讲适当的话,做适当的事,忠直的人也要学会看场合、看眼色。孔子就说过:"言未及之而言谓之躁,言及之而不言谓之隐,未见颜色而言谓之瞽。"意思就是,不该你说话的时候乱说,就是毛躁;该你说了却又不说,就是不实诚;至于不看人情绪脸色就自顾自说话,那就是你瞎呀。

第四步是采用合理的方法。

贞观八年,有个叫皇甫德参的小小县丞上书唐太宗,指出他三大错误:劳民伤财兴修宫殿;与民争利强夺地租;宫女的发髻装束带坏了社会风气。一个从八品的小官,从国事管到家事,甚至到皇帝的私事,把唐太宗一下子就惹毛了,准备治他个诽谤罪。这时魏征出来说话了。

首先这个时机挺好,因为这个官太小,胜之不武,放过也容易,比较好劝。等唐太宗养成了听不进逆耳话的习惯,来个重量级点的官员提意见,搞不好一下就互怼起来,反而不好收场。

其次就是合理的劝说方法。魏征一点都没去管上书内容的对错,甚至完赞同唐太宗对这个人的结论,他上来就说:对,这个皇甫德参的确是言过其实!太可恶了!然后话锋一转:不过话说回来,自古以来不都这样嘛,这帮提意见的家伙要是不说得尽量激烈一点,又怎么能引起君王的注意呢。

最后提醒唐太宗:我不是要拦着您啊,这个胡说八道的小喽啰您咋收拾都无所谓,我都支持。我担心的是,咱们朝中还有很多能臣呢,这些年大家也都敢于给您献计献策,要是其他那些真正有价值的意见,就因为别人一看苗头不对都不说话了,那就对您不利了。

最后,唐太宗很舒服地听取了这个意见,摆出很高的姿态,我生气了吗?我一点也不生气,还给嘉奖,赏了皇甫德参二十匹绢。魏征看他挺高兴,干脆半开玩笑地添了把火:才赏这么一点,我看老大你心胸还不够开阔呀。唐太宗想索性做到位吧,干脆提拔此人做了监察御史,以此来鼓励群臣多提意见、多讲得失。赏罚一个人并不算大事,但是贞观年间广开言路、朝政清明的格局能够一直保持下来,从而奠定了从初唐到盛唐一百三十年的盛世。

我们在职场中要注意修炼高情商的表达方式,其实不外乎是有逻辑和有同理心这两条。摆事实,讲逻辑,是晓之以理;能理解对方的诉求,能感同身受对方的情绪,是动之以情。两者相结合,表达才能起到最好的效果。

第五步是找到双方的交集,不僭越对方的底线。

最后一点,与领导者之间的交流,能不能找到双方的交集,一定要记住一件事:底线是领导者画出来的,并且不容僭越。这根底线就是对方的领导权威和核心利益。

对唐太宗来说,他的底线是对帝国的掌控以及不容冒犯的权威。别看魏征进行了无数次的劝谏甚至顶撞,其实从未超越过自己的职权范围,也从未真正让唐太宗下不来台,什么时候该顶,什么时候该劝,魏征的心里门儿清。

他和唐太宗有过一次著名的对话。魏征对唐太宗说:希望陛下能让我做一个良臣,而不要让我做忠臣。唐太宗很奇怪,忠臣与良臣之间有什么区别吗?魏征说:所谓良臣,就是做好了自己本分的工作,获得了美名,也获得了家产田宅和子孙的福泽,还成就了君主的荣耀,君臣双方都开开心心的,多好;而所谓忠臣呢,自己拼死上谏而君主又不听,最后惹祸身死,还让君主陷于残暴不仁的境地,就像商纣王和比干那样的,又有什么好?!

这番对话其实就是给君臣双方找到了一个交集:君主您要容得下我说话,而我呢也是谋好处的,我想要安定生活、子孙幸福,有职业精神而没有僭越谋反之心,一切为您考虑,所以就让我们来成就一番明君和良臣的际遇吧。这个话的水平太高了!古往今来那么多名相能臣,真的没有几个人像魏征这样能看清看透。

唐太宗李世民留下过一首名诗:

"疾风知劲草,板荡识诚臣。勇夫安识义,智者必怀仁。"当他写到这个"诚臣"和"怀仁"的时候,我想他的脑海里浮现的应该是魏征的身影吧。

而魏征也同样留有诗句:

"岂不惮艰险,身怀国士恩。""人生感意气,功名谁复论。"

君臣相济,善始善终。开始时,既需要为君者的清明有志,也要为臣者的忠诚有术;而终场时,则既要君的信任不二,也要臣的持之以恒。

23

该拍拍，该谏谏，别太死板
——凌烟阁上的虞世南

唐朝的凌烟阁就是臣子所能达到最高荣耀的象征，就像 NBA 的名人堂。凌烟阁的二十四功臣，有跟随李世民征战夺位的战将谋臣，如大家在听说书时候都听过的尉迟敬德、秦琼、侯君集、李靖、程知节（就是程咬金）等，有安邦定国的干才，如长孙无忌、杜如晦、房玄龄等，包括上一个故事提到的魏征也名列其中。李贺就有一首诗："男儿何不带吴钩，收取关山五十州。请君暂上凌烟阁，若个书生万户侯。"凌烟阁在社稷能臣心目中的地位可见一斑。

凌烟阁二十四位中有一位文臣，名叫虞世南，有点不显山不露水，而盘点此人的生平，却是一部老树开花的传奇。

虞世南生长于南北朝时期的陈朝，父亲虞荔是陈朝的太子中庶子，负责陪太子读书，不算显贵但很得亲信。虞世南在文学方面师从著名文学家顾野王和徐陵，书法则师从王羲之的七世孙智永大师，所以从小就已经名声远扬。

他在陈朝担任过一个小职务，三十一岁时陈朝被隋所灭，就和哥哥虞世基一起被隋朝所看重并任用，人们甚至把他们哥俩比作西晋的陆机和陆云。但是，他的仕途选择与哥哥有所区别。他哥哥虞世基开始也是一个正直的官，后来发现杨广不是个听劝纳谏的君主，就选择了一味逢迎，于是一路青云直上，最后负责皇帝所有的机要事务，并参与行使宰相权力，生活也变得富贵豪奢。而虞世南则看着杨广这个调性，耻于为他服务，所以只肯很低调地担任了不起眼的秘书郎、起居舍人职务，相当于管理一下国家图书馆和档案馆，因此虞世南的家境贫寒简陋。但是兄弟二人仍然住在一起,政治选择虽然不一样,但感情还是很好的。可见虞世基也并非完全的恶人,只是屈从依附,并且有点贪图享受罢了。

二十多年后,当虞世南六十岁时,发生了江都兵变,隋炀帝杨广被宇文化及率领骁果军杀死,虞世基这样的近臣显贵终究也未能逃过一死。虞世基风光的时候,虞世南没有占过任何一点便宜,当着小官,一贫如洗,还时常被周围人所嘲笑;而当虞世基落难被抓的时候,虞世南却号啕大哭着请求代其一死。宇文化及没同意。但在场的所有人都在为其兄弟情谊和虞世南的高洁品性感怀不已。也正因此,宇文化及没有伤害虞世南,带着他准备回关中。

结果这支部队半道兵败于自称夏王的窦建德,宇文化及也被杀了,虞世南又被胁迫着担任了窦建德的黄门侍郎。这相当于是个什么官呢,类似于窦建德的中央办公厅主任大秘,负责起草和管理传递诏书。显然窦建德也不是虞世南认为值得效忠的领导,这段时间很短,其间虞世南也没有任何建树,混日子而已。两年后窦建德被李世民消灭的时候,虞世南已经六十三岁了,而李世民也已经是他名义上效忠过的继陈朝、隋朝、窦夏王之后的第四个主子了。

那么年事已高并且多次变换门庭的虞世南,怎么看也不像是能被委以重任、建功立业的样子吧,他又是如何一路走上凌烟阁的呢?我总结了一下,有这样几条经验。

第一,职业口碑。在职场上个人的口碑和职业品牌极其重要,要想快速取得领导和老板的认可,口碑的作用是最为直接的。

职业口碑包括专业口碑和人品口碑。专业口碑的塑造来自以往工作成绩的积累,而且还要广为人知,能随手就拿得出来,例如完成过的项目、取得的荣誉和证书,还有来自名企和名人的认可。拿虞世南来说,他曾经在工作岗位上做出的成绩就是撰写的文章和诏书,白纸黑字,所有新主子接收过来以后都看得到,而且他广为流传的诗文就是专业能力的最好证明。专业口碑的另一个来源是背书,作为一个职业经理人,你曾经就读的名校、曾经跟从的导师、曾经带过自己的老板和曾经做过同事的猛人,那些都是自己的背书,因此与这些人保持良好的关系就非常重要。虞世南的背书,从老师到老板都足够显赫。

而人品口碑,则要靠时间来累积。虞世南能在将近三十年的岁月里甘于清贫、固守节操,岂是那些小人或摇摆分子所能做到的,这就证明了他的忠直;而江都之乱时直面乱军,不顾生死,试图救下自己的哥哥,更是证明了其气节。

拥有了专业过硬和人品爆棚的职业口碑,虞世南自然就能迅速赢得唐太宗李世民的信任和青睐。

第二,眼光和判断。虞世南和哥哥虞世基之所以选择了完全不同的职业发展道路,根本的差别就在于对隋炀帝这个人的判断。

话说隋炀帝杨广其实是个颇有点惊才绝艳的人,大家可能不知道,他其实是一个文采斐然的诗人,连宋朝的大词人秦观都直接抄过他的作业,"寒鸦飞数点,流水绕孤村"其实是杨广的名句。而且从政治上讲,他迁都洛阳、开挖大运河都可以说是极具战略眼光的决策,对之后一千多年的中国都影响深远,只是有些急功近利,对当时的国力和百姓的承受能力出现了极大误判。而且此人有三大死穴绝症:一是骄奢淫逸;二是好大喜功;三是自以为是,完全容不得一丁点不同意见。作为臣子来说,第一个毛病还可以说与自己没什么大关系,第二个毛病说明这个人不值得辅佐,而第三个毛病则意味着你越是忠心正直,就越危险。而且虞世南的判断早在杨广还只是晋王的时候就已经做出了,当时就为了避免皇子之间的内争而找借口极力推辞征召,后来不得已为官就选择长期保持低调,可见极有识人之明。

而一旦发现李世民是个值得跟随的雄才英主,虞世南就开始埋头认真工作,主动贡献才华。这两种截然不同的态度,相当于在给李世民传递这样的信息:你是真命天子哟,为你干活没说的!李世民聪明,自然心领神会。

第三,充分发挥职业核心竞争力。

虞世南的最大职场竞争力就是写文章,于是担任了弘文馆学士,与房玄龄一起负责草拟各种诏书。李世民本人就是个颇有文字功底的人,能入他法眼的文章必须具备一定的水平。乱世初定,贞观之治开启,公告天下的文书既要晓之以理,明白易懂,又要动之以情,取得大众的拥护,而且还要在威严中透露着几分祥和之气,以安定天下民众之心。这些要求,唯有虞世南完成得最为到位!他这支朝廷宣传口的"御笔",对稳定初唐局势和实现贞观之治起到了巨大的作用,自然就深得李世民的欢心。

虞世南也对唐太宗进行过各种劝谏,但是他与魏征的风格不一样。魏征很懂进谏的方法,但基本上还是针对各种不当的政令和言行就事论事。虞世南则并不怎么对眼前的事情发表意见,而是引经据典讲一番道理,就好像写了一篇没有具体所指的议论文,不针对具体某项时事,而李世民作为当事人一看又必然明白是什么意思。这个水平更为老到。

而且虞世南特别会选择劝谏的时机,以及所切入的事件。

什么是提建议比较好的时机?是领导和老板刚刚起心动念还在斟酌过程中的时候,这时你所提的建议,哪怕是反对意见也不能算是直接对抗,而且领导和老板一旦觉得有道理,采纳之后还可以堂而皇之作为是他自己思考的成果。这时候,你千万别觉得不爽啊。很多职场人会去纠结,明明是自己的智慧啊,怎么就这样被上级占为己有了,其实大可不必。因为职场人所获得的回报往往并不在眼前这一件事上,而是体现在当你被认可之后,会给予你更多的机会。善于驭下的领导都懂得有来有往。当然,如果这个领导把一切都当成理所当然,过于心安理得,事后完全不懂得回报,那这样的领导者自身的前景也很堪忧。此时,你考虑一下其他的职业发展路径也无可厚非。

那么,什么又是合适切入的事件呢?是那些负面打击并不太大的事,例如改变计划的成本不太高,对领导权威的影响也比较小,但是对领导的思路和做事风格却能产生相当作用的事情。例如,在建议唐太宗控制李渊陵墓规格以及减少游猎等几件事情上,虞世南上书讲了古代几位明君在陵墓问题上的做法,也没说李世民哪里做得不对,只是说那样可以更好,"深思远虑,安于菲薄,以为长久万代之计,割其常情以定耳"。这些做法都体现了虞世南的政治风格和艺术。因此,唐太宗听完了批评,还给出了"恳切诚挚"这样的评价。

而且虞世南也不是一味只提意见,适当拍一下马屁的水平也高得很,也就是所谓正能量的输出也非常密集和强大。朝堂上曾经讨论过封禅的事情。古代去泰山封禅呢,往往是这位皇帝认为自己的功绩非常了不得,承平天下,足以告知天地。干过这事的史上只有六个人,前有秦始皇、汉武帝、东汉光武帝,在李世民身后则有唐高宗、唐玄宗和宋真宗,之后就没有人再好意思觉得自己够那个资格了。其实李世民并没有去泰山做封禅这件事,当时魏征明确反对认为不妥,虞世南却表示这也没什么问题,他支持。因为虞世南并不是很在意面子上的名声,却关注实际的民生,如果李世民因为想达成封禅而出台了更多有利于经济和百姓的好政策,为什么不呢?!为此让老大嘚瑟一下也没什么嘛。当然假如李世民去泰山会耗费太多的钱,虞世南仍然会提出劝谏,而仅仅想满足一下成就感和表现欲的话,何必非要让他不爽呢。

虞世南还写过一篇《圣德论》的文章,后人光看这篇文字一定会认为作者绝对是一个谄媚的佞臣。因为他把李世民夸奖得也有点太狠了,连李世民自己都觉得不好意思,回复说:本人还是"德甚寡薄",比不过古代那些贤君的嘛,你把我说得这么好,后代有识之士看了会笑话我的哟。话虽如此,你就说他心里开不开心?再说你以为这只是纯粹地拍马屁吗?虞世南是通过将唐太宗与古代无为而治的明君们相比拟,用捧和抬的方式,引导唐太宗在愉悦的心情中逐渐更靠近自己心目中正确的政治道路。

虞世南还有一个附加的职业技能,那就是他超凡脱俗的书法技艺。学过书法的人一定都知道欧阳询和褚遂良,加上虞世南和薛稷就是初唐四大家。而且他的诗赋功底也非常深厚,有一首《咏蝉》千古传诵:"垂緌饮清露,流响出疏桐。**居高声自远,非是藉秋风。**"所以,虞世南经常参加宫廷诗会,其作品的格调包括书法都卓尔不凡,技压全场,偶尔还会写两首称颂朝廷气象的应景诗,宾主尽欢,其乐融融。

唐太宗也正好是一个爱好风雅的人,你说手下这位大臣,公文写作有一套,既会称颂自己,又懂得提意见的技巧和方法,而且还写得一手好诗、一笔好字,映衬着朕这个朝廷人才济济、文采风流,心里能不喜欢吗?!

所以职场人要跟虞世南学点东西呀。

看看他长期的为人处世之道,能提醒你现在所从事的工作和所有的言行都是在积攒你的专业和人品口碑；

看看他对待不同皇帝的态度，告诉你如果跳槽的话，选择老板和同事千万要懂得识人和判断；

最后看看他的制诰水准和谏议功夫，让你知道职场人最终还是要靠业务水平说话，同时职场情商也得过关，不能太死板，像魏征这样硬刚领导而不倒霉的是历史上极少数的异数。

做到了这些，要是额外再能加上一点有趣有料的个性专长，就像虞世南的书法，就算咱们没那么高的水准，至少可以稍稍高人一筹、能公开展示一下的，你的职场之路一定顺遂，一路往上。

24

情商、能力、人脉、隐忍与择机

——职场得意与失意的唐朝诗人们

大唐诗国三百年,诗人如星河璀璨,留下的名句点亮着千年历史的长夜。这些诗人大多数有些清高自赏,比不得那些一心钻营求官求财的人,所以青云直上、官位显赫的诗人并不多。这里跟大家说说四位大诗人的故事,其中两位诗才特别了不起却一生都过得不咋地,而另两位却在经历了失意之后完成了职场的逆袭。对比之下,也许能对我们的职场发展有点借鉴。

先说头一位,鼎鼎大名的诗仙李白。

他自小在四川长大,读书非常驳杂,道家为主,闲书居多,这是他诗风瑰丽奇幻、独树一帜的原因,也是他仕途无法通达的根源。二十四岁李白出川游历,要说他家里绝对是挺有钱的,能够支持他遍访名山大川、结交各路文人的旅程。三十岁到了长安,也曾拜会宰相张说和各路大臣,但并未得到什么举荐,足足在长安不温不火地混了 12 年,最后经过玉真公主和贺知章的称赞,才得到了玄宗的赏识,出任翰林,也就是皇帝的御用文人。只不过这份工作李白并不觉得很好,没有什么实际业务可以做,但在其他很多人眼里却已经无比嫉妒,因为他离天子近、受宠信,于是在各种外部谗言作用下,再加上李白本人也不好好表现,仅仅过了一年玄宗就赐金放还,彻底解除了"劳动合同"。之后李白继续四处游历,其中"安史之乱"时期他躲在浙江和庐山等地,动乱后一不小心又被永王收入帐下,为其赋诗抒情,结果永王有叛乱嫌疑,李白也因此获罪被流放到夜郎,直到五十九岁遇到大赦重获自由。三年后,李白在窘迫潦倒中去世。

李白曾发豪言壮语："仰天大笑出门去，我辈岂是蓬蒿人。"然而，为什么在长安12年都谋不到一个出身？主要原因有三：

第一，唐朝虽然是个异常开放的时代，佛家道家、东方西方乃至少数民族的各路文化兼容并蓄，皇帝也崇尚修道，还攀附老子李耳是皇室李家的先祖，但是朝廷的"企业文化"毕竟是儒家的，各部门运转还是在礼制和规范之下才能得以顺畅。李白说"我本楚狂人，凤歌笑孔丘"，从内而外都是一派道家修仙气质，所以大家都觉得去哪个部门他都不合适，还真是只有"文联作协"最适合他。

第二，相传李白出生地远在如今的吉尔吉斯斯坦，在川中长大，少小就游历江湖，一身"十步杀一人，千里不留行"的游侠气质，在朝廷这样讲规矩制度的地方，就算宰相张说，也不敢随便推荐这么个容易意气用事、保不定会闹出什么幺蛾子来的人。

第三，李白傲气外溢，虽然也四处拜访大臣，但人家都是人精，你骨子里那点傲气和不真诚的尊敬谁都看得出来。而他能看得上眼的，都是文采好却仕途差的人，例如孟浩然。几乎所有品秩高的人，他都不屑与人结交，"安能摧眉折腰事权贵，使我不得开心颜"，宁可"举杯邀明月，对影成三人"，这往下怎么混？

最关键的是，李白在玄宗身边担任翰林的那一年，只觉得自己一身才学未被重用，工作态度难免消极，玄宗召见他时经常迟到，外加借酒撒疯。这种事情偶尔搞一次，老板还觉得你恃才傲物蛮可爱的，时间一长就肯定会讨厌。他写了三首《清平调》给杨贵妃，"云想衣裳花想容"，今天来看都是绝好美文，但是其中"云雨巫山""名花倾国""可怜飞燕倚新妆"等句子却不小心触碰到了贵妃因色得宠的暗伤。李白自己没有那根警惕的弦，不知道早已有小人去贵妃那里搬弄了是非，被人恨上了还懵然无知。他还曾经让宰相杨国忠磨墨、大太监高力士脱靴，虽然杨国忠的确不是好人，但高力士却是个史上少有的谨慎圜转又不擅权弄权的得宠宦官，为人相当不错，与历史戏文完全不一样。而李白呢，短短不到一年的时间，不分上下、不分好坏把董事长、董事长太太、CEO和秘书一下子统统得罪完了，哪里还有前程可言？！

所以，一个对抗企业文化和管理制度、看不起同僚又得罪完管理层的人，这个职商绝对算是人间垫底了。像李白这种文艺青年，就不该想去管理岗位，带着"长风破浪会有时，直挂云帆济沧海"的美好幻想，只会落得"抽刀断水水更流，举杯消愁愁更愁"的结局。苏东坡这样评论李白："李太白，狂士也，此岂济世之人哉？"他看得很清楚：李白这样的人是属于精神世界的，就不是解决现实问题的人。所以身为职场人，不可狷狂，不可肆意。

说完诗仙李白，接着说诗圣杜甫。他这一辈子过得还不如李白，到老到死也从没入过皇帝的法眼，一生最好的时光全搭在"安史之乱"那八年里，整个后半辈子都是在穷困潦倒、颠沛流离中度过的。

杜甫年轻时家境也还可以的，博学多才，视野宽广，看过公孙大娘的剑舞、听过李龟年的音乐、欣赏过吴道子的作品，也曾意气风发地写过"痛饮狂歌空度日，飞扬跋扈为谁雄"这样的句子，看这气势我要是不说，你一定以为是李白写的吧？杜甫也参加过科举考试，却落第了。这其实很正常，很多真正的大文豪"高考"都拿不了高分。之后十几年间，杜甫也曾经得到当朝大臣对其诗文的赞赏，却没人推荐他去哪里任职，也曾经有一篇《大礼赋》被玄宗赏识而加入了"公务员"序列，但职位低到可以忽略不计，"参选列序"，也就是候补的事业编，始终不得出头。后来，有人把这件事归因为权相李林甫打压的缘故，我个人觉得可能性不大，说实话这个人名声虽然不好，但在国民经济治理上也还是不错的，李林甫忙得很，应该真没心思去对付一个刚入编制的小人物。

那么，杜甫走不了仕途究竟是什么原因呢？你说赏识他的人来头都不小啊，包括担任刺史相当于地委书记的岑参、后来担任剑南节度使相当于省委书记的高适，还有后来官至"组织部副部长"的王维，这样一个阵容连个"副处级"都安排不了吗？其实，怎么会是真想办而办不到呢，说到底就是这群人觉得杜甫有才，却并不想提拔他。关键问题还是杜甫的实干能力。

文章写得好，不代表就是个好的管理干部。杜甫情商不高，还缺乏实际工作能力。在岑参、高适、王维这样的人看来，杜甫在生活上有什么过不去的一定会照应一下，但是在工作方面拉不动，也不值得拉。举两个例子就看得很清楚。

杜甫曾经担任过左拾遗的职务，这个官白居易也干过，人家干得有声有色、官声斐然。这一点我们后边会说,而杜甫呢,三天两头地提意见,可是既没打击到谁,也没结交到谁,唯一的业绩是成功地惹恼了皇帝大老板。我们之前聊魏征和虞世南的时候说过,要劝谏老板,你先得搞明白老板思考的出发点,然后需要找对时机、用对方法,而杜甫就是一味愣头青似地上书,皇帝肃宗的反应就是:"你是在教我做事吗?"很快就将杜甫扫地出门。

另一个例子,杜甫晚年生活在四川一带,幸得当时的节度使严武照顾,才有了如今成都浣花溪畔的杜甫草堂,严武还曾经推荐他担任节度参谋、检校工部员外郎的职务,人称他"杜工部"就是从这儿来的。可没多久,杜甫却又辞职了。从历史资料看,主要原因是杜甫认为"事烦、钱少、离家远"。与严武相比,我们再看高适,那可是年轻时和杜甫、李白一起出游三人行的交情,后来人家也担任了节度使,但高适最多就是给杜甫送点米面油,从来不提安排官职的事情。因为高适看得很明白啊,杜甫就不是那块料。

其实杜甫适合干的,是一个时代的记录者,一位纪实记者,而不是实干家,因为他是一个缺乏实际能力的理想主义者。他写:"安得广厦千万间,大庇天下寒士俱欢颜,风雨不动安如山。"这是千古名句,但后面还跟着一句:"何时眼前突兀见此屋,吾庐独破受冻死亦足。"意思是,啥时候这批房子突然就造好了,分给大家吧,我一个人住破房子冻死也心甘情愿。所以你看,对于社会现实问题他也就是口嗨一下而已,并没有解决方案。于是,既缺乏职商又缺乏职业能力的杜甫,带着"会当凌绝顶,一览众山小"的志气,最终"潦倒新停浊酒杯"。苏东坡说,杜甫**"饥寒流落,终身不用"**然而**"一饭不曾忘君"**,精神可嘉,能力不逮。所以说,职场人,要实干,要任事,要懂人情世故。

接着第三位大诗人,就是刚才说到同样担任过左拾遗的白居易。杜甫在这个岗位上干了没几天惹恼了皇帝被轰走了,白居易也在这位置上遭受了打击报复,被贬了官,但神奇的是,这却是他政治生涯的起步。因为他盯着藩王和宦官集团展开集中攻击,而这两个集团是当时政坛各种问题的最主要原因,也是朝中相当多大臣想要对付的。虽然白居易遭遇了官场的倾轧,但是他因此拥有了自己的名声和政见,他的能力也就此被另一个集团所看重。在职场,当两个集团谁也无法消灭谁,只是此起彼伏、阶段性此消彼长的时候,要想不站队,除非你有超高的能力或背景;白居易做出了自己的选择,而他的职场后续发展也就像他自己的诗所写的,"离离原上草,一岁一枯荣。野火烧不尽,春风吹又生"。

白居易的职场道路,起点是在县里担任小干部时所写的《长恨歌》,声名鹊起,没落期是被贬官江州司马,级别看起来还算是个地级市副市长,但几乎是不管事的闲职。在江州他写了《琵琶行》,静默却不哀怨,"东船西舫悄无言,唯见江心秋月白","同是天涯沦落人,相逢何必曾相识",这种心态让他很快就迎来了转机。他有一个长期交好的挚友叫崔群,此人后来还担任过宰相,就是他一直为白居易暗中谋划,通过各种巧妙调任,终于从江州司马一步步转到忠州刺史,最后又重回京城。所以,在职场看准一个人,深交一个人,比所谓的人脉广、认识多少多少人要重要得多。五十岁时白居易主动申请离京去担任地方官,在杭州等地留下了不少德政,五年后回京任秘书监换上了三品朝服,最终在二品高位的任上退休。

晚年,白居易写道:"**大隐住朝市,小隐入丘樊。丘樊太冷落,朝市太嚣喧。不如作中隐,隐在留司官。似出复似处,非忙亦非闲。**"介于入世出世、有为无为之间。白居易名字里"居易"二字,出自《中庸》"**君子居易以俟命**"。谋事在人,成事在天,时运不会时时来,但也不会一直不来,我们就只要简单地做自己认可的事情就好,时运不到就当作积累,等待机会的出现。他的字是乐天,出自《易经》"**旁行而不流,乐天知命故不忧**"。"旁行"是说做事坚持自我,方正而通达;"不流"是不违本心,没有流弊;"乐天知命"是顺其自然,跟从天道规律,跟从本性,人生就没有忧虑。白居易的一生就正如他的名和字一样,英华内敛,顺其自然,当为则有所为,不当为则自求清净,静待天时、地利与人和的变化。

最后再说第四个诗人高适,在前面说杜甫的时候也提到过。他最为脍炙人口的那句诗就是"莫愁前路无知己,天下谁人不识君"。

高适的仕途并不顺利,一直到四十九岁都快接近退休了,仍只不过是大将哥舒翰帐下一介幕僚。但他年轻时走遍了长安、梁宋、燕赵、魏郡、楚地、东平、都城塞外,交游广阔,是"读万卷书、行万里路、交万种人"的典范。他曾在不同地方官员的府邸担任参议清客,虽然未能科考及第和获取功名,但是了解了各地的风土民情和地方治理,积累了足够的见识和未来为官的基础。

高适一生酬和的诗写了极多,他的交游范围从高官到小吏、从同乡同学到才子艺人,在朝野之间默默形成了自己一定的声名。他写给李侍御的"功名万里外,心事一杯中",写给李少府的"青枫江上秋帆远,白帝城边古木疏",写给韦司仓的"饮酒莫辞醉,醉多适不愁",最有名就是写给著名乐师董庭兰的"千里黄云白日曛,北风吹雁雪纷纷。莫愁前路无知己,天下谁人不识君"。然而,他在另一首写给魏八的诗里却说:"此路无知己,明珠莫暗投。"那么,知己到底是有还是没有呢?答案是:说莫愁前路无知己,是用来勉励宽慰好友的,而相信仕途此路无知己,才是自身内心的写照。高适一直坚定地认为,即便职路不顺,也不能随便屈就,不指望任何人帮得上自己,唯有坚持自己的路。

哥舒翰败于潼关,高适就跟随玄宗出走成都。五十三岁参与平定了永王李璘叛乱,才开始青云直上,任淮南节度使。后来虽然再度被贬,但六十岁又重起担任剑南节度使,一方封疆大吏。所以,高适属于那种默默蛰伏多年、一飞冲天的职场人,而这需要极强的定力、极丰厚的积累与极敏锐的把握机会的能力。不是所有人都有少年得志的命,在机会未曾出现的时候你会坚持做些什么,才是更重要的事。

大唐诗国,诗星闪耀,在此撷取李白、杜甫、白居易和高适四人的故事,不过是窥豹一斑,"情商""专业能力""气度人脉"和"隐忍择时"也只是其中几个关键词。吟诗娱情之余,或许也能对自己的职场有几分思考吧。

25

职业的终极意义究竟是什么？

——四朝为相的冯道

中国古代名相无数，唯有一人后世褒贬不一，赞誉者将其捧到极高位置，而毁谤者将其视为大奸大恶之徒，那就是五代十国时期的冯道。此人历经后唐、后晋、后汉、后周四朝，先后效力于后唐庄宗、后唐明宗、后唐愍帝、后唐末帝、后晋高祖、后晋出帝、后汉高祖、后汉隐帝、后周太祖、后周世宗十位皇帝，始终担任着宰相三公这样的最高管理层。

欧阳修骂他"无廉耻"，司马光骂他"奸臣之尤"，所为何来？自然是主子换了一个又一个的缘故。然而，冯道真的很坏吗？为什么苏辙说他"**吾览其行事而窃悲之，求之古人，犹有可得言者**"？还拿他与管仲相比，说管仲也是先跟的公子纠，在公子纠死后又匡佐齐桓公，管仲被称为一代名相，冯道为何就不能？

要搞明白这些评价冲突的缘由，我们且先来看看冯道的生平。

冯道自小好学勤奋，文章出色，品行淳厚，原本没有什么野心与做官的热望，只是以读书为乐，奉养双亲，爱护友邻百姓。年轻时，他在幽州节度使刘守光帐下，由于对四处讨伐和战争提出了劝阻，结果惹怒了领导被下了狱。被营救出来后，他就逃往太原投奔当时的晋王李存勖，因为文章出众、操行仁厚，被委以所有文书工作的主管。923年，李存勖称帝为后唐庄宗，四十一岁的冯道担任了中书舍人和户部侍郎，这也是他服务的第一位皇帝。

三年后，李存勖在兵变中遇害，李嗣源继位称为后唐明宗，冯道一年后被拜为宰相。在任期间，他发掘任用有才识的平民子弟，抑制勋贵人家的肆意妄为，政令简明，安抚民生。李嗣源在位的七年，相对政治开明、国家稳定，民生也逐渐恢复，算是五代时期少有的好君主。只是此人到了后期，疑心病变得越来越重，杀戮了不少大臣，连宰相和枢密使都被诛杀，冯道能生存下来也属不易。

934年，李嗣源死后，后唐愍帝即位，任用的官员很有问题。于是很快惹得小皇帝的叔父李从珂起兵反叛，攻打洛阳。在后唐愍帝出逃的情况下，冯道出面率百官开城迎接李从珂，并劝进、拥其为后唐末帝。但是，冯道的拥立并未换来李从珂的信任，他的宰相之职被罢免，次年出任司空，这就算是他一年间服务了两任皇帝。

李从珂打仗厉害，为君也算有雅量，但是治国方面实在无能，又任用了卢文纪等一些庸才为相，而冯道则一直被排除在权力中枢之外。国势日渐消沉，后唐的死敌石敬瑭与契丹相勾连，一路南下进逼京城洛阳，最终李从珂见大势已去，自焚而死。他这个皇帝不过才做了两年有余。

石敬瑭是个历史上有名的"儿皇帝"，为了灭唐称帝，不惜对契丹拜干爹、认上国，由此建立了后晋。此时冯道再度被拜为宰相，这有几方面原因：一是出于朝代更迭延续、维持稳定的需要；二是他治理国家的确很有才能；三是冯道名声一直远扬到了"干爹"辽国那里，早在十几年前契丹就想将他带走并委以重任，如今契丹是后晋的上国，任用冯道自然是再适合不过。说起来石敬瑭对冯道的重用程度历史上也非常少见，军政大权全部委托，授以国公，五十七岁的冯道上表请求退隐，石敬瑭根本不看辞职信，就传个话说"您不来上朝，我亲自去请"。只可惜石敬瑭的历史名声太糟糕，对外族割让土地俯首称臣，所以被他看重的人也就连带着不会有什么好名声。

但是，无论石敬瑭对冯道有多重用和信任，在他死后，冯道却违背了他的意志。石敬瑭希望让小儿子石重睿继位，冯道却认为国家多难，不宜让怀抱中的幼儿担任国君，因此拥立其侄子石重贵为帝。后晋的高祖和出帝，就是冯道的第五和第六位老板。不过与之前的状况一样，后晋出帝上台之后同样并未对冯道感恩戴德，过了一年多就让他离开京城去担任节度使。

三年后，契丹耶律德光灭亡后晋，冯道前去朝见，并再三劝说安抚百姓，不要多行杀戮，中原地区得以在战乱中稍稍有所幸免，其中不乏冯道的功劳。归途中耶律德光病逝，冯道等人留在镇州，此时刘知远建立的后汉驱逐契丹，收复了此地，冯道和留守的同僚努力维持当地的民生，之后就顺势归附了后汉。

后汉高祖授冯道为太师，病逝后太子刘承佑继位为后汉隐帝，时间虽短，也算冯道的第七和第八位老板。仅仅三年后，郭威建立后周，称后周太祖，冯道继续担任太师兼中书令。又过了三年郭威病逝，养子柴荣继位，称后周世宗，同年冯道病逝，享年七十三岁，而后周的这两位也成了他服务的最后两任老板。

纵观冯道这一生，之所以服务过这么多老板，似乎并不能说是他的错，实在是时局动荡，而且老板们要不就是能力不行，要不就是身体不行，老板换得勤也不能怪职业经理人啊。后世那么多人对冯道的批评，主要是因为古代对忠诚的定义与现代不同，古代讲究"忠臣不侍二主"，而现代的忠诚是对信仰、对理念和对社会文明的认同，并不对着一个人或一个特定组织。对职场人而言，所忠诚的对象是自己的职业。职业素养要求一个职业经理人身在一家公司则忠于它，离职也不出卖和侵犯它的利益，但并不要求按照古代效忠君主的方式来唯一地忠于一位老板、忠于一家企业。我见过有些老板在企业内搞个人崇拜，发行语录小册子，搞服从和效忠文化，遇到这种情况你还是有多远躲多远吧。

平心而论，冯道其实是一个优秀的职业经理人，无论老板怎么换，他始终坚持着自己的职业精神，维护组织稳定、维护社会安定，为此贡献了自己的专业技能，妥善地进行管理决策。从几件小事可以看出他的职业素养：

后唐明宗曾经对劝谏的大臣大发雷霆，命令冯道发文书褫夺其职务，冯道犹豫再三，坚不从命。他说了两条理由：第一，大臣说的话你愿听则听，不愿听不听就是了，但是予以惩处，以后就没有敢说话的人了；第二，大敌当前，如果让敌军知道君臣失和，危险就大了。冯道劝说明宗的方式，没有去辩论那件具体的事到底谁是谁非，而是站在君主的角度为他考量，这样从皇帝的角度就容易接受许多，情商极高，同时又维持了朝廷风气之正，可称名臣。

还有一件小事，由于冯道深得皇帝的信任，就有很多大臣、将军将抢掠到的财物美女送给他。而冯道则坚持用自己的俸禄过清贫的生活，实在推却不掉的美女就安排在其他的住处，不毁人清誉，同时派人四处去寻访她们原本的亲人主人，找到了就将其送还。这样的为人处世他坚持了一生，无论什么朝代什么老板，可称正臣。

冯道被留在契丹足足有两年的时间，他也看出契丹并不想让自己返回中原，索性就安心在契丹生活，主动上书表示愿意留下，并且积极学习和融入契丹的生活方式。凭借着契丹人对自己的尊重，他多次为老百姓说话，劝阻契丹人的杀戮和抢掠行为，以减少战乱给社会带来的伤害。后来当他有机会离开契丹南下时，他命令一路上放慢速度，走走停停。随从很不解，说别人有机会跑路都是快马加鞭，您怎么还会住宿停留呢？冯道说，契丹人真要追你，你跑再快都没有用，慢慢走不会引起警觉，反而更安全。这一番言行，可称良臣、智臣。

冯道只要在位，就不遗余力地提拔青年才俊，尤其是出身贫寒之人，并且凭借自己深厚的学问功底对他们进行提携。而当自己被贬斥、远离朝堂核心的时候，除了认认真真做好本职工作，也从不利用自己曾经的影响对朝政多加指摘。宰相卢文纪曾一度架空冯道，除了祭祀洒扫以外，不让他参与朝廷其他大事。冯道也就只是默默地做好祭祀相关工作。别人为他打抱不平，他笑说："这本来就是司空应尽的职责啊，不该好好做吗？"诚于职业诚于事，可称诚臣、实臣。

在政权更迭的时候，他认为成年君主对国家有利，就没有按照对自己信任礼遇有加的先皇的意思去册立幼主。当李从珂和后唐愍帝李从厚争位时，李从厚一贯优柔寡断，而且用人有问题，朝纲混乱，李从珂刚打到洛阳，他就惊慌失措弃城而走。冯道认为国不可一日无君，抛下社稷的人不堪为君，而李从珂相对更开明有为，因此毫不犹豫地上书劝进即位。在拥戴谁坐皇位这样重大而且可能伤及身家性命的问题上，冯道考虑的并不是自身的安全或者高官厚禄，而是从更有利于国家安定的角度来思考问题，可称柱石之臣。

因此，作为一个职业经理人，我认为冯道并没有什么应被责难的地方，相反还是一个典范。我们在职场上，也不应过多地顾忌股权变动和人际关系，能够尽心尽责地做好自己职业领域该做的事情，为企业、为员工、为团队、为客户，充分运用自己的专业能力和管理经验去创造更多的效益，实现更多的双赢，这就是一个优秀的职业经理人。

在职场上,企业之间的并购以及企业的股东或者管理层更换都是很常见的事,我们也经常看到新的管理者对原有的团队有所处置,采取的做法各不相同:有人会做大量的清退,换上自己信任的人;有人会边观察边分类,进而完成人员的调配调动;也有人会通过企业文化和管理模式的调整将原有的团队进行重塑,尽量避免过多的人员变动。不能说哪一种做法就特别好,具体情况需要具体分析,但如果原有团队职业化程度非常高,完全可以不带感情色彩和归属意识,完全以管理效率和经济效益为导向,那么无论对企业、对新的管理者、对团队,包括对市场和客户都是非常好的事情。也就是说,以事业、以职业为导向,而不是以人、以具体的事为导向,才是真正的职业精神。

明代有位惊世骇俗的哲学家,其观点以道家为本,又非常接近西方现代思想,故此为当时的理学所不容,这个人就是李贽。他对冯道的看法就十分非主流。众人的评语都是说他频繁易主、朝秦暮楚、没有节操,而李贽却说:"夫社者所以安民也,稷者所以养民也,民得安养而后君臣之责始塞。君不能安养斯民,而后臣独为之安养斯民,而后冯道之责始尽。今观五季相禅,潜移嘿夺,纵有兵革,不闻争城。五十年间,虽历经四姓,事一十二君并耶律契丹等,而百姓卒免锋镝之苦者,道(即冯道)务安养之力也。"看人不看立场,也不看表象,单看其所言所行对社会是否有益,能让百姓安养、减少战祸,冯道就是一个值得称颂的人。

我与李贽想的一样,你觉得呢?

26

遵循至理要胜过肤浅的道德感
——懂经济学的范仲淹

宋朝是中国历史上很神奇的一个朝代。

后世一直说宋朝"积弱"。之前被儿皇帝石敬瑭送出去的燕云十六州一直没有好好收复回来,打辽国打不过,于是签了一份看起来非常屈辱的"澶渊之盟"。协议怎么说的呢?两国称为兄弟之国,宋真宗仗着年龄大些,好歹还占着为兄的位置,不然更丢份儿;划定了边界,开通了互市;唯一被后世诟病的是每年要向辽国交纳十万两白银、二十万匹绢,给人一种交保护费的感觉。然而从务实的角度看,随后近百年没有发生大的战争,北宋一朝得以民生安乐、经济兴盛、市面繁荣。

作为一个普通老百姓,如果要往历史长河里穿越的话,我觉得这段时期无疑是上佳的选择。而且纵观两千多年历史,这样长时间的安宁局面也是不常见的,能碰上,那就是运气。这样安定的好日子历史上都有哪几段呢?好像有一点共性,每当皇帝信奉黄老道家之学,不怎么折腾的时候,老百姓的日子就好过一些,包括汉初的文景之治、初唐到中唐的贞观和开元,还有北宋。一旦皇帝比较会来事,胡作非为的那些自然是天怒人怨,例如隋炀帝和西晋那几位,即便雄才大略的好比说秦皇汉武,其治下的老百姓说起来也是苦不堪言。

北宋朝的老百姓日子好过,除了皇帝不瞎搞的因素以外,有一群相对懂治理的士大夫也是主要原因。

宋太祖赵匡胤于公元960年登基,相传他留下一块誓碑,其中说"不杀士大夫及上书言事人",子孙不得相违。这件事虽然没有确切的实物佐证,但纵观有宋一朝,执行得还是非常到位的,如同真有其事。皇帝再怎么不高兴,最多也就是将犯官流放,就像苏东坡被赶到岭南、海南岛。曾经有个明摆着犯了事的官员,皇帝想判他罪、要在脸上黥字,都被大臣给驳了回来,说士可杀不可辱。于是在这种环境下,读书人就能站在社会经济和民生的角度,勇于承担责任,与皇帝直言商榷、共治天下,进而涌现出一批名相:从太祖时代的赵普,到吕蒙正、吕端、寇准、晏殊、文彦博、富弼、韩琦、司马光……虽然他们观念不一,行政举措也各不相同,但基本上都是秉持着为天下苍生求太平的态度。本书只讲其中两位,一位是下一篇要讲的推行变法的王安石,还有一位就是"先天下之忧而忧、后天下之乐而乐"的范仲淹范文正公。

范仲淹严格来讲还不算宰相,他的最高官位是参知政事,相当于副宰相。那么,为什么要单为他开一个篇章呢?因为在我看来,范仲淹是中国历史上并不多见的懂经济、讲务实的官员。

1015年,二十六岁的范仲淹科举登榜,走上政坛。他一路上做过县令、州官、府官,也在"中央部委"干过,因为直言任事,仕途不算顺畅。他的为官风格从两件小事就可以看出来。

第一件,他曾经担任泰州盐仓的主管,当时由于旧海堤年久失修,多处溃决,海水倒灌,摧毁了大批良田和盐灶。其实说起来,只有最后这一点与他的本职是相关的,其他那些事并不在他的职责范围之内。但他却当即上书,洋洋洒洒表说各种利害,最终重修捍海堰,造福一方。我们可以想象,其他那些地方官和水利部门对他会有怎样的意见?"你算哪根葱,要你多管闲事?"但范大人以民为本,并不以为意。

第二件,他归乡为母守丧期间,按制度不能担任具体官职,而晏殊当时正在应天府,就邀请他到府学担任教习。这不是实职,也不见得有什么油水好处,而范仲淹慨然应允。在他执教期间,除了教学典籍,更倡导学以致用、经世明理,还与学生共谈天下大事,应天书院从此声誉渐隆。

范仲淹的主要政绩,是从五十一岁时经略陕西、对抗西夏开始的,经过三年的拉锯对抗，逐渐扭转颓势，最终逼得西夏主动求和，自此边境安宁。归京后，上书《条陈十事》力推庆历新政，我们在《岳阳楼记》中看到的开篇"庆历四年春，滕子京谪守巴陵郡。越明年，政通人和，百废具兴"，借着说滕子京的事，其实是在抒发对新政的信心和豪情。只可惜，务实做事的官员历来备受排挤，尤其是他还触动了某些人的既得利益，庆历新政不过一年就草草了事。范仲淹主动请辞，离开了京城，历任不同州府后在颍州病逝，享年六十四岁。

在他死后，宋仁宗多少有些回过味来。满朝文武说了多少道德经纶，都是听起来花团锦簇，而实际效果其实远不如范仲淹说的做的那些来得可靠。如此干臣却天不假年，生前自己竟也未曾好好珍惜，感愧之余，于是各种加赠，追封国公。虽然来得晚，身后的哀荣好歹也是一种肯定。

我想，在宋仁宗的回忆里印象最深的，一定是西夏兵锋最盛的康定元年。那时候宋军刚经历三川口大败，损兵折将，延州边防风雨飘摇，宋仁宗在开封绝对是慌得一批。此时范仲淹临危受命，领大学士衔出任陕西经略副使，历时三年，从稳定住局面到逐渐占据优势，这种安全感无疑是对皇帝最大的慰藉。

我们来复盘一下，范仲淹是如何力挽狂澜、扭转战局的呢？他做对了三件事。

其一，不自以为是，不以上国大国自居，不一味征讨以硬碰硬。我天朝将领，自古以来对蛮夷都是必须王师到处，所向披靡，敌寇望风而降，从没有退缩防御的，不然皇帝的斥责压力怎么办？所谓的大义怎么说？因此总是指望毕其功于一役。而面对有备而来的西夏李元昊，天时、地利、人和宋军皆有不足，自然难求一胜。范仲淹放下了身段，他立足于现实情况，调整了部队的编制，立足于长期对抗，修整工事，轮流御敌，从而用时间和空间去拉平双方的优劣势差距。说实话，中国从来不缺那些喊着"犯汉者虽远必诛"那种响亮口号的自嗨人士，却少有真正解决实际问题的人；即便有，也经常被口头爱国者和键盘侠各种嘲讽诋毁。

其二，分化瓦解敌军阵营。在传统中原王朝眼中，所有少数民族都是未开化的蛮夷戎狄，向来不会正眼看待。天朝上国交代你们做什么，照着执行就完了，要是敢有所忤逆，就必须打到服软。而范仲淹以朝廷的名义去联络犒赏了西夏的友军羌族，签订了平等合理的条约，从而逐渐削弱了西夏的力量。到后期，羌族已经完全归附宋朝，这是双方力量对比变化的一个重要因素。其实任何一个正常人凭常识都知道应该这样做，只不过真正要去做的话，却人人都会顾虑人言可畏，被人说结交蛮族有辱国体怎么办？万一羌族左右摇摆、中途反水岂不是自己的责任？大多数人会选择多一事不如少一事，而像范仲淹这样敢担责的毕竟不是官场主流。

其三，敢于不拘一格使用人才。北宋朝重文轻武，武将地位本来就不高，更何况像狄青那样少年时因打架斗殴坐过牢的，脸上还被刺了字，妥妥的社会不良青年。虽然他英勇善战，屡立战功，却一直不过是个州县武装部长级别的小干部，晋升无望。而范仲淹认定他是个奇才、帅才，不仅委以重任，还教他读《左氏春秋》，语重心长地勉励他说：不能通读历史的将领，只不过匹夫之勇罢了。狄青通晓历史和兵法后更加善战，不仅成为平定西夏的重要功臣，后来还平定了岭南侬智高的反叛，成为北宋朝一代名将。

这样一些举措，事后看来或许都不算奇招，然而能做出这样的决策，范仲淹当时是顶着怎样的压力、非议和质疑？多少人当官只是为了自保，他们信奉"听命行事、照章办事，就出不了大事"；少数人选择硬杠蛮干，哪怕输了，只要自己勇敢不惜命，也算一个英雄，至少名声不受损，至于造成的现实结果则与己无关。有几人能像范仲淹这样放下自身得失，敢于避战缓战、敢于结交羌族、敢于重用罪因？只有把众生看得比自己更重的人才会如此。总有一些看人挑担的旁观者会去抢占所谓的道德高地和大义名分，去指责那些实干兴邦的人，这件事干得不合规矩，那件事干得名德有亏，这样的货色自古就有大把，互联网时代更是在大大小小的评论区里随处可见。

我对范仲淹印象最深的事，是皇祐二年的浙西赈灾。

这一年的大饥荒之下，就连杭州这样的富庶之地都灾情严重。这时有人来向范仲淹报告：粮价已经上升到120钱一斗，咱们是不是该抓几个粮商来安抚一下民心？从人们的朴素情感心理角度，这么干很容易获得叫好，直到现在我们都仍然有干部在选择这么做。但是，从本质上讲，供给不足才是粮价上浮的根本因素，抓几个人，强行打压粮价，完全不解决根本问题。因此，范仲淹的命令是：府库里的粮确保灾民不死人，市面上的粮就让它涨，还要通报周围各州县，我们这里的粮价可能会涨到180钱一斗。手下人半信半疑，但还是照办了。周围各地粮商一看有利可图，纷纷调集粮食赶往杭州想赚一大笔。结果呢？只有最先到的那几个赚到了点钱，随着大批粮食进入市场，粮价迅速回落，很快回到了大灾之前100钱一斗的价格水平。

范仲淹还干了另外几件事：开庙会，办龙舟比赛，甚至自己还带头到西湖上宴饮游船，鼓励老百姓出行出游，同时劝说各寺院的住持，趁着灾荒年工钱便宜，维修扩建寺院。个把月的时间，一边推动有钱人消费，一边让灾民有活干、有事做，多少还能有些收入，很快社会稳定、市面恢复。这些举措完全符合现代经济学的理论，范仲淹可谓是一个有远见的经济学家。

但是，范仲淹的这些行为仍然招致了一些愚蠢道学官员的抨击，什么放任物价飞涨啦，什么赈灾期间娱乐宴游、大兴土木啦。范仲淹还认认真真地写了一份辩护的奏折，讲明了其中的道理，所幸宋仁宗并不昏聩，他一看当年各地灾荒，唯有杭州与浙西一带灾情得到最好的控制，经济民生也最快恢复，所以并没有理会那些道德卫士。结果往往才是最好的解释。

作为一个职业经理人，我们也会面临职场上的各种选择，而肤浅的道德感往往会成为我们做出正确选择的障碍。什么是肤浅的道德感？往往来自最普通、最广大人群的直观观感。例如帮扶弱小，人们下意识地会对老人和小孩有较多的同情，一旦这种同情影响了规则和法治，就会出现老人的碰瓷诬陷和熊孩子的无法无天，客观上对真正公序良俗的道德造成破坏。再如，对有钱人的原罪假设以及过多苛责，对他人私德无边界的拓展，对民粹理念和民族自尊心的混淆，等等。

就职场来说，曾经我也受到肤浅道德感的束缚，比如曾经我很难下决心去清退一个家境贫寒、生活困难的员工，哪怕他的工作能力实在不符合要求，心理上过不去那一关。直到他给团队中其他伙伴的工作带来了负面影响并造成了损失,我才发现之前的道德感是肤浅的,我更应该捍卫的是对团队里所有尽职员工的公平。

有的老板经常表扬一些完全不计个人得失、主动加班加点的员工,本意是想形成主动积极的企业文化,然而这种标兵的树立仍然是肤浅的,效果很可能事与愿违。这样的员工,要么是自己不差钱而且特别有事业心,要么是水平不行、试图用态度来弥补能力的不足,总之都是团队中的极少数。树立这样的标兵对其他人是没有激励作用的,甚至可能诱发一些人装出主动积极和上进的姿态,从而获取自身的好处。老子讲的"不尚贤",就是看到了这样的副作用。所以,要让团队整体效能提高,更有效的做法是,不如把绩效经济奖励放在明处,明码标价,把合作和交易规则设计好,大多数人的态度和效率才会跟上。

尤其当我们从一名普通员工走向管理者的时候,特别要提醒自己,不要让情绪和直观感受影响了自己的判断,更不要被他人强加的道德判断所绑架。我们在职场上的所有言行有三层标准。最底层是基于人性,所有违背人性的最后都会出问题,例如曾经的"毫不利己,专门利人"的口号会被"我为人人,人人为我"所替代。往上一层是基于社会和市场的现实,我们在职场要解决的是具体问题,衡量一件事情的标准不是某些人的观感怎么样,而是它是不是有利于社会的进步、社会效率的提高。例如电子游戏产业和娱乐行业,在很多人的观感里是一无是处的,应该完全取缔,如果这是你所从事的行业或者你在相关的行业,你需要有更客观和冷静的分析,看到它在释放压力、娱乐竞技、推动就业以及对某些科技和文化的正向推动作用等方面的进步意义和社会价值。最浅表的一层是企业的规则、行业和市场的规范,以及法律,在这一层里既有法规所照顾不到的社会道德问题,也有肤浅道德感对法规的侵蚀,例如某个对帮扶老人案件的判例,某个故意隐瞒怀孕然后一入职就休产假的员工对劳动法的恶意利用,等等。

在这三层标准之下,要成为一个优秀的职业经理人,最应该向范仲淹学习的一点就是:公心。苏辙说**"范文正公笃于忠亮"**,忠是说尽职尽守、以天下人为念,亮是说思辨通达、务实有法,自身笃于忠亮,就不会计较蒙昧大众暂时的不理解和不善的风评；而与之相反的，则是将自身利益放在组织和团队利益之前，不明至理，一味因循，甚至迎合求荣。愿意效仿忠亮的人，但行好事，自有前程，无视喧嚣杂音，相信时间会证明一切；而后者则难免伪善、摇摆、自欺或欺人，职场的路我想也难以走远。

27

管理变革的三项基本原则
——"原以为"和"本应该"的王安石变法

北宋朝还有一位名相是王安石。宋朝的其他名相们，在历史上要么是誉满天下，例如范仲淹、吕蒙正，要么是谤满天下，例如蔡京，唯独对王安石的身后评价截然相反，评价高的说他的变法实现了富国强兵，堪称一代人杰，而评价低的则说他的变法天怒人怨，北宋朝的社会经济毁于此一旦。在他的一生中，我们所耳熟能详的那些宋代名人们，例如一代大儒欧阳修、编写皇皇巨著《资治通鉴》的司马光，还有文采诗词书法俱佳的大才子苏东坡，这些人统统坚定地站在王安石的对立面。

那么究竟孰是孰非？对王安石的变法该作何评价？而作为现代的职业经理人又能从中得到什么启示呢？

在讲变法以前，我们先来看看当时的社会状况。北宋朝是中国历史上少有的一个开明而不专制的朝代，从学术思想到民间经济都自由而蓬勃。晚唐以后黄河水患严重，农业经济重心逐渐向东南一带转移，传统农业技术趋于发达和成熟，这被称为绿色革命；全国性的基层化的商业网络建设被称为商业革命，海外贸易和国内贸易都在逐渐兴盛，衣食住行、吹拉弹唱等各种服务业长足发展；还有出现纸质货币的所谓货币革命，城市封闭里坊变为开放街巷的所谓城市革命，以印刷术、指南针、火药和医疗医药为代表的所谓科技革命……中国经济的发展到宋朝是达到了一个高峰的，GDP 占比一度达到世界的 22%～23%，虽然在随后的明清时代这个比重还有增长，但是宋朝的 GDP 构成中工商业所占比重很多时候超过了农业,这件事在历史上是极为罕见的。

然而民富不是全民富,城市乡村的生活水准差异是非常大的,更关键的是民富还不等于强国。宋朝的国家机器组织结构并没有跟上经济的发展。在政务方面,大批平民官员通过科举走上政坛,注意力更多的是往下而不是中央政府的汲取能力,而且随着官僚机构不断扩张,冗员和浪费日渐严重。在军事方面,宋朝一贯的传统就是重文轻武,"黄袍加身"的宋太祖一开始就对武人十分警惕,其后"杯酒释兵权",重文抑武就此成为祖制,而造成的结果就是对外作战孱弱无力,失地丢人。从版图上来讲,宋朝的疆域是历代统一王朝里最为逼仄狭小的。

在这样的局势之中,走出了决心变法的王安石。

王安石出身普通官宦人家,自小聪颖异常,随父亲宦游各地,立下大志。他的科举出道是在庆历二年(1042年),要不是一句话惹得宋仁宗不那么高兴,差一点就拿了状元。那一年,澶渊之盟已经签立了三十多载,北方的失地似乎已成定局,而且又逢西夏节节进逼、宋军丢兵丧土的危机。因此,王安石是决心要做一番大事业的,把朝廷风范恢复到宏伟的汉唐,为此必须要对现状有所改变,富国强兵是他坚定不移的目标。"天变不足畏""祖宗不足法""人言不足恤",这三句话虽然事实上并不是他所说的,但后人往往将其记在他的名下,因为这几句话与王安石的思想和精神毅力非常一致。天灾有什么好怕的?祖宗成法就一定要一成不变吗?旁人的评论就一定要理会吗?从好的方面说,这体现了一位改革家一往无前、不惧压力的气质;然而细究起来,这里面是不是也有点缺少敬畏心、执拗而听不得意见的意思?而这正是后来变法出现各种问题的根源。

王安石一力推动变法,宋仁宗那会儿并没有听进去,直到宋神宗赵顼登基,一个十八岁的少年励志洗刷国耻、光复华夏,正好就对王安石所描绘的变法后的宏伟蓝图大为赞赏,于是成为坚定的支持者。神宗去世之后,当时太子赵煦还不满十岁,临朝听政的祖母高氏一度推翻了新法,但赵煦十七岁亲政后,就又重行新法。由此看起来,似乎十七八岁充满热情和野望的少年皇帝都特别喜欢王安石这一套。

然而，大多数大臣站在他的对立面。在许多历史教材中，将他们这些反对者一律定义为守旧势力、既得利益集团，其实并不全然。这些大臣中，有的是从根本上反对他的想法，也有的只是对他的具体举措觉得有问题并提出了意见，许多人并不是从自身利益角度出发才反对。不过在王安石看来，意见不一致的都是敌人，都要不遗余力进行打压。在支持他的皇帝手里，这些人统统被打成了奸臣乱党。直到宋徽宗赵佶时期还拉过一张清算的单子，将曾经反对新法的人列为奸党，史称"元祐党人"，其中包括文彦博、司马光、苏轼、苏辙、黄庭坚、程颐等一大串耳熟能详的人物，还有苏轼的学生、李清照的父亲李格非，因此还造成了李清照和赵明诚的分居流离，这是闲话，有点扯开了。总之这份名单牵涉极广，从一开始的120人后来扩大到了309人，名字都刻上石碑，所列到的人朝廷永不录用，其子孙不得留在京师，也不许参加科考。王安石变法所造成的朝堂的割裂，至此达到了顶峰。

那王安石变法到底做了些什么呢？这里将新法的主要内容和最后的实际效果简单做一个介绍。

首先是"青苗法"，内容是在每年2月、5月青黄不接时由政府给农民发放贷款贷粮，每半年收取2分的利息。这个利率在当时来说的确不算太高，目的是限制高利贷对农民的剥削，同时也增加国库的收入。但是在执行过程中，各级官府总要上下其手拿些好处，一顿操作猛如虎，结果农民实际的负担并没减少。更讨厌的一件事是，由于中央推行新法将政绩绩效指标下达到了各级州县，能不能贯彻青苗法成了能不能升官、立场是不是正确的考核指标，于是那些本不用贷款贷粮的农民也被强逼着接受放贷，等于在税费之外又加了一层利息的负担，农民苦不堪言。再加上整个流程并没有标准法定的方式，怎么申请、怎么评估、怎么担保、不能还款时怎么处置，都没有统一的说法，地方官只负责将钱粮全部派下去，秋后再连本带利收回来，民间自然一片混乱，怨声载道。

其次是"市易法"，内容是设置官营的市易务，出钱收购滞销货物，市场短缺时再卖出。其初衷是为了限制大商人对市场的垄断，平抑物价，然而结果是官营企业一旦进入市场，原有市场的活力迅速消失。那些官员都不是会做生意的人,也不懂什么经济原理,但是架不住自己手里有权力啊,还有上头的支持。当衙门想赚钱的时候,自然有一百种方法从商人手里去抢利润。结果官营所到之处,商人纷纷退出,根本就不愿意做那个有益而必要的补充,最终市面一片凋零。

还有"募役法",内容是将原来按户轮流服差役,改为由官府雇人承担,不愿服差役的民户则按贫富等级交纳一定数量的钱,称为免役钱。看起来从原来的摊派变成了政府购买服务,而统一的标准又让操作变得便利透明,应该是件好事情。只不过实际操作时,怎么评定等级、分别交多少钱,这个标准掌握在地方官手中,上下浮动余地很大;而在雇人承担差役时,定价和支付过程仍然有大量的灰色空间,最后羊毛总是出在羊身上,底层的负担越来越重。还有一条,原本有一些人通过承担其他的国家义务(例如官僚、军户)或者处于某种需要照顾的状态(例如孤孀)本来是享有免役权利的,现在也要支付役费,他们对新的举措自然是更加强烈反对的。

再有"方田均税法",内容是下令全国清丈土地,核实土地所有者,并将土地按土质的好坏分为五等,作为征收田赋的依据。这一条是变法所有政策中最快被取消的,首先是在技术上不具备可操作性,因为在水患频繁的状况下耕地常有变迁;其次在操作中虽然清查出了不少隐藏的土地,但是对于开荒开垦却没有足够的鼓励作用,还加剧了土地兼并。后世有评论说,王安石关注节流太多,不考虑开源问题,很大程度上与此相关。

又有"保甲法",内容是将乡村民户加以编制,十家为一保,民户家有两丁以上抽一丁为保丁,农闲时集中,接受军事训练。理论上讲,王安石认为可以起到足兵强兵的作用,有点商鞅在秦国的管理方式那意思,但这样操作有一个前提,那就是要以均田作为基础。保甲法对不同家业和负担的家庭影响是有很大区别的,一家一百亩地的,与一家二十亩地的,两家人都出一个保丁去参加训练,就显失公平。更何况与义务兵相对等的应该是低税率,这件事情也没有做到。所以实际情况是,保甲多次接受训练,还有上司的各种校阅程序,占用了大量生产时间,引起了百姓的广泛怨愤,而另一方面,朝廷又从来未曾将这些人当作正式官兵来使用过，既没有降低税负，又没有奖惩军功，那么所谓的足兵强兵不是整了个寂寞吗？

另外还有均输法、农田水利法、将兵法等措施。整个王安石推行的变法举措从内容和理论上讲都应该能起到很好的效果，宋朝的财政收入和国力在那几年也都得到了一定的提升，然而短期账面数字的好看，是以大量的社会问题和潜在隐患为代价的。这些问题的出现，的确有守旧官员进行各种抵制的原因，但更多的是由于执行层面机械强硬、层层加码所造成。造成这一切的核心问题是：新法看起来很美好，却缺乏足够的实操性和转圜性。而王安石偏偏又是个执拗蛮干的个性，不顾现实，不计得失，因此说变法加速了北宋朝的衰亡也不为过。

坦率地讲，王安石就是个理想主义者，某种程度上甚至与当年的王莽有些像，凭着一腔热血和脑海中的美好画卷就试图改造现实。王安石说，他的目标是"民不加赋而国用饶"，欧阳修就问了：你哪一条政策是鼓励民众发展经济、创业致富的呢？如果蛋糕就这么大，又不加赋税，国家"用饶"的钱难道是凭空变出来的吗？如果国家财富的积累速度超过了社会的经济发展，那么一定是老百姓减少了收入才能做到，这是个非常简单的加减算术，也是很质朴的真理。而理想主义者往往容易相信乌托邦的幻想。

关于王安石的变法，千年以来评价不一，众说纷纭，我写这篇文章也不是要来论说个是非对错，这个课题很大很复杂。但如果我们只是说王安石变法没有完全取得预期的效果，在执行中也带来了大量社会问题，这样的评价即便是非常认同其积极意义的人，应该也无法否定。黄仁宇先生有谈到，王安石的有些举措在他担任鄞县县令时是有过很好效果的，因此如果是小范围的试行，或者在不同的地区试点推行，然后逐步优化调整，再推向全国，或许能有所成功。但他坐在高高的宰相位置上，强行地、不计后果地直接在全国进行一体化推广，那么不出问题才奇怪。

我们在职场，当推行一项重大管理变革的时候，一定不能纸上谈兵，"原以为"和"本应该"都是马后炮。推行管理变革有三大原则：

第一,用改良的思路做改革的事。所有的管理变革都要从两个方向开始往中间靠。一个方向是从现状往更好的理想方向走,那就要基于现行的管理态势和举措进行优化调整和改变;另一个方向是从理想往现实来倒推,但要记住理想很丰满,而现实很骨感,因此需要小步快跑,不断试错,而且不是所有理想都能马上实现。凡是那种带着一张全新宏伟蓝图来做改革的,尤其是那张蓝图上还详细标注着严苛的时间、流程和具体标准尺寸,然后把当前的所有举措一下子都推翻,这样的做法99%会以失败告终,并且会付出惨痛的代价。

第二,坚持最核心的诉求,坚守最底线的代价。任何新的变革都是为了解决一个重大的实际问题,这个目标是不能动摇的,而这个目标还不能是机械的、表面的,它一定是要对应着一个本质诉求。例如,企业要实行减员增效,那么裁多少人就不是目标本身,增效才是本质。如果变革的具体举措是一定要减少多少员工人数、降低多少管理费用,并且把它当成硬性绩效指标,变革就跑偏了。在许多变革的执行层面,往往会出现舍本逐末的做法,以表面指标作为工作要求。

另外,所有的变革也一定有相应的副作用、弊端或者代价,如果什么负面因素也没有,那这就是一次非常容易实现的帕累托改进(指一种没有侵害到任何人的利益,却通过调整能提高整体效能的改进),早就有人去干了。之所以问题会存在,就是因为解决没那么容易。那么,我们对于能够承担多少代价的底线,以及相应的应对之道,一定要有非常清醒的认知和坚守。好比说对肿瘤病人进行放疗,总不能彻底破坏掉他的肝脏、肾脏功能,否则咔咔上去强剂量大范围地一顿杀伤,肿瘤没了,人也没了,那就成了悲剧。解决问题付出的代价一旦超过了问题本身,那这个变革方案一定是不可取的。

第三,所有变革成败的核心要素都是人。说的是一套,做起来又是一套;上有政策,下有对策;好端端的经到最后都被念歪了……这样的事例数不胜数。一项管理变革能否成功,归根到底,是要帮所有牵扯到的人都算一笔账。你究竟从这个变革中是得利了,还是受损了。如果是眼前受损、长期得利,那么这个道理一定要跟人讲通,别人才会心悦诚服地执行;如果有人板上钉钉就是受损了,未来也不会有得利,那么受损的人有多少?占多大比例?又分别处在组织的哪些位置?会有怎么样的反应以及后果?对其中哪些人可以给予补偿,而又对哪些人必须强力压制……所有这些都是要考虑的因素。一项管理变革能够顺利推行的关键,核心环节上的人一定要有充分的认同以及执行的能力,还要让相对优势比例的人能够从中最终获利。如果作为管理者,盲目迷信自己的管理权威,要求令行禁止,一味采取高压和强硬措施,那么变革成功的概率会很小,即便一时产生了效果也会面临后续极大的反弹。

王安石是一位正人,即便是反对他的那些人,对他个人操守以及变法的初衷也是持基本赞许的态度的。司马光说:"**人言安石奸邪,则毁之太过;但不晓事,又执拗耳。**"什么是不晓事?就是对执行层面缺乏实务经验。什么又是执拗?就是听不得不同意见,任用亲信,堵塞言路,强制推行。这个教训,尤其对那些一心想做一番大事业、有大作为的人,值得再三回味与警醒。

28

"吾心独无主乎？"

——异族王朝中的股肱汉臣许衡

中国历史上有句话叫：崖山之后无中华。崖山，在今天的广东新会，就是南宋王朝最后一任皇帝被大臣陆秀夫背着跳海的地方。崖山海战之后，二十万军民或战死、或蹈海自尽，自此蒙古大元彻底完成了改朝换代。那么，为什么说之后"无中华"呢？因为这是历史上第一次外民族统治者在地域上全面征服数千年汉族中原政权。现在蒙古族和满族都是中华民族的一部分，我们还可以说是中国一脉，但在当时背景下就被认定为是亡国灭种。

其实中华文明是否有所断绝？判断文明的延续有一个很重要的标志，就是文明的主要传承载体有没有发生根本的变化和毁损。这个载体包括文字、文化意识、社会组织形态和普遍道德规范。如果全中国被取缔了汉语和中文，彻底推翻了中原汉民族以儒家为主、结合道家佛家的文化意识，践行了游牧民族的社会管理方式，那么才可以说是中华文明的断灭。事实上，这样的状况并未发生。这与忽必烈的执政意识转变有关，而这种意识转变又离不开一些汉人对他的影响，其中很重要的一个人就是许衡。

忽必烈南下进入中原地区后，开始改变了单纯掠夺的策略，也逐渐不再屠城。虽然存在对不同民族等级的区别对待，但是主要针对的是统治管理阶层，对大范围社会运行的影响并不绝对和彻底。而且，以华夏文化为底子的、熟练掌握传统官僚组织机构运行方式的汉族官员还是逐渐成为元朝统治机器中的主流，尽管只是以副职和基层官员为主，可毕竟处理着大量的实际事务。忽必烈这样"行汉法"的主张，由于与蒙古传统是相违背的，因此一度还与其他几个蒙古汗国进入了敌对状态，也就是说，我们所说的元朝严格意义上讲都不全然算是若干蒙古汗国中的一员。

也正因为这样做，忽必烈与他的叔伯兄弟那些短命的游牧汗国相比，其统治时间也长了许多。从1279年的崖山，到1351年白莲教起事，其间有72年元朝相对平稳的统治时间。之后朱元璋击败各路起义军和元朝势力，最终攻克元大都（现北京）也用了足足17年的时间。相比秦朝暴政15年而亡，元朝的国祚算是相当可以了，之后与元类似的清王朝更是延续了276年。究其根本，还是要看其统治核心与中原传统的华夏文明之间能在多大程度上找到平衡。元朝为这种平衡是做出了一定努力的，尽管还不够。这种努力来自忽必烈的善听，也来自一些有识之士的善言，例如许衡。

许衡生于1209年的河南新郑，他的原居住地是金朝统治的区域，随着蒙古与金朝之间的开战，全家是为了躲避战祸迁居到这里的。可能也正因为他从未在宋朝统治版图中生活，于是后人对他的诟病稍微少一些，但仍然一直有人凭借"夷夏之防"的说法指责他。许衡虽然身处金元地区，但从小学习汉文化，而且素有志向。别人读书都是为了参加科举做官，而幼年许衡就直说，读书岂能仅仅如此呢。这让老师都对他刮目相看。之后，他与姚枢、窦默一起研习汉学，这两位是最早跟随从南宋被俘到北方的大儒赵复学习的，也是忽必烈行汉法的重要影响者。

许衡二十九岁通过应试"占籍为儒"成为一名官方认可的教育工作者。此时，金朝已经覆亡四年有余，蒙元统治着北方并且不断向南宋发起进攻。以许衡的智商和眼界，当然看得出不可逆转的趋势，那么作为贯彻汉家理学的儒生，应该做怎样的人生选择呢？

当时在北方并称两大儒的，还有一个人叫刘因，也是饱学之士，但是一直拒绝元朝廷的征召。元人陶宗仪的笔记《南村辍耕录》中记载了二人的轶事："许衡之应召也，道过真定，因谓公曰：'公一聘而起，无乃速乎？'衡曰：'不如此则道不行。'即先生不受集贤之命，或问之，乃曰：'不如此则道不尊。'"意思是，许衡应召出仕的时候路过真定，刘因就对他说，许衡啊，朝廷一叫你做官你就去了，你不觉得有点太快了吗？许衡说，不去做那些具体的事情，不尝试在朝廷事务中贯彻所学，我们心目中的道就得不到实行。而刘因则认为，与那些蛮夷民族共事，所谓道的正统与尊荣就得不到体现。

截然不同的两种选择，听起来都有道理，从传统观念来看，似乎刘因还更正气凛然一些。但是，我们如果细究其本质，刘因的出发点更多在于自身的名节和所秉持的理念，而许衡更多注重的是实务、是民生、是社会价值，一个重自己，一个重社会、重他人，所以从我的角度看其实反而会给许衡更多的尊重。

忽必烈受封之后，四十五岁的许衡被聘为京兆提学，那意思就是现在的北大校长吧。许衡慨然上任，各路学子仰慕他的才学与见识，纷纷前来报名求学。五十一岁时他再度被征召到京师，因为权臣王文统对他的猜忌，奏请将许衡封为太子太保，挂了一个虚职。此时蒙古大军南下中原已成必然之势，而且仍然未脱草原民族的习气，烧杀抢掠，只有破坏，没有建设，许多蒙古贵族还秉持着拆毁城市、推倒耕田、将中原变成草原放牧的想法。因此，许衡只要一逮到机会就不断向忽必烈上书，提出必须推行汉化和各种长治久安的策略，否则很难实行统治，深层次来讲，他也是要避免中原的一场浩劫。一度忽必烈对他是相当不满的，认为就会说些虚头巴脑的大道理，只不过时间长了，潜移默化之中不知不觉也接受了不少理念。

六十岁时，因病休养的许衡再次被召回朝廷负责起草礼仪制度，与当时的蒙古勋贵阿合马起了冲突，许衡坚持汉化的制度，丝毫不让。两年后，忽必烈又任命许衡为集贤大学士兼国子祭酒，亲自挑选蒙古子弟交于许衡教育。许衡知道这群人都出身蒙古勋贵族群和高官门第，将来必定是朝廷的核心力量，为了让他们能施行仁政，他并不计较大家的民族不同，还将自己的若干汉族学生引为伴读。当忽必烈再次看到这些子弟时，一个个循规蹈矩、知书识礼，办事有章有法，终于开始对许衡大为赞赏。

后人总结了许衡一生的三大功绩。第一项，因时因势，提出了少数民族统治者入主中原必行"汉法"的规律，影响忽必烈最终实行了以"汉法"为核心的立国纲领，深刻地影响了元初占领中原后的政治走向，对民生相对安定起到了重要作用。第二项是开了元朝国学之先河，奠定了元朝国学的教育制度，培养了一批以儒家思想武装头脑的高级治理人才。第三项是领导并参与了《授时历》的完成，我们只知道郭守敬是著名天文学家，而其实这个成就是他俩共同完成的，只不过许衡在颁行历法之前一年辞职了而已。这三大功绩，抛开统治者的身份属性不谈的话，无不是利国利民的。

我们现代人所处的职场，并没有异族王朝统治这样激烈的场景，但也有各种不如愿的情况。有时公司会被并购，而新入主的管理者所推行的企业文化和管理理念让我们感到完全不认可；有时我们所处的外资企业，因为国与国之间的争端或者民族情绪的冲突，身在其中的职场人会受到莫名的诟病；有时我们所从事的行业会被一部分人甚至相当比例的群体戴上有色眼镜看待，例如游戏、保险、教培等产业……很多人会选择回避和离开，耳根清净，形象光洁，其实这并不是一件必然的事情，而且有很多人是根据自己的职业规划、自己已经取得的职业发展，甚至简单为生计所迫而做出的选择，根本就不应该被这样左右影响。

职场人所应秉持的核心，是职业的社会价值和自身的职业素养。社会价值并不是由一部分人所定义的，例如尽管有一些父母恨不得要取缔游戏行业，但电子游戏仍然是一件对社会有正面意义的事情，我们需要加强去做的是管理，是对用户人群的区分对待，而不是彻底否认其社会价值。即便有些企业出于利益的考量放弃了自己的社会责任感，但作为身处其中的职业经理人，努力去践行或参与一些真正有益的事，无论是对自己的职业还是对社会，甚至是对这家企业的未来都还是有价值的。这就是职业素养，就是职业精神。

职业素养包括三个方面。一是职业道德，从自身的人生观和价值观而来，认同个人价值和社会价值的统一，遵循职业的规范。举个极端点的例子，假设身处在当年的敌占沦陷区，大多数普通人既无法脱身离开，也不一定加入地下抵抗组织的时候，那么不做戕害同胞的事、被迫履行职务时懂得枪口抬高一寸，这就是正义和道德，能为民众多求一份安全和生计，这就是职业精神。二是职业技能和专业知识，你的能力决定了你在职场能做多大的事，这也是职场立身之本。三是职业行为习惯，这些习惯有的来自自小的家庭教养，有的来自职场的培训和修炼，例如守时守信，例如计划与跟踪，例如商务沟通中的换位思考和同理心。

我们讲职商，就是自身职业素养的提升。一个职场人的职业素养是基于自身的，与环境无关。孔子讲"有道则见，无道则隐"，环境好你就积极做事，环境不好就躲起来独善其身，这也是刘因的做法，没有什么不对；但我更赞赏许衡。无论怎样的环境，我们其实都有尽量保全自身安全的前提下，秉持自己的职业素养，尽力做些什么的可能，这是更大的担当。

改革开放早期，有那么一些港台商人，他们并不算是港台那边真正的成功人士，而是利用当时内地对港台地区相对盲目的迷信而来捞一票，无论是他们的商业行为还是其私下的个人生活方式，都让内地广大群众非常看不惯。我认识一些朋友，当时就在这样的港资台资企业里工作，也受了些老百姓的风言风语，例如说他们腐化、是买办等。其中有些人的确是被同化了的，奉行赚快钱，一味地靠关系、靠包装吹嘘做生意，随着市场的不断完善和更多内地优质企业的不断崛起，这些人逐渐地被职场所淘汰。还有一些是秉持职业素养的，他们用自己的知识和技能在帮助公司不断走上专业化的道路，他们的为人处世风格一定程度上也在影响着自己的老板，后来有些企业也竟真的慢慢走上了正轨，这些职业经理人中也有一些人后来开创了自己的事业。

我还有个从事 HR 工作的朋友，她所在的公司被人收购了，新老板一来就启动了人员精简的计划，也就是俗称的裁员啦。作为 HR 总监，她的专业性和职场人脉可以让她很轻松地找到一份新工作，但是她从公司的角度来看，其实对企业需要进行组织结构调整和人员优化这件事，她是认可的，甚至认为这是自己职业生涯的一次挑战和宝贵的经历。而且，她也担心新老板会采用一些不当的手法来侵害员工的利益。因此，她花了将近两个月，每天要和七八个人恳切地深入交谈，也尽最大可能保障了离职人员的应有权益，最后尽心尽责地顺利完成了这一项优化调整计划。等到一切结束后，她笑着跟新老板说："现在该轮到我了吧?"我们都知道,每一家公司的财务和 HR 部门的负责人肯定都是老板的心腹,而她并不想屈居人下,所以也做好了离职的准备。没想到新老板笑嘻嘻地给了她一份新的合同,原职位不动还加薪了 20%。她很惊讶,新老板就告诉她,经过这两个多月的观察,自己完全认可了她的职业素养,尤其是为人。然而直到现在,那个圈子里依然说她什么的都有,有正面的评价,认为她专业能力过关,感谢她帮自己介绍新的工作,也有很多负面的评价,最狠的是讲她用老同事当垫脚石赢取了自己的地位。与她聊起来时,她很轻松地跟我说:"只要做事,怎么会没人说呢?岂能尽如人意,但求无愧于心。"

许衡最有名的一个故事,说他小时候和一群人一起赶路,路边的梨树结了果,有些就掉在了路上。他的伙伴们纷纷捡来吃,而许衡一个也不拿。伙伴们说:"世乱,此无主",咱们最多不上树去摘也就是了。许衡说:"**梨无主,吾心独无主乎?**"我的言行由我内心决定,而我的内心是有主人的,那就是我自己。无论外界风云变幻,我的内心始终坚守。

我觉得这就应该是我们的职场态度,也是人生态度。

29

韬晦曲线和识人用人

——我心目中的明朝首席名相徐阶

明朝是个比较昏暗僵化的时代,但有意思的是,也是一个宰相内阁权力极大的时代,甚至对皇权都有很大的制约。明朝有一堆特别出名的宰相首辅,例如大才子解缙、杨廷和、高拱、李东阳,特别有名的是万历年的张居正,被誉为"一人为大明王朝续命五十年",还有个特别有名的奸臣严嵩,被写入各种戏文,是反派人物的代表。于是就不得不说到另一位名相:徐阶。大奸臣严嵩是被他斗倒的,而大名鼎鼎的张居正则是被他一手发掘起来的。

这一篇就来说说徐阶的故事。

徐阶仕途的起步是非常顺风顺水的,二十岁探花出身,跻身翰林。这时他和内阁大学士张孚敬起了冲突。为了什么呢?当时嘉靖帝听从了张孚敬的建议,想降低孔子的祭祀规格,其他人敢怒不敢言,唯有年轻气盛的徐阶坚决反对,结果被贬官到福建延平去当推官,相当于三、四线地级市的检察长。这件事对徐阶的触动还是很大的,等到丁忧服阕回到官场,他的做事风格就发生了改变。一是观察局势,谋定后动,不轻易发表观点与人冲突;二是体察下级,推荐德才兼备的人,相当于也是在组织自己的阵营,扩张势力。在重新得到嘉靖帝的赏识之后,历任国子祭酒、礼部和吏部的右侍郎直到尚书,也就是正部级,离进入内阁一步之遥。

那进入内阁的阻碍在哪里呢?就是当时掌权的奸相严嵩。

徐阶一开始不肯依附严嵩,严嵩就不断地讲他坏话,搞得处境一度非常危险。于是徐阶开始转换策略，减少了与严嵩的争执，一点点缓和两者关系。严嵩的儿子严世蕃对他霸道无理，说起来两个人之间其实还差着一个辈分呢，徐阶对这种以下犯上也忍气吞声。韬光养晦的结果是，自己既获得了嘉靖帝的认可，也消弭了严嵩的敌视，加了少保头衔和文渊阁大学士，终于进入了内阁。这一步非常关键，标志着徐阶终于有了与严嵩同台较量的机会，而不再是之前一味被居高临下压制的处境。

但是要扳倒奸相严嵩，也绝对不是一蹴而就的事情。第一步，徐阶没有选择正面硬刚，而是曲线迂回作战。他并没有去向嘉靖帝直接举报批判严嵩的不是，他采用的策略可以说绝了，他用心观察嘉靖帝对严嵩有什么不满的地方，而自己就在那件事上说点做点与严嵩不一样的。于是，既让皇帝感觉到自己与严嵩不是一路的，但又不是直接对抗，只是在人家减分的时候自己加一点分，一点点拉平差距。

其实，严嵩一贯的态度是嘉靖帝无论说什么，哪怕荒谬也会坚决执行，从不惹皇帝不高兴。只是在执掌朝政二十多年以后，难免会有所膨胀，得意忘形。有一次吏部尚书位置空缺，他就推举了自己的亲戚，皇帝一再追问之下才支支吾吾承认了亲戚关系，惹得龙颜不悦。又有一次永寿宫失火，嘉靖帝想造座新的宫殿，严嵩也没有领会到这个意思。而徐阶呢，一边在吏部推行用人唯贤，严厉打击各种走后门行为；另一边还建议，咱们可以用损毁宫室的剩余材料去建造新宫殿嘛，住得宽敞又不会被人说。要不说没有对比就没有伤害呢，此消彼长之下，嘉靖帝的心目中徐阶和严嵩的权重对比就在发生着微妙的变化。最后，徐阶被加封了少师，而严嵩逐渐被冷落。

第二步，徐阶安排御史邹应龙弹劾严嵩。有人说这是徐阶拿人当枪使，但平心而论，其实是一种智慧。直接撸袖子对着干，胜负未明，一旦失手则很可能会失去嘉靖帝的信任；而让下属御史出面，进则可以添柴加火，退则还有转圜的余地。邹应龙不负徐阶重望，三次冒死弹劾，终于皇帝下令逮捕严世蕃，并勒令严嵩退休。一代奸相下台，徐阶取而代之。

而此时徐阶又做了一个所有人都没有想到的举动。他没有痛打落水狗，反而亲自到严嵩家去慰问,还说一定会替严世蕃多说好话。回家后,他的儿子迷惑不解,说对这种奸臣你犯得着吗,更何况严世蕃还曾经那么无理粗暴地对待你。徐阶正色训斥道:没有严家哪有我的今天,岂能恩将仇报?严嵩打听到这个消息也十分感动。然而,这依然是徐阶政治智慧的体现,他知道嘉靖帝对严嵩多年的信任应该余情未了,再加上严嵩还有许多爪牙试图翻案,此时如果自己一味地穷追不舍,反而会引起皇帝的猜疑和不满,带来反复变化。后来果不其然,嘉靖帝又想重新起用严嵩,徐阶就在一旁劝止:您看我跟严嵩没有什么私怨吧,我这不还去看望他来着吗,也没有揪着不放、赶尽杀绝是吧,我只是秉公而言罢了,严嵩要是复出,那确实对朝政、对您都不好。嘉靖帝在徐阶恳切的劝说下就放弃了这个念头。时间长了,感情淡了,严嵩也就被彻底放弃了。

这时候,徐阶才开始大力革除严嵩弊政,彻底扭转了朝政的颓势。这一系列从韬光养晦、拉拢关系、曲线迂回一直到巩固战果的操作,体现了徐阶高超的智慧和隐忍的心志。

有好多人讲职场充满了各种斗争,也常有人对自己的直接领导表示出各种不满。我对职场冲突一直秉持的态度就是:要阳谋,不要阴谋。所谓阳谋,就是充分地理解企业的战略和高层的诉求,顺势而贴切地完成自己的工作,同时采用恰当的策略和方式让自己的努力和结果被高层看到。至于那些比自己级别略高的同事或者说直接领导,没有必胜把握的硬刚并不可取,哪怕你对他们的能力或者有些言行非常不认可,直接提意见,公开地怼他,各种抗拒不配合,所带来的结果基本上不会太好。

而在其他方式中,最差的一种就是试图用阴谋去解决问题,很多时候本来明明正确的事情,一旦披上了阴谋的外衣就会变味,不仅很可能引起旁观者的误解,还会引发同样带有阴谋性质的反击。稍好一点的方式是有理有据地正面较量,但是由于双方地位、话语权以及人脉资源等差异,单纯的理据也未必能获得合理的结果。最好的方式是给予基本的顺从,但是保留好自己的想法以及各种数据和事实记录,静静地等待合适的机会。只要对方的所作所为的确不合理,那么早晚会出问题,那时就是机会。至于咱们要不要去主动创造机会?说实话,不是不行,但那需要很高的职场素养和沟通技巧,而且存在一定风险,所以我个人并不建议一般职场人尝试。

回过来,咱们再说说徐阶的识人和用人。在职场上我们个人的发展,或者在有些面临较量的场合,我们所拥有的上级信任度、周围接受度和下属认可度都是非常重要的砝码,得道多助不仅要求我们自己有正确的意见和理念,还取决于我们能不能找到正确的人来帮助自己。

就拿扳倒严嵩的那把刀子邹应龙来说。邹应龙是徐阶的门生,为人刚正不阿,几次三番都对徐阶的隐忍态度表示了不满,而徐阶却一直是不置可否,一副好好先生的样子。直到有一天,邹应龙怒气冲冲地质问道:"难道严嵩父子杀害杨继盛和沈炼(两位与严嵩做斗争的清正名臣)的事情,你就无所谓了吗?"此时徐阶经过了长期的观察,确认了邹应龙的品性以及能力,他才刷地换了一副脸色,用带着杀机的目光瞪着邹应龙一字一顿地说:"我一刻不曾忘记。"这下邹应龙才彻底明白了一切,也成为徐阶与严嵩斗争的最勇猛的开路先锋。

徐阶还推心置腹地请名士严讷出任吏部尚书,来整顿已经非常颓败的吏治。严讷到岗后公开约法三章:谈公事必须到衙门,不得入私宅;提拔中层的郎中和主事采用"务抑奔竞",就是竞聘上岗,杜绝开后门走路子;选拔人才不拘一格,州县小官只要表现优异都破格提拔。这些举措其实是动了一些人"蛋糕"的,全靠着徐阶的全力支持,才能真正执行到位。严讷在退休后对人说:"**铨臣与辅臣必同心乃有济。吾掌铨二年,迁华亭当国,事无阻。且所任选郎贤,举无失人。**"铨臣,就是选拔任用官员的负责人,也就是吏部尚书,说的是他自己;辅臣,就是内阁首辅。严讷说这两位必须同心并且相互帮助才行。华亭就是徐阶,因为徐阶是松江华亭人,"华亭当国"就是说全靠徐阶执掌国政,自己所做的事才全无阻碍。能识人,能用人,而用人最重要的是要给予足够的授权和支持,并且为其担责。这件事徐阶做到了。

徐阶还将袁炜、高拱、张居正等有能力的干部引入内阁。在他自己担任首辅期间，非但不独揽大权，还邀请次辅袁炜一起办公，共同批复公文。嘉靖帝说："你是首辅啊，你一个人签批就可以了嘛。"徐阶还解释道："众人的意见更加公正，独断专行难免弊端丛生，您看严嵩当权，打击异己，难道不就是这样搞出来的祸乱吗？"遇上这么一个不揽权的首辅，皇帝自然更加信任。而被徐阶引荐的那些人更是将他视为知己，知遇之恩必然要有所报答。

所以说，我们在职场的识人和用人，是可以多跟徐阶学一学的。看人不看表象，要看人品；不看一时，要看一贯。而一旦用人，就要充分地信任和授权，同时对他所碰到的问题或者不足之处，要及时地给予支持和解决。这样做，我们在职场才能找到忠诚同心的下属，也才能不断地提高这些下属的工作能力，成为自己最强大的助力。随着我们自己职业的发展，下属也得到了他们的发展，我们自己的职场权威也就树立得越来越牢固，在企业甚至行业里的影响力也会越来越大。这是我们最大也是最重要的职场资源。

我曾经在企业带过的大多数下属，我会很用心地对他们做两件事：第一件，通过讲述我自己的职场经验和为他们分析企业和行业的现状，帮助他们建立正确的职场三观和认知，能与我一样认同"职场人与企业之间相互利用、相互成就""职业素养是职场人最大的财富"以及长期主义等理念；第二件，随时关心他们工作中遇到的困难和问题，并给予指导和引导。这二十多年来，我带过的直接下属和密切交流合作过的同事有过百吧，其中大多数在职场有着较好的发展，他们也与我一直保持着良好、随时互助的关系，有些还在不同场合反复表达着对我曾经给到他们帮助的感谢。当然也有一些我是摒弃和远离的，例如永远把个人利益放在团队利益之上的人，永远有好处就占、有困难就躲的人，对这种人品有问题的人我更加鄙视，也绝对不会给到职场上的机会。

最后给徐阶的故事打个补丁。人无完人，徐阶的某些行为也是落人口实的。好比说他曾经把自己的孙女许配给严嵩的孙子，用现代人的眼光来看绝对非常不齿，怎么能拿家人当政治斗争的工具呢，那么只能说看历史还是要用当时的视角和观念去理解。再好比说，徐阶的敛财圈地也被人诟病，他在苏州松江家乡地区拥有田产数十万亩，在百度上还有个话题叫"徐阶和严嵩哪个更贪"。我在本书选择徐阶作为其中的一篇故事，只是提请大家关注他的斗争智慧和识人用人，虽然他改变了严嵩昏政暴政的局面，并且让朝政恢复了一定的清明，但我仍无意非要将他树作绝对正面的标杆，也请见多识广和见解非凡的读者多多理解。

30

市场是唯一的试金石

——《了凡四训》

古人追求所谓的不朽，说"太上立德，其次立功，再次立言"。什么意思呢？唐朝孔颖达在解说《春秋左传》的时候讲，"**立德，谓创制垂法，博施济众**"，立德就是要创立一种制度、一种思想，能够让后世的人继承、学习和效法，对社会有大作用，这是最高的境界；"**立功，谓拯厄除难，功济于时**"，立功就是在当下解决危机和苦难，有功于当时的时代和人民，居于其次的地位；再次是立言，"**立言，谓言得其要，理足可传**"，立言要能理明白纲领、说清楚道理，通过写书或者口授传递给后人。古代文人往往未必有机会做官立功，也很少有人能成为圣贤而立德，因此立言就成了文人最低的人生理想。

中国自古以来著作无数，哲学方面有孔孟、老庄和诸子百家，文学方面有《文论》《诗品》《文心雕龙》，史学方面有二十四史和《资治通鉴》，在实用科学方面也有《本草纲目》《齐民要术》《天工开物》等，而这些著作的作者名字也是耳熟能详的，都是中国历史上的大学问家，他们都因"立言"而不朽。

然而，有一位作者却并不那么有名，也就只写了一本小册子，却有可能是中国历史上传播范围最广的书。刀尔登在他的散文中这样描述，晚清民国以前，无论是海边渔埠、荒山孤村还是塞外的黄沙小镇，"在帝国最偏僻的村庄，如果村里只有两本书，那么一定有一本《了凡四训》（另一本是历书）"。它的作者叫袁黄，明朝人，中年时给自己取了个号叫"了凡"。

先说作者。这个袁黄是明朝嘉靖年间的人，年轻时小有才名，不过这点才气也只是在一县的范围内,平时帮着县领导做点谋划工作,也帮着教育提点一下县里的可造之才,充其量不过是一个地方热心公益事业的乡绅罢了。后来多次参加科考都在不同层级上止了步,其中最接近成功的一次是在万历五年、他四十四岁时,因为策论写得让主考不开心而在最后一关落第。在不断参加考试的旅途中,他去拜会和结交了各地名刹的高僧,可能是因为内心多少有点苦闷想不开吧,去找高僧给开导点化一下。于是在佛学熏陶下逐渐调整了自己的人生观,认命立命、积善改运。说起来还真的是有点意思,结果在四十八岁生了儿子,五十三岁中了进士,虽然只是会试三甲第 193 名,不过好歹是"卅年寒窗路,白头始做官"。

不过进入仕途以后,袁黄的官场生涯仍然是乏善可陈,先干了个宝坻知县,后来进京干了个兵部职方主事,给领导写过一些建议书,有的起了点作用,有的也没什么反响,不温不火。六十岁时他跟着都督李如松去平壤打仗,李如松是明朝历史上一个很有名的悍将,这一仗在中国历史上还是颇有点影响的,明军在那一次打败了日本军队,并将其赶出了朝鲜半岛。但是在此过程中,袁黄却很不受如日中天的李都督待见,被安上了若干罪名,一下子给免了官,扔回故里去养老了。袁黄的晚年一直在嘉善居住,没干啥特别的事,平日就是修修县志、写写家训。七十四岁时去世,这个寿元不算高寿,也不算早逝。

就是这么一个平凡的人,生前自己也不会想到,他的那本家训竟然流传全国,几乎到了家喻户晓的地步。

接着,我们就来说这本《了凡四训》。这本小书篇幅极短,全部读完也用不了两个小时,分为四个篇章:立命之学、改过之法、积善之方、谦德之效。

立命之学,讲的是袁黄自己的故事。他小时候见过一个飘飘欲仙的算命先生,算定了他的一生,说他县考府考分别第几名、哪一年才能得中,五十三岁早夭,命中无子等等。后来袁黄在云谷寺拜会云谷禅师,禅师发现他非常有定力,很惊讶地问他:"汝坐三日,不见起一妄念,何也?"袁黄就把算命先生的故事说了一番,说之前种种无不应验,既然人生已然定数,哪里还要多想?云谷禅师就说他也"只是凡夫"罢了,并说"命由我作,福自己求",虽然"凡人有数",但"求在我者",这才是人生的意义。"从前种种,譬如昨日死;从后种种,譬如今日生","务要积德,务要包荒,务要和爱,务要惜精神"。袁黄自此改号为"了凡",一改之前认命的态度,惕厉向上,警醒向善,结果人生运势和仕途都果然与算命先生之前说的发生了改变,有了儿子,也比预告多活了19年。由此他告知诸人:你的命,不知又应该是怎样的?如果日日常作正想,知非改过,那么"命不于常",并不是上天就能决定你的一切。

改过之法,讲的是趋福避祸的根本。袁黄说,第一**"要发耻心"**,明白什么事情是不义与禽兽所为;第二**"要发畏心"**,对天地鬼神、今生来世、因缘报应要有敬畏;第三**"须发勇心"**,舒适让人沉沦,改过犹如剔除背上的芒刺、斩断毒蛇咬过的手指,没有勇气是做不到的。然后记述了改过的几种路子,**"有从事上改者,有从理上改者,有从心上改者"**,分条理娓娓道来,语重心长。

积善之方,开篇就引用《易经》所说**"积善之家,必有余庆"**。这一篇主要是讲故事,这些事迹来自各地各行,总之都是各种善行,随后也都得了好报。救了人,自己生了儿子;乱世救活民众,子孙状元探花;施舍穷人粉团,子孙累世簪缨;等等。最后总结说:善恶不是看具体的行为,而是看结果是否有益于人,并且还必须是出自本心,如果是故意而为那就是沽名钓誉,算不得善。关于善恶的是非、阴阳、端曲、难易、大小,一一做了解说,并列举了为善的十项事,例如爱惜物命、敬重尊长、救人危急、成人之美等,总之,人人皆可照做,而且不难做到。

谦德之效,讲他多年科考与仕途所认识的和所听闻的若干人物事迹,凡是志存高远而自谦的人都能取得好的成就。一如篇首引用的易经谦卦:**"天道亏盈而益谦,地道变盈而流谦,鬼神害盈而福谦,人道恶盈而好谦。"**天道会让自满的人受损而让自谦的人获益,社会也会改变自满自得而去传播谦德,神鬼祖先会让自得者倒霉而给有谦德的人添福,民众也会讨厌那些自以为了不起的人、喜欢谦卑虚心的人。这就是给每个读书人或者有点能耐的人最好的警示。

读完整本册子,我大约知道了为什么《了凡四训》会成为流传最广的民间德育教材。

第一,中国自古流传的文史哲,学说的方向都是向上的,朝着君王去讲的。

孔子所说的圣贤、老子所说的圣人，都是他们心目中理想的君主，《资治通鉴》的意思就是有"资"助于"治"理国家的贯"通"完整的借"鉴"参考书，是写给帝王看的。所以，历史和哲学的目的不是教普通人如何思考问题，而是引导帝王、至少也是将相级别的去如何治理天下。所有文豪、史家和思想家，他们交流的圈子也跑不出"士"的层次，凡夫俗子都属于"不可语者"。那么问题来了，凡夫俗子要不要得到道德和精神的关照？当然要，这就依赖于乡县一级的公学和私塾、村镇的文化代表或者当地宗族的首脑。然而学说向下传播的意愿始终是不充分的，只有那些向上求功名求官位没有成功的、不得已的人，才会留在乡野传播学理。更关键的问题是，他们缺乏工具和素材，那些经书典籍是无法一下子让没有文化基础的人看明白的。而袁黄的这本册子，则是把儒释道的深刻义理，选取其中那些普通凡人、贩夫走卒都能做到的内容，并且用最浅显通俗的表达方式讲了出来，自然深受基层文化传播者的欢迎。用现代话来讲，就是赢得了渠道。

第二，袁黄讲了很多道理，却并不深究其背后的哲学，而只是往前去讲应用，告诉大家你们如果这样做能得到什么好处。受制于教育程度，民间百姓是很难接受深奥的原理的，但如果告诉他做起来很简单，却能得很大福报，每个人都会欣然接受。就如佛学自东汉进入中国，几百年一直很小众，只有少数文化人在研究，直到禅宗六世本不识字的慧能大师，讲自在顿悟，讲日常皆是修行，皈依我佛完全不难，哪怕放下屠刀都能立地成佛，顿时铺天盖地的民众都纷纷觉得这是个好东西，而其实呢，依然没有多少人真正去明了佛学的道理。用现代管理学的理论，思考问题要从"WHY"走向"HOW"和"WHAT"，这就是非常有名的黄金圈法则，从本质到原理、到行为。但是在市场营销学领域，重要性的排序恰恰是相反的，追求让用户"所见即所得"，抢占用户观感和心智，至于有多少用户会去思考或者认识到背后的原理根本不重要。

袁黄把"功过格"这个东西作为自我管理的工具推给了大众，每天做了好事就记上几分，有了不当行为或者做了坏事就不同程度地抵扣，最后看看还剩多少分，积分多少就意味着你将有怎样的福报。这样的产品就非常简单易懂，而且易于操作,好像上香就能如愿、抄经可以赎罪,配合上家训里的文字,这就完成了基层大众的道德普及课。

第三,他还做对了一件事情,有句话叫"道理依然留不住,唯有故事得人心",讲了再多道理、讲得再浅显,都不如讲自己的、讲身边真实的故事来得有感染力。对普通人来说,理解抽象的概念、用知识和头脑来进行演绎是一件不太容易的事情,很多时候听起来觉得仿佛有所收获,但是转眼就会忘却,因为这个道理你并没有真正明白。而故事能带来的心理冲击则是直观的,无所谓是否真正理解了道理,你只要记得当时的那点感受,然后不对的事就别干,要干就照着故事里的那些正面人物去做,就能功德圆满。在大范围的人群中间传播的时候,讲故事比讲道理的效率要高出太多。

由于实现了这几项要素,《了凡四训》就彻底赢得了基层文化的"市场"。

而市场,是唯一的试金石。

中国文化几千年的传承,固然依靠着士的精神和官方的卫道,但是它能扎根的土壤却是在南北数千里山河中的一座座村庄,由那些稍微读过一些书的乡绅、宗族长辈以及一些一辈子都没机会出头的破落秀才们负责教化和传播。他们的能力不足以去充分地解说《论语》或《道德经》那样的著作,因此《三字经》《百家姓》《千字文》就成了识字讲道理的基础教材,而《了凡四训》就是最好的面向成人的进阶版道德训导材料。由此,山村乡野里的百姓懂得了最基本的安身立命、积善积德、谦虚改过的道理与做法,虽然不完备、不准确,甚至直到今天还有很多学者对这本册子提出极大的抨击意见,但是平心而论,它对民间言行的影响还是具有极大的正面意义的。我们不能用今人的眼光来评价古人,也不能用专业人士和文化人的标准来判断历史上农业社会的基层单位。

在当今的职场,我们同样需要记住这一点。

我们在职场做事,会遇到许多评价的标准。比方说,根据专家前辈的意见来进行评判,这当然有很高的参考价值,但它不一定准确,当前辈变得故步自封、逐渐与现实情况脱离的时候就不准确,当专家代表了某个利益群体的时候就不客观。再比方说,领导和老板的看法对自己的重要性是非常实际的,决定了对我们是赞赏还是否定、是升职加薪还是惩罚靠边，但这种评价只来自那一刻的时机和他们单一的视角，随着时间的推移和更大范围效果的显现，领导和老板的看法也是会转变的。

我们需要关注来自外部和他人的评价，但也不能过于关注。当你眼里只有短期利益的时候，你就会变得特别在意那些意见，因为它们决定了你当下的收益。而懂得长期主义的人就不会太在意一时一地的评价，因为真正决定我们一件事情做得怎样的标准只有客观结果、只有市场反馈，而这些需要时间；真正决定我们未来是否得以成长的标准只有我们内在的提升，而能让我们提升的是实践，不是他人的评价，至少不完全是。

尤其是在创新领域，一项新产品或者新服务的推出，过程中有无数的问题会发生，如果沿用套用既有的方法很可能不会奏效，而新的做法则成效未卜，即便最终被证明是正确的那些，也会历经各种质疑和反对。我建议所有的职场人都不要做那个听命行事、执行力超强的人，那样你最多只是一件称手的工具，而孔子说过"君子不器"，意思是说君子是不会仅仅成为工具的，除了考虑做事的手段和方法，也会独立思考方向和目的。你要做的是尽可能地在权限内、在可控的风险范围内，去尝试你的逻辑和判断，错了就迭代，对了就进一步优化，这样才能积累起你的职业能力和高度。

现在我们拿百度百科去搜"袁黄"，标注俨然是"明代思想家"，要是单纯从学术角度讲，说他是思想家多少还是有点不够格的，能拿到这个称号更多是因为他的"思想产品"的传播力和影响力，即便这个产品在中国学术和哲学史上多少有些异类。这个身后的名声，他自己应该也是没有想到的。但是，既然我们知道了袁黄这个人和《了凡四训》这本书，应该要去悟一悟，从中有哪些可以有资于我们成就自己的门道。

31

专业的人做专业的事

——于成龙和靳辅的恩怨曲直

清朝康熙年间有两位同名同姓的于成龙,都官至一品总督。

早一点出生的那个被称为老于成龙,从广西小县官做起,禁海令期间在福建沿海救活无数生民,最后在两江总督任上去世,去世时家无长物,人颂"天下第一廉吏"。

不过咱们这篇说到的是晚一点出生的那个,也就是小于成龙,字振甲,为了以示区别,后人常用于振甲来称呼他。此人同样是一个清官能吏,从乐亭县到通州府,凡是他主政的地方,爱民勤政,治灾、办学、兴修水利,当地的百姓都对他极为爱戴。而且他不畏权势,甚至顶撞过一直宽容提拔自己的康熙皇帝。历史记载,康熙皇帝的龙舟经过通州时,因为桥面较低无法通过,就命令拆桥。于成龙抗旨不从,说您老这就是过一下子的事,可是拆桥容易建桥难啊,咱们还是要以民生为重。最后康熙还是听从了他的意见。

于成龙的整个仕途,曾两次担任过河道总督。这是个什么官呢?河道总督的责任是全面统筹管理黄河、淮河与大运河的修缮,确保不淤堵、不溃败,让南方的粮食和资源可以通过漕运顺利地运达北方,还要避免水患让北方的良田受损、民众流离。

纵观整个中国古代历史,统治者最担心的,天灾排在人祸的前面。小冰河期气温下降,就让北方游牧民族大举南侵;遇到旱灾荒年,饥民就很容易暴动;而水灾更是会让几十万几百万的人流离失所,是政权安稳的极大隐患。很多次大型暴乱的起因虽然是腐败的统治，但是最后点着的那个炮捻儿都是天灾。以黄河为主的北方水系，虽然是中华文明的发源地，但在数千年后随着水土流失竟成了中国的心腹大患。一开始黄河的出口在河北境内，东周时期改道到山东，之后在苏鲁冀之间来回数次摇摆，而每一次改道都是一次生灵涂炭。南宋时期的杜充想挖开黄河水淹金兵，结果金兵没有淹到，此后数百年黄河直接拿淮河当了出海口。在下游地区，黄河水位经常高过地面，犹如一柄悬在空中的可怕利剑，不知道什么时候就会落下来为祸人间。

到了康熙年间，河道管理成了一个大问题。泥沙淤塞下游，筑堤防不胜防，康熙十五年，高家堰大堤崩溃，黄河贯入洪泽湖，淮河冲进了运河，而运河大堤的决口导致帝国的南北动脉中断，中原大地哀鸿遍野，统治的核心地区遭受重创。河道管理的难度还不全在于技术能力有限，更大的问题在于吏治。自古以来，用于河道管理的银子都被层层盘剥，各种挪用，最终能够真正用于工程的，有两三成已经是烧高香了。这是制度的固有弊端，防无可防，唯有勉力维持而已。

对这两个问题，康熙心里都是明白的。怎么解决？要说确保清正廉洁，康熙曾说过他只相信三个人绝对是清官，一个是汤斌，另外就是两个于成龙。可要说治理河道的技术专业问题，康熙更相信的是靳辅和陈潢。靳辅研究和继承了明代潘季驯的治水思想，其幕僚陈潢更是被人称为足迹遍布名川的治水奇才。那么如何选择呢？高家堰溃坝之际，能解决实际问题当然更重要。于是康熙任命了靳辅出任河道总督。

靳辅的主要治水思路，是沿袭了潘季驯的"束水冲沙法"，主张对整个北方水系进行整体的规划和治理，目标是各归旧道，方法是在上游收紧河道，用更加激湍的水流将泥沙冲往下游，同时修建各种分流蓄洪口，而下游的淤沙也可逐渐治理成良田。他将整个方案报告给康熙，向康熙讨要了三年的时间和很大一笔预算，同时再三申明这是一个系统工程，一定要下定决心坚持到底，不可半途动摇。康熙说：你放心去干，我支持你。

然而，靳辅的思路受到了许多官僚的反对，而他们反对的动机各不相同。

有一种动机是派系斗争，有人想借着靳辅的事去打击在他背后给予支持的相国明珠。另有一种动机是利益相争，因为一旦改变了治水思路就是改变了预算分配，这就动了很多人的蛋糕，而且靳辅一个人掌控那么多钱难免让人眼红，于是就有人举报他贪腐。关于靳辅在政治上的表现以及是否有贪墨行为，我没有做过深入调查研究，不便下结论；各位读者也不要简单地相信电视剧或小说就是正史。

而第三种反对的动机是对其技术思路的不认可，于成龙就是其中的一员。于成龙年轻时担任乐亭县令，治理过滦河，效果曾经相当显著。他的思路是顺势而为，水到哪里就加固治理到哪里，尤其要注重出海口的疏浚，下游畅通了自然就没有水患。于成龙的关注点在下游，而靳辅的关注点在中游，这是专业意见上的根本对立。直到现在仍有很多历史和水利的业余爱好者各执一词，分别为他俩辩护，甚至有些人说他俩都不对，只有关注上游的植树造林和防控水土流失才是根本。我只能说，我也不专业，但是本着多年以来在投资和企业管理方面的些许经验，我认为用系统性的方法去解决一个长期性的问题，应该比持续被动地应对和解决现象问题更值得信任一些。

这些反对的意见在康熙十九年第一次出现，因为即使按照靳辅的方法开始治理，在当年仍然出现了一些溃决。靳辅辩说，哪有顺风顺水一蹴而就的，我们大方向是对的，这次的溃决只是枝干问题。康熙犹豫了一下，选择了继续相信他。

康熙二十四年，他安排于成龙以安徽按察使的身份去参与河道事务，其实隐隐然已经体现出了些许对靳辅独断的不信任，这可以理解为一种牵制。而于成龙终于有了一个明确的专业职务身份来与靳辅进行辩论，接着在河道治理的实务中就出现了两种声音。于是那些具体执行的各级官僚纷纷开始了站队，有的按照靳辅的路子继续干，有的听于成龙的，紧跟皇帝风向变化的苗头，而结果自然是哪条路都没走好，两相牵扯，徒劳无功。

康熙二十七年，相国明珠失势，靳辅也失去了后援。在关于治水方针的一场御前争执中，于成龙成了打击靳辅的主力军，靳辅虽然也予以了还击，但显然力有不逮。结果是靳辅被革职,然后疏浚出海口的于成龙版方案终于得到了全面实施。好在康熙二十二年,靳辅已经基本完成了黄河、淮河复归旧道的工作,并且在宿迁、桃源、清河三县境内开凿了一条中河,稳定了水系尤其是运河的漕运安全。在靳辅被迫下岗的时候,黄河其实已经出现了变清的状况,而中河的功效也得到了漕运和当地地方官的认可。康熙看着这些隐隐然体现了靳辅功绩的据实奏折,不知作何感想。

故事说到这里就可以告一段落了。黄河的治理从没有一战功成而能让人高枕无忧的,直到现在。靳辅被革职以后并未完全丧失康熙的信任,曾经一度起复管理河道,晚年也一直作为治水的国家级顾问给出各种意见,去世时追赠太子少保、工部尚书。而于成龙的晚年也一直奋斗在治水战线上,康熙三十七年,他治理了浑河,得到御笔命名为"永定河",之后在黄淮一带不断地抱病指挥整修设施、开凿疏浚,最后在工作岗位上去世,同样令人敬佩。不过必须提的一件事是,于成龙整修的设施正是在靳辅失势的时候那些半途而废或被荒弃失修的工程,开凿疏浚的新河中河其实也在靳辅没来得及完成的体系计划之中。于大人怎么不坚持己见了?我猜最大的可能还是因为康熙最后认可了靳辅的思路,毕竟是"老板"的指令,这话从康熙嘴里说出来,而靳辅本人又已经退出了政治舞台,所以于成龙就觉得容易接受多了吧。

而我们作为当代职场人要思考的问题是:如果你是靳辅,你是专业技术出身的干部,你认为自己掌握了正确的做法,但是遇到像于成龙这样正直廉洁却固执己见、想法不正确却也没有任何私心的同事,该怎么办?遇到犹豫不决、经常改变想法的康熙这样的老板怎么办?专业干部怎么才能在职场中为自己赢得专业做事的环境?

其实有两种方法都是可以考虑的。

第一种是做一个纯粹的技术干部。自己就是一个解决具体问题的专才,上级分派工作,自己承担完成。如果上级不交代具体解决方法,就按照自己的专业思路来自行处理;如果上级交代了方法,基本与自己的想法一致,或者只要没有根本性的出入,就照上级的安排来做;而如果完全不一致,或者觉得这个上级简直是什么都不懂,还瞎指挥,那么适时地提出自己的意见,上级接受就最好,如果固执己见,看来自己就要另谋出路了,此处不留爷,自有留爷处,有本事傍身哪里担心没饭吃呢。

这条路径不是不可以,其实也是大多数技术人才的选择。只是有时候会觉得有点可惜,不是所有人都有很好的沟通技巧和情商,尤其是对理性脑来说。如果因此而放弃了既往打好的基础、失去了未来发展的机会,从长期职业道路来看,他们的损失很大。而且,孔子说"君子不器",就是说人不应成为工具,我们不仅要学会思考方式,更要学会思考目的。

那么第二种方法,就是成为一个管理型的技术干部。你与组织、与上级之间不是简单的发布指令与接受执行的关系,而是能从共同的视角和不同的思路来看待同一个问题。你需要学会三件事:第一,必须了解战略,了解政治;第二,必须了解组织,了解流程;第三,必须懂得沟通,懂得变通。

专业技术干部埋头做事,不抬头看看天,难免会沦为工具人。要了解企业战略、了解政治,需要有一点宏观的视野和经济思维的格局。我们并不需要对市场有很深的研判,也不需要对企业有深度的认知,但是对自己所遇到的技术问题究竟是在一个什么样的环境中出现,以及解决它的目的和使命,应该有所认识。靳辅临危受命之时,吴三桂的叛乱尚未平息,军事行动是首要问题、生死问题,在此时的任何决策都不太会受到过多的讨论和质疑,速度和效率是第一位的。但是,当康熙十七年叛乱被解决,国家就重新回到建设的轨道,而如何建设就是见仁见智的事情。再随着国事逐渐康宁,经济民生恢复,吏治就成了康熙眼中涉及国本的大事。这就是环境对技术问题的影响。马斯克要求下属所有干部要理解第一性原理,也就是要学会思考问题的本质,这样的话技术干部就不能停留在技术层面,因为单纯从科技的角度,每往本质走一小步都极其艰难,所以只有从应用的角度去思考,这个技术究竟要解决的是什么?我们面临的究竟是什么状况?最好是能学会自己观察和思考,再不济也要学会向上级或其他管理干部去请教。

了解组织、了解流程,是为了技术思路更完备,也得到更多操作层面的支持。一个再好的技术解决方案,也是很有可能得不到最终实施的,财务不支持、人力配置不允许、时间进度不允许、后勤供应跟不上,都可以让方案被否决。组织有分工,流程有对不同部门的不同要求和彼此的制约,这些都是管理型技术干部应当知悉的。靳辅身处的帝国官僚组织是个庞大复杂的体系,他学会了一些皮毛,迎来送往、攀附关系并不是组织生存的本质,理解最高决策者对组织的掌控方式,理解不同权属部门对权力和利益的把持,才是根本。如果能把自己放在康熙的驾驭操控路线之中,对牵扯部门有所拉拢,或许面对于成龙就未必是孤军奋战的局面,而落实到具体执行的层面也能有多几分的可行性。

而懂得沟通,懂得变通,是对当代职业经理人的要求。在靳辅的年代,与上级的沟通是卑微而僵硬的,与同僚的沟通也充斥着权谋和金钱,而所谓的变通,很有可能因为被迫站队的原因而变成首鼠两端的墙头草。但是在当今时代,尤其在企业,沟通是管理中的必修课,而准备好 Plan B 甚至 Plan C 也是必然的要求。

在我看过数以千计的企业中,专业技术干部能在企业中如鱼得水的,除了少数具备绝对技术优势和话语权的例子,大多数是因为具备管理型素质才成为高管。而停留在部门负责人、参与不到企业核心管理的专业技术干部,才是数不胜数。自己的职业发展受限,对于企业的发展也是不利的;最高管理决策缺少了技术因素的加持或加持不够,在科学性和全面性上也是不足的。

最后再从于成龙的角度说一点,如果咱们不是技术专业人士的话,那么无论自己多么清正廉洁、多么热爱事业,又多么具备管理素质,一定要把专业的事情交给专业的人,不要用自己业余的理解来挑战专业的素养,至少要用足够包容和谦虚的心态来听取和看待专业意见。刚愎自用的结果,老板将用真金实银来买单,而职业经理人搭上的可能就是自己的业绩履历和职业口碑了。

32

犯错后的正确姿势

——身败名裂的好人熊赐履

清,是中国最后一个帝国王朝。

从努尔哈赤1588年统一诸部女真、1616年建立后金政权算起,经皇太极、多尔衮摄政、顺治,1644年入关、迁都北京,直到康熙1681年平定吴三桂、1683年收复台湾、1689年挫败沙俄签订《尼布楚条约》,实现大统王朝,历时约一百年,我称之为清朝的创业时代。

从康熙的后半生,经雍正和乾隆,清朝逐渐达到了鼎盛状态,人口达到3亿左右,国民生产总值按照不同学者的估算认为占到世界的22%到32%不等。但是,从人均GDP的角度则远远低于世界水平,这是帝制和农业社会的必然结果,也是人们为什么说"康乾盛世"是"虚假的繁荣"的原因。那么,清朝的这个鼎盛时代应该算到什么时间点呢?我个人比较接受"1792年英国马格尔尼使团访问中国"这个答案。从那之后,西方开始看清了中国这个东方巨人的羸弱内在,埋下了进行强势外交直至不断开启侵略战争的种子。甚至可以说,传统意义上认为中国近代史的开端是1840年的鸦片战争,或许改以1792年作为转折点才更符合历史和社会的意义。因此说,清朝的鼎盛时代大约也是持续了一百年。

从那以后,虽然嘉庆朝的各项统计结果都创了新高,但是帝国走下坡路依然无可阻挡,直到1912年末代皇帝溥仪退位,这一百多年我称之为清朝的衰亡时代。其间虽然有短期的中兴,但是前有太平天国的战祸,后有连绵不断的外敌,国势日渐凋敝是必然的结果,直到溥仪被从故宫赶了出来,象征帝皇最高权力的庞然宫殿成了历史的遗迹。在经历了北洋时代、抗日战争和解放战争之后,新中国成立,古老的中华文明才焕发出了新的神采。

在清朝近三百年时间里,创业时代名臣不多,因为在戡乱治平的进程中,王朝更多依赖的是满人,其中有对汉人不信任和当时满人尚能励精图治的多重因素,即便有能干的汉臣,在历史上也大多数受到了投降卖身的诟病,例如范文程。而在衰亡时代,名臣们也实在带着几分悲壮,狂澜不可挽,倾厦不可扶,曾国藩、李鸿章、张之洞、左宗棠、林则徐,不可为而为之,很多作为也被后世多有抨击,直到近年才开始中肯地评价他们。

唯有在鼎盛时期,有不少名臣留于史册,张廷玉、鄂尔泰、姚启圣、陈廷敬、年羹尧、纪晓岚、傅恒、大小于成龙、刘墉……每一个都有一长串的故事,也都为王朝的兴盛做出了卓越的贡献。今天我们要说的,是康熙年的大学士熊赐履。

熊赐履生于明末崇祯年间,顺治十五年中进士进入翰林院。康熙六年,熊赐履做了一件对历史有深远影响的事。他系统整理和阐述了理学的思想和体系,完成了《学统》这部煌煌五十六卷的思想史著作,然后向康熙上了《万言疏》,批评了清朝当时的管理举措。他认为皇帝、太子应该带头加强儒家思想的学习,程朱理学才是朝廷能够施行教化、实现长治久安的根本。原本康熙就觉得满人那一套做法缺乏理论基础,不足以治国,看到这封上书,康熙顿时深以为然,对熊赐履青眼有加,从国史院学士、掌院学士最后到武英殿大学士,正式进入最高管理层。而我们现在所看到的康熙那一笔堪称书法大家的字、策论般的文书,雍正用漂亮的小楷书写的百万字的批折以及他孤高的审美风格,还有乾隆一生几万首虽然质量很差的诗,尤其是清代比之前历代汉族王朝更加汉化的治理手段、比儒家理学更严苛的社会管理规范,可以说之后两三百年的社会演化方向与当年熊赐履那一封奏章有直接的关联。

不过仅仅过了一年,就出了一件小事,却是影响熊赐履一生甚至身后名声的大事。

有一天，熊赐履代拟批旨，不小心把一封奏折给批错了。说起来这真的是一件小事，人非圣贤孰能无过呢，以当时他的圣眷，最多被皇帝责骂几句，充其量罚个俸也就是了，不至于有什么大碍。可是熊大人第二天特意起了一个大早，溜进内阁，支开旁人，把那个草签给嚼巴嚼巴吞了。然后为了把事做圆，熊赐履找了一个背锅侠，那就是另一位大学士杜立德。为什么找他呢？因为此人一向有点迷迷糊糊，很多事都记不清。所以熊赐履一见杜立德就说，您昨儿个有个东西批错了，我给您改了。在他脑补的剧本里，杜立德应该懵懵地回一句"啊，是这样啊，我也记不清了，谢了您呐"，却没想到单单就这一天杜立德偏偏清醒得很，坚决说我没碰过这个文件。到此，这事已经有点呛上了，围观者也开始多了起来，惊动了其他学士以及当时相当于内阁首席的索额图。

这时还是有悬崖勒马的机会的，熊赐履如果低声下气给杜立德赔个不是，其他几人与他也没什么过节，不至于把事情闹大。但是熊赐履头脑发热，自觉得死无对证的事情，抵死不认，有本事调监控啊？有监控吗？结果一旁有个满人说他昨晚家里有事，今天很早就来打卡了，在角落里补觉的时候看见熊大人偷摸进来，翻了所有本子还嚼了一个条子。这下子收不了场了，索额图也必须报告到康熙御前，结果熊赐履落职回家。

这事还不算完，原本熊赐履门生故交甚多，关于这件事外头也有各种说法，还有觉得他是被冤枉的，或者是得罪了皇上，被找了个由头修理。只是，他得罪的某个人不愿意放过他，就是当时的另一位理学家李光地。李光地也称自己通易经，熊赐履则说他毫无是处；李光地说自己懂观星术，熊赐履则说他一个星座也不认识。一来二去，梁子就算结下了。熊赐履免职回家，李光地就细细地将此事原委打探得清清楚楚，开心无比地四处传播，直到天下士子无人不知、无人不晓。

到这儿，熊赐履的名声彻底毁了。一般人犯这样的错无伤大雅，但熊赐履身为弘扬理学的扛旗之人，岂能自己打脸？天天讲学习圣贤，怎么自己做出这样的事情？言必称谨守朱子，宣讲人心与道心只在咫尺之间，唯有时时省察内心、谨言慎行，才能去尽人欲、纯全天理，但你自己的道心呢？你内心有察、言行有检吗？熊赐履的人格标签一旦被撕破，不要说皇帝面前，就算在学林也是难以容身了。虽然说多年后他也曾经被重新起用过，但在后人看来，那一年嚼签案之后熊赐履的职业生涯已经画上了句号。用死敌李光地刻薄的话讲：熊赐履要是早点挂掉的话，就是个完人了。

在历史上，这是一个非常经典的用错误来应对所犯错误的案例。由此也引发我们对当今职场的思考：如果我们在工作中犯了错误，正确的处理方式应该是怎样的呢？首先我们要看出发点，假如原本就有些旁门左道或者投机取巧的念头，那么出问题的结果就不能说是错误，那就是因果使然。除了尽力弥补、承担责任、吸取教训以外，我这里也没有什么好建议可以给你。

如果出发点没有问题，而是由于能力有限引起的方案有误，或是由于经验不足而对情况预估有失、应对失当，又或者就是由于忽视细节或者执行粗心大意而造成了损失，那么如何应对自己的错误，在职场其实可以分三个层面来讲。

第一个层面，包括员工和主管级，我称之为基层。基层人员对待错误的正确处理方式只有两句话：坦率承认，认真反思。理由有三：第一，企业基层每个人的职责范畴都极为清晰，要想掩盖错误或者诿过他人并不容易，而且非常容易穿帮，得不偿失。第二，他们的领导都有从基层起来的经验，对很多错误完全能够理解，领导嘴上可能严厉地批评事件本身，然而他们更在意的是你的态度、认识以及未来的改变，如果你的注意力仅仅集中在这一次的事件上，纠结于处分和得失，在领导的眼里对你的格局和潜力就大大扣分了。第三，基层人员犯了错误，往往后果是由领导承担的，至少擦屁股的事肯定会麻烦到别人，否则这件事你自己就处理掉了。从交易的原则讲，你因为犯错所欠的账，要用以后的表现来还，因此需要主动去承接一些新的、更为辛苦的事情，那么你越是坦率直接，达成新的交易就越顺利，而这是最终解决眼下错误的唯一方式。

我的学生中有些在企业担任主管，手下也有若干人，他们会问我：承认和反思错误会不会丢失掉管理威信？我对他们说，主管级还不算管理层，在下属眼里你本来就只是稍微厉害一点的同事而已，既不掌握他们的薪资分配，又无权对其进行晋升，所有的权力不过是组织分配一下工作、辅导支持他们而已，所以你们是同类人。因此,你的坦率直陈过失,首先不影响他们对你的看法;其次能引导下属正确面对错误,创造透明的交流机制;最后,如果你用请客等方式来表达一下歉意,反而还能拉近你们之间的关系。最怕的是,不过芝麻绿豆的官就有了领导的架子和意识,这对于真正走上管理层才是极大的阻碍。

第二个层面,从部门经理正副职到总监、区域或事业部负责人,我称之为中层。中层干部对待错误的正确处理方式:一切以解决问题为宗旨,根据人际环境决定应对。前半句的意思是,错误本身不重要,错误造成的后果才重要,后果可控则万事有解决,后果严重则完全不必要再讲理由。因此,只要能解决问题,该请领导出面帮助就得放得下脸面去认错、去服软,该请同事或外部伙伴帮衬就第一时间自掏腰包去求人,检讨和复盘都是解决问题之后的事。后半句的意思是,检讨和复盘的方式和范围,得看你的人际关系环境,有可能云淡风轻就过去,也有可能就是过不去,最终由高层决定处理意见。什么情况能过去?领导愿意帮你遮一遮、扛一扛,其他同事愿意帮你分担一点或者说好话,手下有人甚至主动愿意帮你背掉个小锅。这样的人际关系需要在平时去建设和维护,关键时刻就能成为你的支撑。而过不去的原因,除了事情本身比较严重之外,其他就是领导想敲打你、同事想挤对你、下属想看你笑话。那么你需要检讨的不仅是这次的错误,更要检讨自己一贯的为人处世了。

第三个层面,就是副总以上,也就是企业高管,我称之为核心高层。熊赐履大人就算是这个级别了。高层处理错误有三大要点:第一是评估,第二是坦白,第三是摆平。

所谓评估,就是要能准确判断这个错误的后果有多严重,包括虽然错误本身不严重但是会不会被有心人利用,根据严重程度来决定处理方式。企业高层应该已经很少犯低级错误了,有些后果严重的事情可能自己的责任并不严重,有些后果不大的事情却可能引发对自己能力的不信任,问题又很严重。所以这个判断与政策、环境、市场等外部因素以及企业关键点、老板性格和关注点等内部因素都有关联,判断不清就会应对失当。熊大人明显就是高估了错签文本的责任严重程度,而采取了本不必要的过激应对。

所谓坦白呢，不是要对所有人去广而告之自己的错误，但是有一个人你必须不能隐瞒，那就是老板。老板其实是最没有安全感的一个人，既担心下属不尽心办事，又担心下属私心膨胀，甚至吃里爬外。所以作为高管，你要让老板完全信任自己，那需要很长时间的一贯性的表现，而其中保持信息高度对称是最重要的指标。有的错误老板知道了，大事也可以化小，而如果他从别处听说，还看到你试图隐瞒或透过，小事也可以要命。康熙将熊大人免职，绝对不是因为错签，而是你有欺君之嫌啊。

所谓摆平，除了像中层一样解决问题，尽量消除后果以外，还有一个摆平，就是摆平他人对这件事情的认识。从这个角度看，高层犯错后的第一步是安排应对措施，第二步是立即将现状和应对的处置告知老板，第三步是对其他无关的人士可以适度屏蔽一下信息，第四步是在问题得到处理的第一时间迅速形成完整报告递交老板。敲一下黑板啊：这个完整报告的意思，除了前因后果、处理方式和结果之外，还必须有对教训的总结和对未来工作的改进方案。当老板对事情全盘了解并且认同未来改进方案以后，其他人就算想借题发挥也无从下手了。熊大人的遭遇，起心动念有问题就不说了，隐瞒老板在先，摆不平同僚在后，甚至还惹出一个生怕自己能摆得平的敌人李光地，所以他在高层位置的动摇乃至声名扫地就是难以避免的结局了。

总之，在职场犯错并不可怕，一味试图遮掩、搪塞乃至透过于人是最差的做法，一来影响老板和领导对自己的信任，二来影响解决问题的顺利程度，本质上讲就是侵害了组织也就是企业整体的利益。希望所有人都能记得熊赐履的这个故事，当自己犯错的时候懂得正确的姿势。

33

领导遭遇麻烦时怎么办为好？

——登龙十二术之"造劫乘势"

往下这十二篇，讲讲古人所谓的"登龙十二术"。登龙，就是迅速地往上爬，一直爬到真龙天子身边的高位，说白了就是快速升官的方法。在二月河先生的《雍正皇帝》中借邬思道的口说出了这古代官场的不传之秘，具体就是造劫乘势、水漫金山、浪涌堆岸、一笑倾城、危崖弯弓、霸王别姬、饮糟亦醉、隔山拜佛、泪洒临清、打渔杀家、石中挤油、雕弓天狼，总共十二招。我在这之外又加了一招：终南捷径。

这些招法真解说起来，没有一招是拿得上台面的，都是旁门左道、为忠正之士所不齿。但是纵观历史，又有多少刚直忠臣能走上最高层，一路高升的多少都深谙官场各种明规则、潜规则，并且也都不太可能一直保持坦诚和磊落吧，就算是名垂青史的正面人物也不见得都那么光明正大。像前面篇章里提到的魏征、徐阶，还有被称为"一人为大明王朝续命五十年"的张居正，一生阴谋诡计、尔虞我诈那也是数不胜数，以后在本书的第二辑里再来说他。

所以，心怀正直的你我，想堂堂正正在职场走出自己的路，也还是有必要对所谓秘法有所了解。一来害人之心不可有，防人之心却不可无，了解那些不循正道的人会干些什么，也是一种自我防范。二来这些秘法虽不可取，但是其中所反映的人性却是实实在在，我们坚持不走阴谋走阳谋，是否也会找到有助于自己发展的策略呢？

我们先来讲"造劫乘势"。意思是趁着领导遇到麻烦的时候，不动声色地把事情搞大,借机给自己捞好处,最好是能顺势接替领导的位置。要是领导没有遇到麻烦,那就干脆自己给领导去制造点麻烦出来。

清朝乾隆年间,纪晓岚因才华出众一直受到皇帝宠信,虽然只是负责《四库全书》编纂的文臣而不是权臣,但由于一直在皇帝身边伺候,也有着"一言成事一言败事""一言生一言死"的巨大能量,因此一直令众官侧目。某年,不知因何事纪晓岚在言语上冲撞了乾隆,被怒斥一番扔回家反省,看起来圣眷不再的样子。突然间,举报纪晓岚亲家枉法的、故乡家人横行乡里的折子就一下子冒了出来。要说那些千里之外的小小地方官怎能知道纪晓岚失宠,而往上告黑状又换不来自己任何好处,为什么要这么做?显然是朝中有些试图扳倒纪晓岚的人在暗中授意,借着纪晓岚挨骂的势头,再给他添几把火。所幸乾隆还是精明的,看出了其中的猫腻,就将纪晓岚降了几级留任,而早已心惊胆战多时的纪晓岚也算被狠狠敲打过了,也收拾起了恃宠而骄的做派,老老实实地干活,再不多说话了。后人常说,一代才子就这样被"精神阉割",进而对古人的著作也进行了阉割,而乾隆本人也说纪晓岚:"朕以汝文学优长,故使领四库书,实不过以倡优蓄之,尔何妄谈国事。"(见《清代外史》)

这一计的难度在于要做得精细、不动声色,不能被人发现是自己做的手脚,否则未来就没有人再敢用你这种叛上之徒,你干掉了领导也没用。而这一计的要点在于积累,临时要想搞出事情来,巧妇也难为无米之炊,你需要日常积累你领导的错处,观察他的行事习惯和弱点,上报给他一部分信息而隐藏最关键的那些,这些准备工作要足够充分才能在机会到来时用上。而且还得学会隐忍,有多少人在做足准备以后还能耐得住性子等机会呢,就像前文提到过的司马懿那样小心小心再小心,谁要是按捺不住贸然行事往往会遭遇失败。

说起来古代的官场或许正人君子真的很少吧,那就是一个尔虞我诈、你死我活的环境,因此趁着上司或同僚出事,火上浇油、造劫乘势再正常不过,能沉默不出声的就算好人,会仗义执言的更是凤毛麟角。但是,在现代职场却与古代官场完全不同,一来不是生死权力场,二来也不是唯一封闭的环境,城市、企业、行业不同的选择都多得很,没有斗争的必要性。不过,依然会有人去照搬照

套古人的计谋,选择斗走领导、自己升职的捷径。对此,我有三点建议:

第一,力挺领导升职后争取继任,才是更高性价比的做法。首先,这是职场正道,没有风险。其次,领导升职后自己继任,在更高层里就有了一个愿意支持自己的人,总比面对一群不知底细的新领导更安稳。最后,力挺领导在任何人眼里都是一个值得信任和帮助的标签,职场不仅是当前的部门和企业,在更大范围里建立良好的口碑,是职业长期发展的巨大优势。反之,试图干掉领导的行为风险极高,你的信息来源是不足的,你不知道领导的背景、底气,也不知道领导遭遇麻烦的大小和原因,而且你的能力也是有限的,水平不够还自以为是的话,很容易被戳穿把戏。

第二,领导遭遇的麻烦,很多时候也是团队的麻烦,解决它是你职业精神的体现。好比说,当领导被认为管理失当或者搞砸了一个项目,你们整个团队给人留下的印象就是一群乌合之众、残兵败将,在这时只有团结一致渡过难关才是最好的办法,这不仅是在帮助领导,更是在帮助自己。当风雨过去,领导会记住一起扛过事情的你,在旁人眼里,你也是一个值得培养的人。反之,如果你火上浇油,就算你做得再隐蔽,在其他管理层看来虽然不能锁定具体是谁,但是搞事的必然在团队里,即便领导被处分,大概率也会从别处调一个人来,不会冒险提拔一个对人品不确认的人。再极端一点,你早早就去对手方"投诚"站队,成为团队里的内奸分子,那更是孤注一掷、九败一胜的行为,我非但不赞成,更是鄙视。

第三,如果你成为领导,一定要给下属出头和发展的机会。之所以有很多人会考虑造劫乘势这种计谋,很大程度上是自己没有了上升空间,不掀开天花板,自己就不可能发展。因此,当你成为领导的时候,你一定要去考虑下属的职业上升通道,下属才会和你一条心。我年轻时在国企,有一天部门聚餐,我的领导就说:"我最希望你们快点成长起来,能接替我的位置。"当时我们这帮小年轻多少也懂点职场人情世故,纷纷表忠心说自己绝无此心啥的。领导说:"我说的是真的。你们如果一直不能接替我,我又怎么升得上去呢?"这句话对我的职场生涯影响极深,我带过的所有团队,我都不遗余力地帮助和支持那些有潜力的年轻人,他们中现在有的成为投资基金的合伙人,有的是上市公司投资部经理,有的成了外企和独角兽企业的高管,而且都成了很好的朋友。

  登龙术之所以是秘法、小道,就因为它不是正途。它只在特定环境下发生作用,但是因为"幸存者偏差",我们看不到多数情况下它带来的恶果,只看到少数计谋得逞时的成功,因此才误以为它值得效仿。领导遭遇麻烦时,支持和参与解决问题才是职场人应有的态度,我们自己不做那个造劫乘势的人,当然我们也要防范和避免激发出自己下属内心的"恶"。

34

职场中的"舆论"战法

——登龙十二术之"水漫金山"

第二计"水漫金山",典故出处是《白蛇传》,白娘子白素贞为了救许仙,引动大水淹了金山寺的故事。当大水漫过山顶,山就不再是山,到处是一片泽国。引申到古代官场,就是指引发的舆论可以改变关键人对事实的评价,这个关键人很多时候是皇帝,也可能是直接领导,或者是一直支持帮助你的贵人。关键人对你的看法转变,往往会带来致命的后果。而所谓舆论,需要足够多的人讲才能起到水漫金山的效果,一两个人的说法完全无济于事。舆论一旦形成,无论这个说法本身是否合理,哪怕是无稽之谈,也会影响到决策者的判断。就像古话说的,三人成虎,众口铄金。

前文提到过的屈原、李牧、范增,都是栋梁支柱般的人物,其忠诚和能力都是久经考验的,但是到最后依然经不起舆论的冲击。李渊和隋炀帝杨广是表兄弟,他们的母亲是独孤家的亲姐妹,杨广的女儿又嫁给了李渊的儿子李世民,但是距离产生隔阂,加上杨广意图将政治中心东移,而李渊却是关中门阀的代表,利益上的出入远大于亲情牵扯。有心人察觉其中的微妙,就开始制造舆论,而杨广一旦对李渊产生了怀疑就会有所行为,那些各种牵制以及派遣两名官员就地监视的做法,也是促成李渊反隋的诱因之一。古往今来,因为纷纷而起的流言谗言而被诛杀的忠直大臣更是数不胜数。

在古代官场,要成功地利用舆论来搞人、搞事,我总结下来好像还有这么几条注意事项,有很高的技巧性,以及对人性的深度把握。

第一，在民间外围和学术领域里制造舆论，而不是在权力核心地带。为什么？虽然有决定权的是高层，但是高层的人很少，就那么几个，相互之间又非常熟悉，或者本来就有防备之心，那些挑事情的话不容易产生效果，也没法传播。再者说，高层对话本身有一定的规范，不管是讨论问题，还是君臣奏对，都不怎么允许插进八卦或者小道消息，就好像企业总经理办公会不可能去讨论某人的私生活一样，谁提这个话头谁都很没品。为什么说舆论战术搞的都是小道消息或者谣传？因为如果事情本身已经事实确凿，那么根本就用不上舆论战术，直接处置就行了。所以，这些半截的、模糊的甚至完全就是捏造的信息，都要从坊间传闻做起，好比说就在前台、餐厅和开放大间的办公室里安排人传播，时间长了自然就传到了关键人的耳朵里，让他觉得大家都知道了的事估计不会假，同时还把自己这个始作俑者摘了出来。古代除了在坊间做手脚以外，还有在学术上动脑子的，比如一位官员的工作生活都挑不出什么毛病，那么就说他的某句诗是抄的，或者说他某篇文章违背儒家理学、歪门邪说，就像明清时代扛着理学大棒到处打人，作为士子的基础名声如果被毁，就算不丢官，至少能让他在仕途上再无寸进。

第二，传播的都是看起来无关紧要的小事，却能从中看见异常。既然是传闻，如果事情太大，别人也不敢传。你说某某将军要造反，这种事情谁敢到处乱说，躲还来不及。但你要是说某某将军好像把宅子卖了，遣散了家仆，把老婆孩子送回老家去了……单说每一件事，大伙都敢传，但是到了有心人或者更高层眼里，看出来的就是异常的大事了。再比如说，古时候大家都觉得大官去青楼花船再正常不过，然后有人说某天看见了某大人，大伙也觉得小事一桩，花边新闻说说无妨。但偏偏这位大人就是以洁身自好著称的，这件小事搁在别人身上根本无所谓，但是在他这里就是大事，有影响的不是喝花酒，而是表里不一、沽名钓誉。

第三，要让舆论得以形成，必须掌握三大要领，东方的舆论战术与西方那本勒庞的《乌合之众》里所说的意思不谋而合。勒庞说的要领之一是声音要大，要能吸引眼球，咱们的做法就是事往大了说，先说某尚书家有数万亩田地、数万两黄金，等这家伙倒台以后发现其实是几百亩、几百两，但那时也没人会回来追究夸大的责任。要领之二是要斩钉截铁地说、绝对地说。在煽动舆论这件事上不需要辩证法，不需要正反信息的比对，也不需要利弊分析，咱们只要旗帜鲜明地站死一头，就能引起别人的注意。愿意相信并传播的人，根本不需要逻辑和思考。要领之三是要反复重复。第一遍会被怀疑，第二遍就会让人将信将疑，等到第三遍、第四遍，等到在不同的人那里都听到了同样的信息，那就不由得人不信了。皇帝要是在犄角旮旯的小太监和八九品的小芝麻官那里听到了同一件事，怎么可能还不往心里去？他唯一的感觉就是：好家伙，全天下都知道这事，我竟然是最后知觉的。

这几项要领是我看过太多朝堂宫廷的争斗之后总结出来的，不过大家千万不要把这些东西当成兵法去用啊。只有投机取巧和心术不正的人，才总是喜欢那些兵者诡道，真正的兵法大家，讲究的还是堂堂正正之师，不战而屈人之兵。我们之所以在这里提到"水漫金山"的计策，不是让大家去效仿，而是要提防滥用这一招的小人。

在职场上，我们的个人职业口碑是非常重要的，有时候一些非常小的传言，例如把自己手里的工作扔给其他人不闻不问，采购和报销的时候喜欢占小便宜，和异性同事开玩笑没有分寸，在你不以为意、懒得辩驳的时候，或许一个影响很大的隐患就已经埋下了。因此，我们对与自己有关的舆情要保持警惕，第一时间予以澄清，有时如果听到与自己的同事领导有关的不实或者夸大的信息，也要有足够的敏感度，如果你应对得当或许还会是职场上的机会，而要是不闻不问，也有可能被当作传播散布的帮凶。

另一方面，我们需要在职场找到自己的同盟军。很多传闻在刚刚出现的时候，不要与人去分辩，有可能你越是认真解释，反而会越描越黑，就算讲得清楚，也会给人是不是有点小题大做的感觉。而在这时候，由你的同盟军从旁观者的角度来说话，效果是最好的。你的下属来说，我们领导分派工作很有计划性的，也会给很多指点；你的同事跟大家说，别人出差什么费用都报，而你上次自掏腰包请加班的伙伴吃夜宵，连发票都没开；公司里的异性开玩笑说你闷葫芦、一点不解风情……这些才是给水军最有力的打击。群体中如果出现了两种声音，此消彼长，某些舆情就不会蔓延开来。

最后还有一点也值得注意，当舆论危机出现的时候，千万不要慌乱，因为"危"往往与"机"是联系在一起的。就像危机公关，处理得好反而是一次免费的广告，就像曾经海底捞出现的厨房卫生事故，因为处理得当，股价不跌反涨。当职场中遭遇对自己不利的传言，需要冷静地判断影响的范围、背后的推手和动机，以及自己可以用到的资源，然后选择冷处理、用其他业绩说话、用事实直面硬刚澄清、发动同盟军的力量、争取更高层出面支持等不同的方式。职场就是一个江湖，人多嘴杂，各人有各人的视角、立场和利益，被人说是再正常不过的事情，越往高处走，越是免不了。你的得体应对，会让老板看到你具备走上更高管理位置的潜质，这就是化危机为机遇。

35

力气要用在关键点上

——登龙十二术之"浪涌堆岸"

"浪涌堆岸",这一计来自一个自然现象。我们去浙江海宁看钱塘江大潮,刚开始也不过是些小浪而已,并没有任何可怕之处,直到层层叠叠,不知不觉中变得势不可挡,大潮势若奔雷,有时拍到岸边形成十几米高的浪花,将看热闹的人全部淋成落汤鸡。历年观潮的人群中,总有些人在一开始不以为意,站在一些危险的地方而不自知,等到大潮突然袭来才开始惊惶失措,有的人甚至因此而搭上了性命。

应用在古代官场上,有些心思缜密而又有一定洞察力的人,会在一些不起眼的小事上看出把事情搞大的可能。于是他们会故意小题大做,有时候东拉西扯把更多的人拖下水,有时候添油加醋把小事情变成递给别人的刀子,由别人去层层接力,最后难以收拾。那么,为什么非要把事情搞大呢?因为解决小事,功劳也小,把事情搞大之后,就显得自己慧眼如炬,从细节中看出了大阴谋、大事端,功劳自然也大,升官都能连跳几级。

康乾年间,有许多人去一些诗稿、文集中寻找有禁碍的文字,或者故意地曲解,例如大家都知道的"清风不识字,何故乱翻书",从粗心用错字、语焉不详的问题,经过各级官府层层加码,逐渐就把它变成了谋逆的大罪。大案告破之后,许多无辜的文人惨遭杀戮,而那些搞事的人却因为立了"大功"而连连升迁。这就是清朝有名的文字狱,可这也是很多人的升官之道。整个康乾年间也因此几乎每年都有文字狱发生。

把事情搞大的另一个目的,有些人也是为了打击异己,或者拱翻自己的上司。因为对方拥有较大的职权和关系网,直接动手、硬碰硬火拼,自身的风险也极大。于是就从一些小事上开始做文章,牵丝攀藤,加加补补,等对方发现不妥的时候,事情已经扩大到了自己不再能轻易摆平的地步。例如,前面所提到的徐阶扳倒严嵩的战法,就是从一些小事入手,逐渐改变皇帝对严嵩的看法,等小事堆积到已经完全证明了严嵩大节有亏、祸国殃民,效果就此充分达成。如果严嵩不那么自以为是、嚣张跋扈,对那些小事不那么不以为然,愿意花时间和精力去消弭和遮掩,那么徐阶是否能如此顺利取胜还是很不好说的。

这两个目的在现代职场上也是非常常见的。例如说,在企业的办公空间里,今天统计一下复印纸的使用、单面打印被浪费的比例,明天统计一下厕所里的卫生纸和洗手液,后天再去关注一下空调的使用和用电的管理,再加上招待用水、咖啡茶包等事项,虽然每一项都不是什么大事,但如果放到一起,一个几百人的公司每个月可能会有数万元的费用出入。这个事件的处理结果,很可能是这位有心人被委以重任,原来的行政部负责人可能受到处分,于是立下大功和撬动位置的目的都得到了实现。你要是每看到一件小事就立马去改善,很可能不会被任何人看到你的努力。

再比如说,你发现自己的部门有个小金库,由部门负责人掌握,可能有私用的行为,但是大概率这样的小金库都会更多用于内部团建和维护一些外部关系。这件事就算抖搂出来也不算什么大事,其他同样有小金库的部门还会出面帮着遮掩,而处理结果无论是负责人受处分,还是小金库被收缴,把这事捅出来的人一定会成为众矢之的。就算公司高层以规范的方式将小金库的管理纳入了正轨,对于这个人而言也没有得到任何好处。有心机的人,可能会偷偷搜集一些证据,交给另一个条线上更高层的领导,交完投名状自己就告退了。而那个领导如果正好想做些业绩或者立威,就会一边悄悄通知本条线上的人处理干净手脚,一边暗地搜集对手条线上其他部门的小金库情况,伺机而动,以有心算无心,结果你是可以想象的。领导得偿所愿,多半也会对递刀子的人投桃报李。所以有些小事在自己手里只是小刀,效果有限,但是递上去了就可能成为"四十米的长刀"。

领会到这一计中的要义,接下来可以来说说,对我们在职场上采取的正道做法能有些什么启示。

如果我们要对职场上一些根深蒂固的做法进行调整改革,或者希望能在与对手阵营的竞争中胜出,由于固化的惯性和既得的利益,除非你做好了万全的准备,否则贸然地寄希望于毕其功于一役,结果很可能失望。这时你需要学会浪涌堆岸的策略。从小处开始逐渐拓展延伸,把雪球越滚越大,最终变成一个老板和高层不得不重视、不得不解决的问题。有一位接班的二代,想把父辈的制造工厂转型为数字化的、柔性定制的智能工厂,如果他一上来就提出整体改造的方案,父辈和老臣们肯定会有大量反对的意见。所以,他开始接一些数量不大的定制化订单,因为利润率比较高,大家也都同意接了,随后就发现真实利润也没有想象中那么高,除非对生产线做彻底的改造。随着这样的订单逐渐增多,而传统大批量订单的比例在下降,利润率也在下降,所有人的观念就开始有了改变。最后这位二代顺利地取得了一致的支持,从资金投入到管理组织架构克服了重重困难,实现了制造工厂的转型升级。

反过来讲,我们也一定要对自己职业领域所牵涉的所有细节有充分的重视。养成关注细节的习惯,是走向管理岗位必然要过的一关。大事小事都尽可能按照规范规定,或者至少把流程走完,取得应有的授权。当然,在一些突发状况下,或者是所有人都习以为常的灰色地带中,我们应该去做一些灵活变通,要有担当和魄力,只要目的是把工作做好,就去大胆尝试。但一定要记住的是,事后要补全手续,处理干净首尾。一定要有保护自己和防人之心,一定要有谨小慎微、防微杜渐的心态,你眼里的一些小事、无所谓的事,尤其是那些当你春风得意、冉冉上升时不以为意的事,在有心人眼里都是可以用来做文章的素材。

特别给大家一个小提示:有些自己已经犯下的小错误,可以在自己立功受奖或者领导心情大快的时候主动去承认,把事情说开,然后接受一个不大不小的批评或者处罚。相信我,这么做绝对利大于弊。首先,这能表现出你认错的态度很端正。其次，能体现出你对领导很坦诚，要知道在领导看来，坦诚才是一个下属最大的美德。最后也是最重要的一个收获就是，这件小事从此再也不会对你构成任何损害和威胁了，因为已经公开了，也就洗白了，谁也别想再去"浪涌"和"浪堆"。

36

"颜值"的价值

——登龙十二术之"一笑倾城"

"烽火戏诸侯"的故事大家都听说过。话说周幽王宠爱褒姒，为了她点燃烽火台，戏弄闻讯赶来的诸侯部队，以博美人一笑。而当犬戎真的进犯的时候，再也没有人看见烽火而来救援，最后周幽王和太子伯服都被杀，西周就此灭亡。

那为什么很多学者说这个故事是编造出来的呢？因为以当时的交通水平，不同地区远近不一，而且路程从十天半月到几个月不等，诸侯的部队几乎不可能同时赶到，更不可能一夜之间抵达，周幽王和褒姒总不会在山里为了看个热闹就等上那么久吧。而且，根据当代发现的战国竹简记载，是周幽王主动进攻申国，而最后申侯联络犬戎打败了周王。真实的历史更大的可能是，周幽王试图立褒姒为后、伯服为太子，这让原本的王后申后也就是申侯的妹妹和太子宜臼面临被废乃至身死的境地，由此激怒了其背后有着深厚势力背景的申侯，才引出国破身亡的结果。

后世把褒姒过度妖魔化了，咱们的历史都太喜欢把红颜与祸水联系在一起，夏朝的妹喜、商朝的妲己、吴越的西施、大唐的杨贵妃……好像一国的灭亡根源就在于美女。这样简单的理由非常讨无知民众的喜欢，因为大多数人不懂得生产关系与生产力的关联，不懂得政治管理的复杂，也不懂得长期主义和趋势的作用，而把雪崩怪罪于最后那片雪花、把骆驼的死归咎于最后那根稻草是最容易直观理解的。

古代官场上对"一笑倾城"这一计的理解和运用有几种方式：第一种是进献

美女去吹枕边风，或者打探情报，例如越国让西施和郑旦入吴；第二种是让领导沉迷在温柔乡中，从而无心管理，权力旁落，例如明朝刘瑾、谷大用等太监纵容正德皇帝朱厚照沉迷女色甚至娈童；第三种是通过传播某人与美女的关系，营造出某人荒淫无耻的形象，然后将其拉下马，自己取而代之，这一招直到现在还经常有人用，通过花边新闻让人社死，正事上拿不下的人就从生活作风入手。

其实，中国传统文化里对颜值的物化和羞辱几千年来就一直存在，高颜值的女性一直被当作观赏品和男性附属品，同时又始终会用"狐媚""放荡""惑主"之类的词去给她们贴标签。这种观念在今天的社会依然有潜在的影响力，好看的颜值在现代职场是把双刃剑，在获取部分优势的同时，也会遭遇许多诋毁和误解。

我和一位非常美貌也非常能干的女性朋友专门聊过这个话题，我问她，颜值因素对她的职场发展到底有哪些正面的和负面的影响。她说，在刚走入职场的时候颜值是加分的，因为所有同龄人的知识技能都很有限，那么相比之下谁都会喜欢那个更加养眼的，无论是帅哥还是靓妹，所以得到的帮助和机会都会多一些。但是，三五年后就会开始出现负面的影响，例如被当成"花瓶"来使用、被人认为所有的业绩和晋升都与色相有关等，还有经常被有权势但不怀好意的人骚扰。她在说起自己当年的经历时，用到一个词叫"清白焦虑"，为了证明自己、维护声名，连一些非常普通的事情都会极其严苛地要求自己，比方说刻意回避任何晚餐形式的商务应酬、回避单独接触的场合等，但即便如此也并未被所有人认可。多年以后回想起来，在减少风险和传言的同时，自己也失去了不少机会，而在已经更加成熟的自己看来，当初为了他人眼中的印象而去改变自己，实在太不值了。到了第三个阶段，颜值又成了正面因素，因为自己的能力、内在素质和职场地位都已经获得了足够的证明和认可，并且与颜值相比，它们是更为耀眼的存在，那时颜值作为一个附加优势就变得有百利而无一害了。

这样的故事可能很多女性职场人有同感。而相对来讲，男性则不太会在职场受到颜值方面的困扰和负面影响，即便真的过度利用了自己的颜值，受到的苛责也比女性要小很多。

除了在不同发展阶段的影响，颜值因素在不同职业领域的作用也完全不一样。在销售、市场和行政等经常与人打交道的职业领域，无论男女，颜值都是加分项，对职业生涯的发展绝对利大于弊，但同时也需要学会较高的情商和待人接物的分寸感。而在研发、财务、法务等技术型职业领域，颜值则有时候反而会影响他人对自己能力的认可，例如讲年轻美貌的女律师不太容易获得客户信任，因此如何找到更快速、更直接的展示自己技术优势的方法，就是一个值得思考的课题。

还有，在晋升中层或高层的关键时刻，颜值有时候也会起到反作用。如果是一位外貌普通的人，人们的关注度只在专业能力上，达到标准就可以晋升。而如果是颜值出众的人，可能需要比达标更高的能力才会被认可，因为有权决定晋升的人也会有不要被人说闲话的顾虑。我们会看到在职场的中高层人群中，有相当多的高颜值女性会去刻意地在走中性化路线，甚至还有故意扮丑的。

我们说了那么多由"一笑倾城"而引发的对职场颜值问题的思考，对现代职场人来讲，颜值好整体来看是件有利的事，关键是尽快让业绩和内在的能力同步提升，提升到与颜值一样闪亮的程度，与此同时，完全可以忽略其他人的观感。

最后，关于颜值的定义，我还想要做一点扩展。如果单纯以五官、身材的审美来作为标准，我认为还有些狭隘，就有许多样貌平平却让所有人都觉得特别美的人，原因可以是腹有诗书气自华，可以是温婉善良为人着想，可以是个性可爱招人喜欢，也可以是有一项专长能让自己整个人都在发光……在职场上，所有与众不同并令人喜爱的特质都可以起到与颜值类似的作用，为自己的职场路提供助力。就拿我自己来说，身高、长相撑死了就是个中等，而且青年谢顶，十几年了都是以光头形象示人，头大而圆，还显微胖，硬件颜值分撑死了六七十分。但我有一项能力，就是我能快速听懂和理解别人的意思，并且随后能把自己的专业意见用非常浅显直观的表达方式让完全没有专业背景的对方也能听懂和理解，所以无论是商务会谈，还是社交谈话，都能让对方感到很舒服、很愉悦。于是有很多学员和粉丝也会夸我一声帅，可见内在也是完全可以给外表加分的。反过来讲,许多外表出色的俊男美女,也会因为能力太差而被人嘲笑,也会因为待人接物造作张扬而被人讨厌。

在此恭祝我的每一位读者,无论先天条件如何,都能通过内在修养和能力的提升,而让自己的"一笑"在职场上分外动人!

37

找得到路子，放得下架子

——登龙十二术之"危崖弯弓"

中国历史上的物流水平是不高的，以小农社会为主，自给自足，没有很大的商品经济和物质交换的需求，也就没有了大规模货物流通的必要。同时，货运条件也是不足的，大多数时代中原地区骡马与人口的比率不到一比十，没有大规模的运力，陆路运输的成本也过高，像那种"一骑红尘妃子笑，无人知是荔枝来"的豪华配置的故事，我们就可以确认荔枝绝对不是一种具备流通性的商品。民间流通的商品，大多数体积小、分量轻、易保存、附加值高，这样利润才足以覆盖物流的成本。

然而，依然有不得不运输的货物，那就是盐铁和粮食。除了战争时期，在和平年代遇上了天灾也不得不组织运输。比如说定都长安的唐朝，每当北方粮食歉收或者长安地区人口激增，就需要从江淮地区运粮过来。然而黄河湍急，又是从下游往上游走，运十斗粮食倒有五六斗会被损耗在途中。不得已，从唐太宗到高宗、玄宗，百来年间就足有十多次所谓的"移都就粮"。什么意思？不就是粮食运不进来，就由皇帝亲自带队，连官员带老百姓一起到东都洛阳吃饭去，东边有大运河连通的运输水系，粮食供应比较方便。

所以无论是民间商品，还是涉及国本的大宗货物，水路运输都是主要方式。如果靠陆路运输的话，其成本和损耗是无法承受的。黄河船运消耗一半已经大喊吃不消了，要知道与西域、北蒙发生战争时，往前线每运送一斗粮食，足足要用掉九斗的成本，哪怕到了晚清年间，在秋原先生的《清代旅蒙商述略》一书中也提到,即便非常成熟的大规模商队、采用非常科学的企业化管理方式,运送一斗粮食的成本也要高达四十两的白银,官运更是数倍于此。但水路运输也有自己的问题,无论是黄河,还是长江、川江、汉水,都有各种险滩和复杂的地貌,不像多瑙河似的平静蜿蜒,因此船运是一项对技术和管理要求都非常高的工作,并且始终有着很大的风险。

"危崖弯弓"这一计策,就是来自船运的专业术语。每当遇到激流险滩,例如长江上著名的滟滪堆、青滩、泄滩、川江小米滩等,船家会把货物卸下来,让纤夫把空船拉过险境,或者前船原路返回,由险滩之后的新船接力往下运。那么卸下来的货物,就会由人力或者畜力翻过旁边的山崖,或者走陆地直线穿越激流打的大弯,到下一个接应点重新运上船,这一条路线犹如弓背,故称弯弓。所以危崖弯弓的意思是,在遇见可见的风险时,选择曲线折中的方式去解决问题,而不是直面挑战。

古代官场利用这一计策的方式大多数是回避问题,等危险过去或者看清楚了结果自己再出现。在皇帝身边发生大型党争的时候,为了避免被强制要求站队,有人会主动要求到偏远地区任职,有的将领会主动申请驻守边疆。苏东坡因为这个原因去杭州、密州任过职,姜维也曾为了避祸远走屯田。另一种应用是,在面对风险时用更和缓的方式去解决问题,而不是直接处理。例如,汉朝一直用和亲政策来避免没有胜利把握的对匈奴的战争,还有官场惯用的拖字诀、混字诀等。

那么,这对现代职场人有什么启示呢?我想跟你说三件事。

第一,当你在职场上预感到有风险时,那就一定有你暂时无法掌控的因素存在,至于这个因素会不会发生作用,取决于运气或其他人。所以千万不能硬干蛮上,就像开着船直奔险滩非要冲过去,至少你要想点办法增加胜算,好比说聘请极有经验的老船工来驾驶。要放到现在的职场,那就是你需要去借助外力,或者自己要做更多的测算和准备。当然如果不是逼不得已,就可以考虑其他备选的方案。初级的职场人很多时候意识不到风险,高级的职场人又已经具备了对付风险的经验,所以常出问题的是中层,隐约觉得可能有问题,但是急于表现或者盲目自信,结果一旦运气不那么好就会出问题。

第二,在职场上要学会权衡性价比。敢于迎难而上、置之死地而后生的人,是老板,是创业者,他们才有白手起家的潜质。而职场人之所以当不成老板或者主动不当,不全是硬件条件的制约,很大程度正是因为缺乏这些气质。那么职场人就需要懂得找到性价比最高的做事方式,不求一本万利,但求长久盈利。像闯过险滩不过快几天而闯不过就人货皆亡这种事,只要不是军令如山,或者满城饿殍,就绝对是性价不成正比的行为。比如说,为了实现销售有人提出要做串标的交易,为了把项目做成而需要违背董事会规定的某项禁止事项,在影视剧里主人公自带光环,怎么做都会获得成功,出了问题也都有解决的办法,但是在真实的世界里,你可能真的低估了违反规则甚至法律的后果。

第三,你要明白:懂得低头,懂得走曲线迂回的道路,并不丢人。有时我们会觉得面对困难和风险,低头认怂是很没面子的事情;而选择绕路,多花时间,用了很多土办法、笨办法,更显得自己能力不行。就像古代的船老大要坚持闯过险滩,有种心理因素就是不能让人觉得自己技术不过关,其他人能驾驶过去,这就像是对自己的挑战。请记住,你的老板、包括整个行业和周围人对你的评价,都只来自结果!也许他们会对过程表示出几分赞许,但都只是一时的事。只要能按时按质达成工作的预设目标,就是你的工作业绩,就代表你的工作能力,至于怎样达成的根本不重要。我高中时参加数学竞赛,有两道很难的题目,其中有一题我没有找到巧妙的解决办法,时间还有宽裕,我就用了两大张草稿纸来硬算;另一道几何题我也不知道怎么求出角度,就用直尺和圆规画了一张高精度的图案,然后用量角器测量,靠着猜测选择了最相近的那个选项。事后在与那些金牌选手们交流的时候,我只有一分钟的不好意思,随后就挺为自己自豪的,没有几个人能在这样的境地之下得到与我一样的结果,毕竟全国二等奖拿到手了,大学也直升了。

当走上职场以后,我们会遇到更多自己无能为力的事,然而有时这些事未必是达成结果的必然途径,承认自己的能力有限,然后去发现更多同样能达到目标的方法,应该是更优的选择。

38

投其所好并不丢人

——登龙十二术之"霸王别姬"

楚汉之争进入第四年。

在这之前,刘邦的汉军打一仗败一仗,而西楚霸王项羽只败了这一次,就陷入了绝境。相传汉军将项羽团团围住之后,采用了张良的计策,在营地四周唱起了楚地的歌曲,楚军人心思归,项羽也在想是否后方根据地已尽入敌手,由此逐渐丧失了抵抗之心。回归营帐后,项羽看着虞姬,百感交集。关于虞姬的年龄、原名、出生地以及与项羽是怎样结识的,历史中全无记载,司马迁的《史记·项羽本纪》仅提到一句:"有美人名虞。"项羽悲歌道:"**力拔山兮气盖世,时不利兮骓不逝,骓不逝兮可奈何,虞兮虞兮奈若何。**"史称《垓下歌》。在正史之外的《楚汉春秋》中说,虞姬随后拔剑起舞,并和歌道:"**汉兵已略地,四方楚歌声。大王意气尽,贱妾何聊生。**"之后饮剑自刎。霸王次日以人生最后一战的姿态,向死狂奔,斩杀无数汉军,拒绝渡江求生,悲壮而终。

所谓"霸王别姬",说的就是英雄气短,进而意销志沉。古代官场中人,如果看到自己的竞争对手陷入这种情绪,应该会暗自窃喜吧。那么,如何达成这样的效果呢?这帮暗戳戳的家伙就不断动起了脑筋。有人说这不又是一招美人计吗?其实并不完全是。两条计策相同的部分是都有一名绝色女子,但是区别在于,后者的其中是有真爱的。项羽和虞姬的故事并不单纯是大王对美女的宠幸,后代史学家分析项羽应该另有正妻,但是常年征战相伴一直只有虞姬一人,弹琴谈心,共饮共眠,给予了项羽渴望而亟需的慰藉,而虞姬也是以死相报,这哪里是美人计应有的情节？这是真爱吧。所以总结起来，项羽心理的弱点不是因为美人，而是源自挚爱。

拓展开讲，每个人的内心都有自己的挚爱，放不下、过不去的那个关。所谓的挚爱，也不一定是爱情，有人的坎是来自男女爱情，但也有人的坎来自父母子女的亲情，有人的坎是摆脱不了虚名的羁绊，有人的坎是对物质的过度渴望。当一个人对某件事特别执着、特别看重的时候，就会成为他最大的弱点，正如老子所说，"甚爱必大费，多藏必厚亡"。意思是，你最爱的东西一定会耗费你最多的经济和精力，而一旦为这件事做得过多，容易超过自身的能力范围，而带来对自己不利的结果。无论是古代的官场，还是现代的职场，都会有人利用这一点来做文章。

曾经有一位官员就喜欢写两笔毛笔字，有人就投其所好，送字画不算，还在书法圈帮他谋得了一点小名声，就此这个从不被人打动的官员就这样被拉下了水。无独有偶，在小说《青瓷》中，张仲平也是利用了某位法官对儿子的爱，通过为孩子找了书法大家做老师，终于让这位本来正直的法官为自己所用。在职场上，一个显赫的职位、一点与众不同的待遇，也时常能让年轻人热血上头。只要发现了对方人性中的弱点，就有了施展计谋的空间。

那么，我们如何从这一计策中学点好的，而不学坏呢？就从对人和对己两方面来说吧。

从对人的角度，只要出发点并不坏，投其所好并不是一件坏事，尤其是在相结识的前期。坦率地讲，每个人都喜欢与让自己更舒服的人相处，无论是在商场、职场还是生活社交中。刚认识的陌生人要能快速地走近，能够看出对方的性情、爱好和诉求的人一定会有更大的优势。我曾经有一次巡视河南地区的若干家分公司，走到哪里对方都认为我是从上海来的，于是选择江浙菜系的餐馆来接待，唯独有一家分公司的负责人向我在上海的同事打听了我的喜好，还向其他分公司了解了之前的接待安排，最后选择带我去了一家当地特色的小馆子，我对那天的烩面和胡辣汤印象极其深刻。当我了解到他为接待所做的准备工作之后，我对他未来的职业发展充满了信心，果然两年后他就成了整个河南地区的负责人。

一旦与别人走近之后，就不能一味地投其所好了。对于在职场上所遇到的人，你需要学会做双赢的交易，让彼此更快地成长。这件事需要更多的坦诚和双向的交流，而不是单方面的付出，否则长此以往关系会变味。而当双方变成非常紧密的合作伙伴关系，甚至都成了私交上的朋友，那么对方的弱点就更加不能成为你利用的目标，你应该做的是通过对某些事情的交流，帮助对方自己看到这个问题，从而能更好地保护自己。这才是紧密和亲密关系中应该做的事。

而从对己的角度，一定要对自己的弱点有所觉察，刻意地进行规避。很多人在社会上行走时身上披着过于厚重的铠甲，但是也有人毫无防护，明知自己的弱点却随意暴露于人前，或者就对自己的弱点干脆一无所知。这两种情形都是职场顺利发展的阻碍。比如说，我知道自己有一个小弱点，不太经得起别人的盛赞，别人要是很准确地看到我的过人之处并且表扬得很到位，我就很容易费时费力地去帮人做各种事情，所以我现在每当遇到这种情形就会下意识地给自己"打一针清醒剂"。

总之，将来你在职场上一定要记得，哪怕有一天你成为霸王项羽那样的领导者，当你做决策时、开军事会议时，务必要把虞姬的因素排除在一边，这样你才能保持冷静和理性。而如果你遇到了项羽这样的领导，也千万要给自己提个醒，这货也许不值得长久跟随，因为他的弱点早晚会给他带来大祸。

39

"点破"与"看破不说破"
——登龙十二术之"饮糙亦醉"

"饮糙亦醉"的故事来自唐人的《教坊记》，算不得真实历史。话说有个小官叫苏五奴，他的妻子张四娘美貌动人、能歌善舞，于是有些好色的登徒子官员常找着由头邀请他们夫妻去赴宴。但是主要目的很明显，邀请苏五奴是不得已，总不能明目张胆单约别人妻子吧。夫妻两人到了酒宴之上，大家就拼命灌苏五奴酒，希望早点放倒了他，就能去调戏张四娘。可这苏五奴天生酒量还不错，喝了半天还心明眼亮的，那些人就觉得很烦。这时苏五奴笑嘻嘻地说："你们这么麻烦灌我酒干啥，只要钱给到位了，就算喝两口糙米水我也可以醉呀。"后来苏五奴就成了厚颜无耻靠出卖妻子美色去换取利益的负面人物代名词。

但古代官场上的人可是把名声看得很重，类似的事情会像苏五奴这样去做的，除了受压迫欺凌身不由己的小吏，剩下的就是看上自己妻子的人是皇帝，就像乾隆和小舅子傅恒的妻子瓜尔佳氏的故事（野史传得天花乱坠，正史表示：嗯，或许也有可能），说没办法也行，说利益太大也行。因此，这一计的含义绝对不是鼓动官员拿妻子到处送人，而是要向苏五奴去学习装傻充愣、看破不说破的本事。

在职场上也好，在社会上也好，一个人如果永远对什么事都看得清清的、透透的，并且还一定要说出来、做出来，这样的正人君子会付出很大的代价，有时候连朋友都会不能接受而远离。你可以选择做这样的人，但一定要明白为此要承受什么。

我的观点是,有几种事,你是可以看破不说破的。

一种是别人各自都心知肚明、心照不宣,好比说追求者敬酒、被追求者装醉,又好比说领导煞有其事地批评、下属像模像样地检讨,你掺和在其中,把事情说得越清楚越让人讨厌。

另一种是与你完全无关的事情,你只是为了显示自己敏锐的洞察或者坚定的立场,这种表现给自己带不来任何好处,即便有出于好意的成分在,也要看对方是什么样的人。

还有一种是你无力改变的事,或者你试图改变它要付出极大代价的事,例如你的领导在他的职权范围内照顾关系户输送利益,如果你看不惯,收集好证据等待机会就行,每一次都去指出来肯定不是好的策略。

最后一种是恶事坏事,如果你没有做好对抗的准备,即便只是单纯的说破,对方也会把你当成敌人来对付,贸然行事对自己很不利。

我不要求所有人都去做道德上的完人,站在旁边说几句有高度的话很容易,而置身其中的人却会实实在在地走得艰难,因此我才会给职场人这样的建议。如果你能力或准备都不充分,看破不说破是一个不错的选项,同时让自己远离,按照你内心的行为标准和职业规划,去选择更适合自己的环境和企业发展路径。孔子说"危邦不入,乱邦不居",孟子说"君子不立危墙之下",就是这样的意思。

那么什么时候,你应该、也可以去做"点破"的事呢?与自己以及团队或紧密关系的人的利益密切相关的事,"点破"是职责所在。不能看着队友和伙伴被忽悠,不能明知是坑还看着大家往下跳,不能让海王海后、狡诈小人对自己不知情的朋友为所欲为。有时,明知有代价也不得不为。那么,我们就需要为了应对"点破"的后果而做好准备,事情发展不顺利时要有后手,万一结果真的很差,咱们也至少要做好心理建设。好比说苏五奴如果是个有骨气的汉子,可以选择"看破不说破",那么就婉拒那些不怀好意的宴请。但是他也可以选择"说破",你们这帮人不就是想借机调戏我妻子吗,不要装了!那么,他就要做好没有钱、没有关照、没有升官机会的准备,而这时他先要搞明白张四娘又是个怎样的人,值不值得自己这样做,又会不会坚定地支持自己。

在职场上,完全耿直毫不遮掩和城府极深是两个极端,我认为都不可取。前者把人际关系看得过于简单,而对很多事情背后的缘由和牵扯的范围又不够了解,因此经常好心办坏事,得罪了人、搞砸了事还觉得很委屈,认为是别人的问题、社会的不公。后者则是对自己过度保护,脑子里有太多的弯弯绕绕,甚至充斥着阴谋论,表现出来就是很少说话、很少表态,而在领导眼里是不会对一个完全摸不着底细的人感到放心的,没有信任也就不会给予授权和机会。

因此,在职场上的好修养、高情商是懂得什么时候该说、什么时候不该说,而该说的话又要学会在什么时间、什么场合、用什么方式来说,而且还得分人。这就是高质量的商务沟通。曾经有学员问过我一个问题:明明是领导犯的错误,话里话外却在暗示自己有一定的责任,自己该不该背这个锅?我就问他,你领导是个怎样的人?如果为人不怎么样的,可以选择看破不说破,沉默敷衍了事;如果看不太清楚,可以在涉及具体问题时严格框定在自己职责范围内承担责任,同时在态度上诚恳主动,背一口空锅,或许你与领导的关系就此会拉近许多;如果领导相当有人品,那么的确有些问题放在领导身上很有损威信,而放在下属身上则不过是经验不足,这时主动背锅也不失为一个好的选择,因为大概率领导会在其他方面给予补偿,投桃报李。

高质量商务沟通的前提条件是采集足够的信息,并对人对事有充分的判断。说破还是不说破,这是个选择,因人因事因时因地而异,但是我们首先得修炼出能看破的功夫,不是吗?

40

越级的沟通怎么做才好？
——登龙十二术之"隔山拜佛"

中国历代王朝的组织结构，逃不开文职与武将、中央与地方、三公六部九卿这样一些职权的分配，只是条线安排方式有所差异。例如，唐朝末年武将掌控了地方管理权，而宋朝又非常鲜明地重文轻武，将领头上还有文官管着。又如，明朝一度宰相内阁的权力大过了皇帝，而清朝则将所有最高职级的文官都变成了皇帝的秘书。细细研究一下历朝历代的管理机制，是非常有趣的，但总体来讲，都是一个金字塔形、层级分明的结构。

在这种塔形结构中的所有官吏，后来都明白一件事情：他们都非常清楚地知道自己所汇报的上司是谁，但也非常清楚自己能不能升官并不由这位上司决定。比方说县官想升州官，他拼命地去拍州官的马屁是不够的，因为州官只对他的考核和管理有作用，在晋升这件事情上最多只有建议权。那么，谁有决定权呢？总督、节度使那一个级别。因为在古代官场，不能让任何一级官僚对自己的下属有直接生杀予夺的绝对权力，否则很容易变成他的独立王国。搞明白这件事，就有了"隔山拜佛"这一计，其实都谈不上计，差不多所有人都心知肚明，就是要想晋升，需要搞定比自己直接领导更高的那一个层级的人。

所以说，服务好顶头上司只是一个基础，让自己的"考功"评定能够优良或者卓越，让上司为自己说两句好话，至少别说坏话搅局，另外在平时的公务往来中别给自己挖坑、使绊、搞事。做好了这样一些准备工作，还需要到更高层领导那里去投个拜帖、汇报汇报思想，这样才能让自己列进提拔的名单。其实像这种地方官进京的各种活动、下属跟更高层的唱和应酬，各级官员都是心照不宣的，因为他们自己也这么干。只要下属不是踩着自己往上走，一般也不会去故意坏下属的好事；而下属也别干得太明目张胆、明火执仗，毕竟也有很多顶头上司对此事有忌讳，也别为了潜在的机会搞砸了眼下的关系。这就是一种关于分寸感的潜规则。其实这已经是古代官场的一种生态行为，之所以会列为一计，是因为还真有不少老实孩子不懂这一点，一心一意只往自己的直接领导那儿凑，等明白过来光这么干不够，年华都已经蹉跎了。

现代职场的管理机制，也还是这个道理。每一级都负责对下属的管理和考核，一般也不能直接决定其任免和晋升。一位主管要想升为中层，部门经理的帮助最多也就是推荐，加上考评的高分，如果高管层任命了其他人担任部门副职，部门经理也只有接受的份。所以这个主管要想快速晋升，除了让部门经理满意，还需要让自己被高层关注到，并留下好的印象。

那么问题来了，现代职场上越级沟通是一个大忌。如果你总是往更高层领导跟前凑，时不时去汇报交流一下工作，不仅周围同事看你不顺眼，你的领导一定会对你有很大的意见，而且在更高层领导眼里，对你也未必有好的印象，因为你不懂规矩。所以你就算明白了隔山拜佛的道理，却也没有很好的路径。

在我的职场观念中，一位职场人要想快速发展，一定要充分地被看见，这个被看见的范围越大越好，包括顶头上司、更高层领导，乃至大老板。但是职场的规则也应遵守，否则会给自己平添阻碍和风波。那么怎么做？给你三条建议。

第一条，利用所有合理正当的机会来展示自己。在会议和汇报时，充分准备好自己专业领域和职务范畴的信息，有机会就做补充发言；在企业内刊、合理化建议活动等场合，敢于发表自己的观点，让所有人都看到；在团建、培训、年会这样的场合，展示自己的一技之长和聪明有悟性的潜质……这些机会都是非常自然的，谁也不能说你什么，却能给各级领导留下好的印象。如果你甘心永远做个小透明，或者患得患失，不想出头露脸，那就只有被动等待机会了。

第二条，如果有其他关系能接触到更高层领导，不主动，也不要拒绝。好比说你有亲戚认识更高层领导，或者你熟悉的某个社交圈中有人与更高层领导关系密切，如果在某个饭局或者社交场合，能以职务以外的身份交流，这个机会不要错过。彼此增加一些人与人之间的了解，你可以聊聊自己的个性、发展规划和特长。切记，关于工作点到为止，千万不要对你现在的顶头上司和你自己正在承接的工作发表任何意见，不要评价尤其是负面的。哪怕你有真知灼见，这么干能获得好结果的那都是影视剧，在现实生活中99%是扣分和差评。

第三条，如果更高层领导有小事用到你，不要觉得是被差使或利用，这是机会。有学员问我，大领导经常让她帮着去接送孩子，她的感觉很差，怎么拒绝？我说为什么要拒绝？首先能让你接触孩子这体现了信任，其次让你参与私事体现了关系的亲近，最后这是一个能展示你耐心、注意细节、聪明灵活以及其他优秀特质的机会，为什么不去好好利用？大领导有小事会交代给他信任的中层，有些中层甚至会亲自去做，而当中层交代给下属的时候，其实同样给到的是信任和机会。

以上我所说的观点，可能与某些纯正的理念不完全一致，但在现实中亲测却是更为有效。我们需要有道德感，却不需要道德洁癖，所有初心端正又不损害其他人利益的行为，不必要平白给自己添上心理负担。你只需要记住三点：第一，你的言行和展示要有分寸感；第二，你的晋升通路永远不是把自己的顶头上司干掉为途径；第三，你的能力和素养要配得起你想去的地方。做得到，你就放手干吧。

41

职场亦如戏，也要好演技

——登龙十二术之"泪洒临清"

临清，与现在山东聊城的临清有没有关联，我真不知道。可能有两件事发生在临清这个地方吧，也没找到史料的确切记载。这两件事都与哭有关。

先说第一个故事。曹操打算南征张绣时，正在琢磨曹丕和曹植谁来做继承人的问题，就打算利用誓师大会的机会来做一个考察，分别让两个人出来说几句。曹植才气纵横，从对天下大势的分析到论证这场战争的正义性，总之三军用命，我军必胜，现场人人血脉偾张，气势如虹。轮到曹丕的时候，他愣了半天，突然跪下大哭，说父亲这把年纪还在南征北战出生入死，自己身为儿子却不能为父分忧，心里实在难受啊。你觉得曹操那时候的心里是什么感受？历史发展的结果我也不用多说了，曹丕上位，曹植靠边。有时候征服世界的不一定是刀剑或才华，男人的眼泪也可以。

前文提到过擅长打感情牌的刘备，他绝对不是历史上唯一一个好哭的帝王。越是身居高位者，眼泪越是珍贵而有杀伤力，这个世界上最能打动人心的不是语言，而永远是真诚的感情。我不能说所有管理者的眼泪都那么真诚，但大多数还是代表着真实的情绪，将心比心之下，有时候能起到正常管理举措带不来的效果。

我见过在董事会上泣不成声的创始人，投资人默默宽限了条款，核心骨干默默收起了辞呈，如果可能，谁不愿意在一个感人的故事里扮演一个角色呢？毕竟那位创始人的流泪并不是压力下的崩溃，也不是彻底的绝望，而是一种惋惜和内心情怀的释放。我也见过一个刚上任的店长,能力有限,不能服众,几周后她在例会上流着眼泪承认自己的不足,但更想让大家看到她对这个店、对这个团队的感情,她说她会用勤勉和用心来弥补自己能力上的缺陷,也会努力学习去提高,请求大家帮助她。有多大的效果我不好说,但至少那几个刺头就此收敛客气了许多。

再说第二个故事。相传汉光武帝刘秀平定天下之后,有一次在出巡时经过了曾经征战最艰苦的那个地区,回想起当年的树皮草根和失去的战友,刘秀忍不住潸然泪下。这时陪伴出巡的文武百官也纷纷陪着痛哭起来。刘秀一看,捶胸顿足以头抢地哭得最大声的那几个,都是刚加入朝廷不久的新官,他们根本就没有经历过刚起兵时的那段岁月啊,就忍不住问:你们哭这么起劲,所感何来啊?那几位面不改色心不跳地回答道:看到眼前天下太平的好日子,越发能感受到它的来之不易,我们虽然没有荣幸亲身参与,但是脑补的画面可能比真实的场景更加感人。

说完了管理者的眼泪大法,再来说说"人生如戏,全靠演技"。这句话一般是在嘲笑那些对待生活不真诚、秉持游戏态度的人,但是糙话也不全都是糙理。我们每个人的人生都有很多时刻会去做一些与内心不一致的事情。例如说,我本来不想加班的,但是看着团队里的小伙伴都留了下来,有点不好意思,又或者领导平时一直待我们不错,现在遇到急活就帮他一把。那么既然大脑思考的结果赢了内心的声音,已经参与了加班,那就请鼓舞出你的干劲,笑着去完成你的工作吧。又例如说,你声音、形象都好,让你去做年会的主持人,然后给了你一大段歌功颂德的台词,自命清高的你看着那些肉麻的话都想吐。那么要不你就婉拒推掉这个任务,如果你觉得这是个展示自己的好机会,不想放弃,就请你慷慨激昂地去读完它,必要时眼里也可以隐约泛着泪花。

有人会批评我,说我这一套真的很虚伪、很渣啊。其实作为我本人,是会拒绝所有这些自己内心不认可的事情的,但是我有岁数和阅历,也有一定的经济底气,所以我不会要求所有人特别是年轻的刚入职场的人去永远很刚地做自己,不考虑发展,也不顾及生活压力。"该配合你演出的我怎能视而不见",我非常理解所有不得不演甚至主动卖力在演的人,有问题的不是这些人,而是他们所在的环境。

我只是在说,"泪洒临清"告诉我们的是:当你已然在演的时候,就干脆把戏份做足,演技到位;演不像,演不好,甚至还流露出几分内心的不认可,那还不如不要演,因为你得到的结果会比不演更差。假如说,你耷拉着一张脸和大家一起加班,面无表情、语气平平地念完年会的台词,你不开心,所有人也不开心,而会让你更不开心的事还在后面。

人最重要的事情是自洽,不能拧巴。既然已经决定妥协去做的事,就要让自己接受这个思考的结果,又当又立,不说别人怎么看,至少你的内心会很扭曲。当然,我还是真心预祝所有的职场人都能顺心顺意,都有能力按照自己内心的意愿去做事,也都能早日拥有说不的权利。

最后,再说一个对你可能有帮助的心理学小知识。有时你并没有想好就去做了某件事,其实你内心有可能并不抵触它的,让你觉得不爽的只是自己还没想好就不得不去做的那种感觉。在这种情况下,你很可能做着做着、演着演着会越来越发现内心其实挺能接受的,在心理学上这叫角色效应。好比说一个捣蛋鬼当上了班长,就变得认真学习,责任感和自信心也增强了;又好比说不开心的时候努力去做出高兴的样子,结果慢慢地心情竟也真的好了起来。道家有"借假修真"这一概念,世间万事万物皆为器,无论你是喜欢还是不喜欢,是真心还是扮演,在这一过程中都可以完成对真我的修炼。所以,有时不如把泪洒临清这样的戏份,也当成修炼的过程就行了。

42

送礼是门技术活

——登龙十二术之"打渔杀家"

"打渔杀家"是中国古代文学名著《水浒传》的外传中的故事,水泊梁山好汉被招安后陆续死了一多半,剩下的开始四处逃亡。其中阮小七化名萧恩,带着女儿桂英逃到太湖边上的渔村里隐姓埋名生活。有一年大旱,庄稼颗粒无收,下湖也只捕得到小鱼虾皮,而且萧恩又生了病,因此欠下了高额的渔税和渔船渔具的租金。原本的故事结局非常黑暗,鱼霸上门威逼,萧恩奋起反抗,可惜英雄迟暮,寡不敌众,桂英被凌辱折磨致死,萧恩纵火烧船自尽。而在京剧中,改编了一个不一样的结局:面对鱼霸恶势力,萧恩带着女儿以献宝珠为名,夜入鱼霸丁府,将这些恶势力尽数诛杀。

那这个故事与官场秘籍有什么关联?因为串起剧情的是一个宝物,又名"庆顶珠",相传顶在头上入水可以避水开路。在古代官场上,送礼似乎是件回避不了的事情,有直截了当送金银田产的,有投其所好送奇珍异玩字画的,就算最基本的人情往来,也逃不开馈赠一些当地土特产的流程。而"打渔杀家"作为一计,揭示的是一个暗黑的真相:所有的礼物都带着目的,有些甚至包藏着祸心。有些上司给下属送礼,其实是逼着下属去顶包扛雷、做些有风险的勾当,下属还不知道可能会丢官送命。有些下属给上司送礼,摆明了就是要换取锦绣前程,但礼物其实是最软性的投名状,一旦遭遇官场的斗争,为了自己升官发财,翻脸也是分分钟的事,当年的礼物没准会拿出来当罪状。而同僚之间一旦需要相互赠送特别的礼品,背后都是一场交易,谁赚了谁赔了还真不好说。于是发展到清朝,把所有官场人情往来的送礼都变成一种潜在的规范,所谓三节两寿,所谓冰敬炭敬,完全制度化,连具体的数额都根据不同的人、不同的事而有着心照不宣的标准,就像我们现在去喝喜酒、赴寿宴包的红包,大致心里都有数。除此之外所有的送礼,就会特别地引起关注,笼统来讲差不多背后都有问题。

其实在现代的职场,送不送礼、怎么送礼也是一个大家无法回避的问题。比方说,领导办的寿宴、满月酒要不要去,送多少合适?逢年过节要不要去领导家拜望?如果请职场上的朋友帮忙,要不要送礼?在公司内部的人际交往需不需要考虑类似的人情往来?由于这些交际都非常私密,无论是送礼的还是收礼的都不会到处跟人具体去说,因此在一般职场人尤其是年轻人看来,这简直就是一门搞不清楚的玄学。

其实,我觉得职场人送礼记住几件事情就好。

第一是尽量不要为了具体的目的而去送礼。这时送礼引发的往来,就纯粹变成了交易。而一般的职场人,不容易搞清这个交易的价值。你非常看重的事情而对方认为不值一提,这倒还算好,可是如果你以为很简单的事,好比说让领导提拔个人、让大哥给介绍个业务,其实背后所涉及的人和事的关系都比你想象的要复杂得多,那时无论是你的期望、态度还是送礼的方式,都有可能让结果变坏,甚至会搞砸关系。请客时候不说事,送礼时候不求人,关系维护要靠平时,事情办成了再根据对方的付出和结果给予回报,特别说一下两者标准要取其高。

第二是送礼前要学会观察对方,不能投其所好不如不送,让人为难的也不如不送。请客吃饭要了解对方的口味,痛风病人就别往海鲜酒楼带,送礼也是一样的道理,就算普通的烟酒茶,合不合心意代表着你的态度,而态度有时候比礼物本身更重要。有时礼物的经济价值过高未必一定是好事,收礼者会有收受了某种定金的感觉而产生压力,也有些受到职务身份和法律法规的约束,这时送礼的行为也有行贿之嫌,是会给双方惹祸的。我曾经替一位领导搞到了非常紧俏的话剧票,领导坚持要付钱,我也就没二话按照票面价值收下了,这是不让对方为难的合理做法。因为我送的礼并不是话剧票,而是我用我自己的人情账送了他一份独特尊贵的感受以及面子,这个礼物不能也不需要用经济来衡量。

　　第三是日常要有送礼的意识,但尽量降低其经济价值。我在职场担任高管时,经常会给我认为非常重要的同事送些小礼物,例如老板的秘书、财务和人事负责人、密切合作的部门负责人,目的不是要他们做什么事,只是为了拉近关系、得个好感,很多时候给个提示和建议,帮着说两句话,多上上心使使劲,就足够了。对于外部重要的合作方、客户,我也是这样处理的。区别是后者我可能会开发票,而前者肯定是自掏腰包。那是些什么礼物呢?出差和旅行度假时有特色的小伴手礼、化妆品公司的试用品小套装、新款的网红小商品、品牌的限量版周边,金额小到十几二十块,最贵的也不会超过两三百。这些小礼物平时要有心去备着,毕竟好看的小包装化妆品还有星巴克限量马克杯之类的东西,也不那么容易搞到,事到临头你是找不到合适的礼品的。

　　这些是我对职场上送礼这件事的观点,人情社会在所难免,学会送礼尤其是学会观察和用心,对职场人脉构建一定是有帮助的。但是,我非常反对用金钱和礼物来搞定人和搞定事,形成了习惯对自己和对别人都有极大的危害,那就真成了"打渔杀家"计策中礼物背后的祸心和杀机了。

43

对四种人的周到和用心

——登龙十二术之"石中挤油"

石中挤油，顾名思义是把事情做到极致。古代人应该还不太了解石油这件事，在开采了几十年之后，目前世界上新油田的发现速度已经跟不上石油的消耗了，于是页岩油、页岩气的提取技术被研究了出来。所谓页岩油，就是在石头的缝隙和气孔中间的石油，要想把它挤出来难度可想而知。古人对挤油的认知应该来自古法的榨油，其中有一个环节是将处理好的菜籽、花生等原料用稻草扎成饼，然后用坚硬的大木条将其上下压住，再拿几百斤的大石块反复地锤压，从而把油榨出来。在最早的古法里，上下两根不是大木条而是石条，这就是石中挤油的由来。这种生产方式的出产是很低的，不仅要用足力气，还要动足脑筋去改进生产工艺，投入的成本和精力都已经那么大了，能多榨出几两油也是好的。

古代官场所说的"石中挤油"之计，挤的就是自己的聪明才智和用心劲儿。为谁而挤？当然是为自己的上官和领导。要穷极自己的努力，把所有事情考虑得比领导还周到，关注到上司都可能忽略的细节，把工作做到位、做到极致，从而让领导对自己刮目相看，觉得自己妥帖，可堪大用。这样做十有八九是能得到重用和回报的，几乎没有多少人能拒绝这样的关心和爱护。

历朝历代，多少宦官乱政的故事，秦有赵高，汉有郭胜、张让等十常侍，晚唐的宦官集团不仅能监军，还能自行奉立皇帝，宋有封侯的童贯，明有王振、刘瑾和魏忠贤……为什么史书记载得清清楚楚，皇家也一直有"宦官后宫不得干政"

的铁律，却总是会出现权倾一时的大太监呢？原因就是太监们对皇上最用心，时时刻刻相处一起，时间久了，皇帝抬个手就知道是要茶还是要酒，皇帝一个眼神就能看出他心情是好是坏，有时甚至能体会到皇帝都还没感觉到的需求，贴心小意地就给伺候好了。这就达到了"石中挤油"的境界，皇帝对这样的人的信任和依赖是很难避免的。

所以在官场上的那些人也纷纷效仿公公们对皇帝的态度，努力像服侍主子一样去讨好上官，希望自己也能赢得那样的提拔任用。大多数情况下多少能挣到些好处的，就算没得便宜，也不至于有什么不良影响。长此以往，古代官场的逐级逢迎讨好就成了风气，大家都这么干，内卷起来，谁能多挤出一滴油都是水平。

职场上也有人这么干，工作能力一般就在怎么搞定领导身上动脑筋。我并不反对去了解领导并努力解决他的核心诉求，哪怕对其情绪和工作外的状况有所照顾也没有问题，我说过领导就是自己在职场上的甲方。但我反对的是将绝大部分精力用在与工作无关的地方，而对有些事又过于尽心尽力，超越了职场关系的分寸。从长期来看，当你把职业发展的规划目标变成了只要搞定某个人，你的职场之路就开始歪了。

我建议大家对职场中遇到的四种人（即领导、客户、同事、下属）都需要周到和用心，但是我建议的关注点有所不同。

细节决定成败，要想到领导会忽略的事情，并争取在他意想不到的地方做出成绩。工夫更多的还是要用在工作上，领导思考的是全盘，他与一线又多少有些距离，因此作为下属，要在具体操作环节上更多地思考细节，帮助领导完善和补漏。有一次大型活动，我照常例安排了两个人做迎宾和签到，但是我有一位下属去多了解了一下信息，发现这次来宾们是参加完前一个活动后乘大巴车集中过来的，与平时三三两两陆续到场的情况不同，所以他临时报告将在后台的四五名同事都调到了大门口，也多摆了两张签到桌，总算现场秩序井井有条。从此我对这名下属是刮目相看，并给予了更多信任和机会。为领导考虑，首先是考虑他的绩效指标、他的工作目标和关心的重点，在工作中成为他最有力的臂助，同时又有情商，照顾得到领导的感受，这就能让只会拍马屁的人无从下手。

第二种需要用心的是你的客户、合作方，要考虑人品和性情的相投。客户和合作方对职场人来说不仅仅是工作任务，如果你能有几个关系莫逆的铁杆客户、铁杆合作伙伴，那更是你在职场强有力的资源和底气。那么怎么才能从单纯的业务关系，变成紧密的私人关系呢？你对细节的思考，着眼在对其人品和性情的考察，以及寻找相交相投的机会上。我会与他们去闲聊对很多社会和经济事件的看法，我会主动帮他们做一些分外的事情去看看反应，也会请他们在工作以外的领域帮助指导我，在这些地方能看出人的本质，三观一致的、有感恩与回馈心的、有拓展维护人脉意识的，就是可发展的关系。

第三种需要用心的人是同事，你要考虑交易和回报。要把交易意识作为你的职场基础原则，大家都是出来打工的，没有谁必须对谁好，更何况职场上还有一定的彼此竞争的关系。所以与同事之间的关系首先应该是双赢的交易，我一直告诫我的学生：如果同事帮了你，哪怕他什么也没说，你也要主动为他做些什么，哪怕一杯咖啡、一顿午餐，也比空口白牙一声谢谢强；而如果有同事找你帮忙，你也一定要提出一项要求，可以很小，但不能不提。这是能让双方都感到最舒服的姿态。而你在职场的脱颖而出，不是你真的比别人强很多，而是别人在孤军奋战的时候，你却能随时达成各种交易，调动大家的力量来壮大自己。

第四种需要用心的关系是下属，你要考虑其难处和机会。要让三军用命也并不难，他的苦处你明白，他的不足你提点，他的未来发展的机会你给予，能做到这些，下属一定是你的铁杆。很多人只当了个小领导，眼里就只有业绩达标和一些管人的事，却不知道要用好人，管只占百分之二十，而识人、带人、关心人、激励人占了百分之八十。

有"石中挤油"的心思和狠劲，要全面地用在这四种人身上。现代职场已经不是古代那种一人定生死的结构，你的个人能力提升是第一位的，再说了你还有可能主动换地方、换领导，全靠拍马屁过日子的话，一旦领导换了，你长期的投入就打了水漂，什么也没换来，这不是对自己年华的最大浪费吗？

44

妄念不可有,野心不可无

——登龙十二术之"雕弓天狼"

"雕弓天狼",出自苏轼的词《江城子·密州出猎》。

熙宁四年,苏轼因为与王安石的政见不同,"专务规谏",上书指摘新法的弊端。而王安石又是个非常刚愎自用、不容异见的人,手下人也都是排除异己的好手,于是苏轼不得已避祸出京,去杭州担任了通判。熙宁七年到密州担任知州。他在密州的这两年,正是从三十九岁到四十一岁的不惑之年,不仅政治上治理妥切有政绩,在文学上也达到了新的高峰。

苏轼刚到密州就遭遇旱灾、蝗灾,他一面制止了官吏粉饰太平的声音,上奏请求减免秋税,一面钻研古法,鼓励灭蝗换粮,焚烧秸秆消杀虫卵,短短时间度过了蝗灾,同时兴建水渠,引动山水,应对旱情。在典籍上有记载的执政成就,还有拯救弃婴、消除匪患、修葺东湖景观等事迹。这段时间,苏轼形成了关注民生、务实求真的为官之道,对天下的治理也有了更深的认识,当然,也埋下了日后"乌台诗案"被流放的隐患。

在文学方面,他在密州期间写下了冠绝千古的三首词:一首是老少皆知的《水调歌头》"明月几时有,把酒问青天";一首是必居怀念悼亡诗词前三名的《江城子·乙卯正月二十日夜记梦》"十年生死两茫茫,不思量,自难忘";还有一首就是《江城子·密州出猎》。

"老夫聊发少年狂",四十岁自称老夫,不是年纪,而是宦海的沉浮,但苏轼却保持着少年的心性。且看当时的场景:"左牵黄,右擎苍,锦帽貂裘,千骑卷平冈。为报倾城随太守,亲射虎,看孙郎。"黄狗、苍鹰相伴,羽林军、从属相随,何等的意气风发,一如当年东吴投戟射虎的孙权。"酒酣胸胆尚开张,鬓微霜,又何妨?"趁着酒兴,何必在意自己在沧桑中略花白的鬓发。"持节云中,何日遣冯唐?"冯唐是汉朝名臣,劝说汉文帝不要因为一点小差错就免了云中太守魏尚的官职,汉文帝采纳了这个意见,并派遣冯唐去云中郡赦免魏尚。苏轼借这个典故,抒发内心的苦闷,不知道什么时候自己能重新被起用?"会挽雕弓如满月,西北望,射天狼",北宋朝还有辽国和西夏的边患,自己也一直心存保境安民、匡扶天下的大志啊。

"雕工天狼"这一计,说的就是作为下属,要让自己的雄心壮志被领导看见。毛遂敢于向孟尝君自荐,廉颇为了请战故意狼吞虎咽表示自己"尚能饭",前文也说过陈蕃自小就说了著名的"大丈夫处世,当扫除天下,安事一室乎",向全世界昭告了自己的志向。在现代职场,许多机会更是要靠自己去争取来的,等是等不到的,而你能用来争取的理由,"你的能力可以胜任"这一条只能排第二,第一条是你有让自己不断迎接挑战进而不断成长的野心!

对的,我没有说错,你要有野心。"野心"这个词,与志向、愿望相比,多了一点不循规蹈矩、愿意付出超人努力去获取超人收益的态度。很多人会说,让领导看到自己是个有野心的人,岂不是会对自己多加提防甚至打压吗?那是因为你的野心所勾画的路径上,与你领导的利益有冲突点,甚至有取而代之的危险。而我常说:支持帮助自己的领导走到更高位置,是自己上升的最自然妥帖的路径。学会将自己的野心所带来的成绩归功于领导,学会给领导助力的同时与领导谈妥交易条件,学会曲线晋升,学会抓住新出现的机会,你的野心就能转化为好的结果。年轻时,我在做证券事务代表的时候,会思考处理与董事会、股东会相关的所有事情,并且在执行前都会向董事会秘书汇报,事后也不求什么,因为我相信我的领导很快会成为公司的高层,而我可以是最顺理成章的继任者。而当公司分立时,有不少新的职位出现,我是财务出身的,却接了行政办主任助理的职务,后来成了行政部兼证券部的经理,这是新的机会,也是曲线上升的路径,由此完成了职场发展中非常关键的一步:走到中层。

那么,为什么我的领导、更高层的领导会看到我并给到机会呢?因为我让领导们看到了,我的职业目标远大,用现在的网络热词讲就是,我们的征途是星辰大海。大多数领导者其实是喜欢这样的下属的。原因之一,这样的人非常主动,除了自己分内的事做到尽心尽责、尽善尽美,还会去考虑相关的人和事,而所有不求上进混日子的人都是推一推才动一动,而且没什么责任感,经常出差错,反而让领导头疼。原因之二,这样的人目光比较长远,不会太计较眼前一时的得失,因为当下的一点小钱、一点小荣誉不会成为他关注的重点,长期主义的精神会催生出一个人的格局。原因之三,只要做好交易,这样的人会给领导最大的业绩和工作支持。领导只要愿意给予学习、表现和提拔的机会,所得到的东西会远超过付出。所以,千万不要担心在领导面前展示出自己的雄心壮志和规划,只有这样,你才能争取到领导的重视和自己的机会。

具体怎么做?给你几个小建议。第一,开工作会议时要敢于发言,不能当小透明,当然你的发言必须要做好各种素材和数据的准备,并且注意措辞。第二,在接受工作任务时,可以主动给自己加个码,至少在其中某一方面提出一些比领导要求更高的计划。第三,当部门和团队遇到困难时,或者在工作安排中有一项特别有难度的任务时,可以主动请缨。首要的是你的态度,在执行过程中碰到具体问题可以向领导去请教和求助。第四,有机会要和领导去谈谈心,听一下他对你近阶段工作得失的评点,也主动和他说一下你下一阶段对职业发展的想法,而且既然说起,就要真诚坦率,不要藏着掖着。你不说,领导不知道,至少还没有主动去考虑,而你说了,领导就至少要思考一个做法出来,即便不完全如意,多少也会有收获,同时你也知道自己哪里可能有问题,可以再去想办法改进或解决。

最少最少,团建聚餐的时候,你可以激情豪迈地朗诵一下这首苏轼的词,或者带着真情实感地唱首《我的未来不是梦》或者《我相信》,这样好歹给人一个感觉:原来你也是一个有"雕弓天狼"之志的有为少年啊!

45

经营自己的职业品牌和名声

——登龙术的番外篇"终南捷径"

唐朝有个卢藏用,今天在百度百科里还把他称为文学家、思想家、书法家和诗人,他的才华是毋庸置疑的,但他本人却是一千多年来被广大文人嘲笑的一个对象。

卢藏用获得进士出身以后,一直没有被实授什么官职,于是他想到一个好主意:反正小官当不上,就算当上了也没什么前途,干脆辞官跑去隐居。可别人隐居是真的淡泊名利,远离官场,就像东汉时期的严光严子陵、魏晋时代的陶潜陶渊明,而卢藏用的隐居是他想当官的另类法门。他的目的是靠隐居来打造自己的名声,进而被皇帝或高官看上,直接走上更高的官位。因此,他的隐居方式就与古代隐士不一样了,心机百出。

首先,他隐居的地方就不是什么深山古刹,而是离长安几十公里远的终南山。不能远,远了别人就真看不见了;但也已经没法更近了,但凡要再近个几公里那就全是繁华村镇,他就连个隐居的样子都摆不出来了。

其次,他说起来是隐居,可从来没少了社交,有机会就迎来送往。每当写了一些好文章、好诗词总要想办法弄到长安去传播,有了新的哲学思想或者对朝政的建议也总希望有人能传给皇帝看到,所以隐居只是给自己赚个"世外高人"的名声,隐是真的半点也没有隐过。

最后,他之所以会成为被人不齿的笑话,是因为皇帝在长安时他就隐居在终南山,武则天迁去洛阳居住时,他又跑去少室山隐居,生怕领导看不见,这就属实有点不要脸了。后人就给他取了一个绰号叫"随驾隐士"。

《新唐书》记载:"司马承祯尝召至阙下,将还山,藏用指终南曰:'此中大有嘉处。'承祯徐曰:'以仆视之,仕宦之捷径耳。'藏用惭。"司马承祯是道家上清派的宗师,那是真隐士,被皇帝召见后准备回山,卢藏用跟他说终南山是个好地方啊,司马承祯嘲笑他说,对啊,看看你就知道了,还真是条做官的捷径。要说卢藏用的官后来的确当得不小,干过吏部和工部的侍郎以及尚书右丞,也算是副部级的干部了。后来就将这种通过在官场外经营名声进而平步青云的做法称为"终南捷径"。许多官员虽然嘴上嘲讽卢藏用,但是如果能走通这条捷径的话,其实谁也不抵触,只不过因为皇帝们也都知道这个故事,自己做得太惹眼了反为不美。

要说到现代职场,比较靠近"终南捷径"这个案例的,就像有些书法家、画家会被聘为协会主席,有些运动员和艺术工作者会进入仕途,也有一些教授、专家被企业高薪聘请。这其实也并没有什么不合理的地方,只是我们一般职场人也走不了这条路。那么,我们可以从中获得怎样有益的启示呢?

那就是个人 IP 和社会影响力对职场的作用。它不是职场的捷径,却是职场发展的重要助力。

现在,个人 IP 已经不是公众人物的专属名词,社会已经进入了每个人都需要构建自己的 IP 的时代。所谓个人 IP,就是一个人独有的价值观、思考问题的逻辑体系、标签化的个人品牌以及在社会上的知名度和影响力。当你在职场进入中层,并有机会进入核心管理层的时候,你的价值观就代表着你的职业态度,你的逻辑思维体系就代表着你的工作方式以及你所管理的团队风格,你的个人品牌能让你在组织内部赢得更多话语权,也能在行业内乃至社会上赢得更多机会,而你的知名度和影响力则会大幅度提升你的综合整体价值。

我的一位学员,女性,在外企担任总监,介于中层与高管之间的层级吧。她工作能力很强,但是因为高层和主管这上下两头的人都很有表现欲,所以身为总监反而存在感不是很强。我认识她是在一个女企业家的俱乐部里,那次我是去做分享交流的嘉宾。这个俱乐部里都是企业女总裁和女老板,但担任秘书长的却是仅为总监级别的她。在她和我对接活动的过程中,我发现她非常愿意承担许多具体事务，又特别会照顾到那些女大佬们的细微感受。说起来这个俱乐部绝对与她的工作没有任何直接关联，里面没有客户，也没有供应商，但她却如此用心。随着这个俱乐部变得越来越有商业领域的知名度，有一天她自己公司的大老板也来参加活动，当看到组织者是谁，并且那些知名的女老板、女高管们都对她既尊敬又亲热的时候，你觉得大老板的感觉是怎样的？她晋升高管的那一天，你会不会觉得顺理成章？

我们每个人的个人IP，在本企业组织内都只体现了很小的一部分，专业的部分多一点，认知以及个性的部分比较少，远远不能完全代表一个人。其实个人IP是职务、社会身份和个人综合素养的结合体，很多时候起作用的是隐性的影响力。

公司的技术人才，当他同时还是桥牌协会的主力或者围棋高手，对于自己在逻辑思维和智商方面的优势就是非常有效的背书，就会获得领导更多的信任；从事市场、公关和销售方面工作的，拥有文娱、体育方面的特长，或者参与组织一些高端社群的活动，在领导看来你的能量就能用于更大的舞台；如果你是高管，经常参加各类慈善和公益活动，就说明了自己的人品和社会责任感，而参加读书会、艺术沙龙，喜欢书法、绘画，则充分印证了自己的审美、情趣和素养，高管的发展很大程度上就取决于这些要素，专业和管理反而不是最关键的……还有些职场人会成为某个领域的专家和分享者，有的著书立说，有的在行业会议上演讲，有的成为自媒体KOL(Key Opinion Leader，关键意见领袖)，拥有私域社群，等等，这些成绩和表现都会成为职业发展道路上的重要加持。

我们对走终南捷径的卢藏用十分不齿，是因为他的功利目的性太强了，吃相有点难看。但如果我们是真心地喜欢、愉快地投入一些非职业领域，从而建立起了个人的IP，无形中对职业发展产生了助力，既然是无心插柳柳成荫，对此我们就当然不必有任何不好意思，相反，我认为还应对此大加鼓励和赞赏。职场人都应该有自己的终南山、自己的小天地，那里不仅是工作之余转换调整心情的地方，也是可以让自己心性得到沉浸和满足的地方，更是可以让自己做出其他社会贡献的机会。如果同时它还能成为一条发展的捷径，那么何乐而不为呢？

46

中国历史女子图鉴

——女子的事业与人生幸福

中国的历史大多数是由男性在书写，旧传统使然。但即便是在这样一个由男性主导的社会，数千年来依然有许多在史册上留下了姓名和事迹的女性。在三月八日妇女节前应邀做了这样一个主题的分享，我撷取了若干本人觉得非常精彩的历史女性故事，当然肯定挂一漏万，欢迎其他有兴趣的历史爱好者补充。

其实从中国历史上讲，女性处于管理主导地位的时间可能比男权社会更长。因为从一万年前出现群居人群，开始制陶、种植、建居的史前文明，直到公元前4000年左右，通过对红山文化、良渚文化、仰韶文化等出土的器物、图案的考证，都依然体现着母系氏族的特征。因为在当时，妇女是农业、畜牧业、制陶业和纺织业的主要发明者和操作者，而采摘经济比狩猎的收益更加稳定，另外妇女在烹煮食物、氏族杂务、教育子女等方面承担了更多，因此天然就具备了管理的地位和权威。再加上当时的氏族是公有制，所有的财产都归集体所有，而生育和种族繁衍才是最高等级的任务，因此女性地位很高。男性负责狩猎和一些复仇、守卫之类的工作，危险系数超乎当今人类的想象，有今天没明天的，说起来大伙是出去打猎，其实还真说不清最后是猎人还是成了猎物。从稳定的角度考虑，这样处境的男性当然不能担任领导者，所以男性也只是作为生育工具和生产工具而存在。

直到青铜器和铁器出现，耕种、狩猎和畜牧成为主要生产方式，体力劳动的优势地位确立，男性地位也开始提升。随着生产力提升，生产所得逐渐增加，就出现了私有制，出现了战争和掠夺，男子的地位就变得越来越高，管理方式也开始向父系氏族转换。但是，女性的地位仍然没有完全下降到从属和依附，她们仍然承担着重要的工作，个人生活也有一定的自由度。好比说直到春秋时期，男女之间的恋爱还是比较自由的，在祭祀之后经常伴随着男女的自由恋爱和私下交合的行为。《诗经》里有"窈窕淑女，君子好逑"的句子，而那位男子还陷入了"求之不得，寤寐思服"的困境，如果不是自由恋爱，怎么会有这种状况？还有女子约男子城楼约会的（《诗经》云：静女其姝，俟我于城隅），男女偶遇私订终身的（《诗经》云：邂逅相遇，与子偕臧），等等。

如果说中国女性历史的第一个阶段是母系氏族，那么第二个阶段就是在男权社会里依然具备一定社会地位和自由度的时期，直到汉朝中期。在这一阶段，已经有杰出女性的事迹流传于历史。

中国第一位女将军——妇好。这个"好"字在这里应该念"子"。她是商王武丁众多妻子之一，而与其他妻子不同的地方，妇好不仅主持祭祀、参与统治管理，更是经常带兵打仗，平定四方。武丁时期，商王朝的版图扩大了数倍，其中北、西、南几个方向征伐作战的统帅都是妇好。据甲骨文记载，攻打羌方时妇好带领的部队足有一万三千人，以当时的人口来说不啻于现代的百万雄兵，可见妇好在军事上的能力和地位。与其他上古传说不同，妇好的真实存在是由安阳殷墟的妇好墓得以证实的，并且有器物、塑像和甲骨文字予以佐证。所以讲，谁说女子不如男呢，穆桂英、花木兰这样的女将故事足足能上推两千年。

中国第一位女政治家——南子。南子是春秋时期宋国的公主，嫁给卫灵公为夫人。卫灵公对南子极为宠信，简直到了言听计从的地步，不仅国家治理的事务交给她代为管理，甚至纵容南子与她在宋国的情人公子朝私会，他的这种心态和做派真是有些令人难以置信。也因此，南子在当时和后来的历史上名声都特别不好，被称为"惑淫"之人，孔子见了一次南子也被自己的学生质问个不休。但是话说回来，卫国在南子参政时期还是井井有条的，动乱是从卫灵公死后的国君争夺更替才开始的,据说南子就死于卫出公之手。说起来卫国是一个小国,不过现在的两三县之地,小到什么程度说个冷知识你就知道了,秦灭六国一统天下之后过了数年,才发现竟然忘记了给名存实亡的卫国去走个流程,以至于理论上卫国成了最后存续的诸侯国。可是尽管卫国很小,但南子以女子身份对其进行治理,仍然是历史上的一个异类。最后再说件轶事,孔子周游列国曾经穷到揭不开锅,陈、蔡等国还对其封锁围困,差点绝粮七日而亡,而唯有在卫国的日子过得优哉游哉,因为南子对其礼遇有加。这也算南子对华夏文明做出的贡献吧。

中国第一位女诗人——庄姜。朱熹在《监本诗经》里把庄姜认定为中国第一位女诗人,考证认为《诗经》中《邶风》开篇有几首是她的作品,最有名的是《燕燕》,其中有句情致动人:"燕燕于飞,差池(念'柴吃')其羽。之子于归,远送于野。瞻望弗及,泣涕如雨。"庄姜是春秋时期齐国公主、卫庄公的夫人,虽然卫庄公蒯聩当太子时并不是南子所出,但论名分庄姜还得算南子的儿媳妇。诗经中描述庄姜:"手如柔荑(念'迪'),肤如凝脂,领如蝤蛴(念'求其'),齿如瓠犀(念'护膝'),螓首蛾眉。巧笑倩兮,美目盼兮。"后世许多形容美人的词章出自此。如果朱熹考证不错的话,庄姜的诗作早于许穆夫人,所以这位才貌双全的女子占了一个中华之最。

中国第一位女间谍——西施。关于西施的传说自古不绝,说她和郑旦一起被越王进献给吴王夫差,从此吴王夜夜笙歌,不理朝政,终于被越国复仇成功。关于西施的结局也有不同说法,有说被勾践沉江的,有说跟随范蠡泛舟五湖、浪迹天下的,我们本着对美人的美好愿望都更接受后一种。虽然都说她这个间谍当得忍辱负重,但真实情况与其他中原地区的固有观感还是略有出入,因为越国是当时最没有男女之防的地区,非常奔放而不受约束。相传楚国国君的弟弟鄂君游历越国,渡河时船娘为其心动,当即在船上铺就绣被,成其好事,还留下一首著名的《越人歌》:"山有灵兮木有枝,心悦君兮君不知。"李商隐在八句八典的《牡丹》中写道:"锦帏初卷卫夫人,绣被犹堆越鄂君",上半句讲的就是南子,下半句就是讲越女了。所以可能也只有在这样的国度,才会出现这样的计策吧。

中国第一位执政天下的太后——吕雉。吕雉,汉高祖刘邦之妻。在刘邦与项羽争夺天下时,吕雉负责管理照看家小,奔波颠沛不说,还一度深陷楚营,在屡次危难中艰难维持。当刘邦在公元前195年去世后,吕后总揽朝政长达九年,被后人与武则天并称"吕武"。吕雉其人,历史对其风评多为负面,原因无非是因妒残害戚夫人、害死王子、吓死亲生儿子,以及谋朝乱政等。

其他事情的确不假,但要说吕后乱政,还真不能扣这顶帽子。刘邦临死前,吕后问他咱后边的事怎么办,因为眼瞅着萧何相国身体也不咋样,他死之后谁来代替呢?刘邦说曹参可以。吕后又问再以后呢?刘邦说,王陵吧,让陈平辅佐他,周勃当太尉。吕后在随后的执政期间完全按照这次病榻前的对话在安排人事,说起来在她本人死后,还就是她遵嘱任用的陈平和周勃翦除了整个吕氏家族。你说她对刘邦这算是真爱呢,还是忠诚?

而且她的执政思路延续了无为而治的基本国策,与民休息,鼓励生产,减免田租,重农宽商,轻税轻刑,对外则与匈奴以和为贵、不动刀兵。哪怕匈奴冒顿单于写来极不尊重的信,说我妻子去世了,你呢也是寡妇,要不我俩搭伙过日子得了。吕后盛怒,但还是为了国事安平忍气吞声,继续以和亲来维系关系,甚至不惜自称年老色衰,单于您就别开玩笑了,她这等为国忍辱负重的作为其实很值得尊敬。汉朝立国后得到了百多年的休养生息,国力民生都得以从战国乱战和秦末暴政中恢复,客观来讲其中有吕后的一番功劳。

中国第一位女学问家——班昭。二十四史以《史记》《汉书》并列为首,《史记》是第一部通史,而《汉书》则是断代史的开篇之作。《汉书》的作者班固也和司马迁并称"班马"。不过司马迁是《史记》独立唯一的作者,班固却只是《汉书》的主要作者之一。还有谁?首先他的父亲班彪是著名学者,"继采前史遗事,傍贯异闻,作后传数十篇",为班固的写作积累了素材,也打好了底子;其次就是他的妹妹班昭,在班固身死狱中之后,整理修订了他的底稿,补全了八表。所以确切讲,《汉书》不是班固的作品,而是整个班家的作品,班昭的贡献就不低于他。

班昭在文学和史学上的造诣都很深，被汉和帝延请为后宫皇后和贵人们的老师，被称为"大家（此处应念'姑'）"。邓太后尤其欣赏班昭，还特许她参与政事，所以后世给她的称谓除了文学家、史学家，也还称其为政治家。今天的人们会拿她写的《女诫》说事，认为是毒害禁锢了妇女千年的罪魁，这真的有些跨越时代乱责古人了。

顺便说一句，班昭还有一个哥哥，就是大名鼎鼎"投笔从戎"的班超，摆平西域三十六国的猛人。可能这一文一武、有才有勇的两位哥哥，也是班昭文心政胆的气质渊源吧。

中国女性历史的第二个阶段，大约是到汉武帝时期为止。百家争鸣、黄老道家为尊的时代结束，董仲舒的"罢黜百家，独尊儒术"时代开启。三纲五常的道德规范构建了儒家纲常伦理体系，尊卑贵贱的观念树立，女性逐渐成为男性的附属，贞节、妇道、女德被倡导并逐渐成为社会公认的标准。从此之后直到晚清，是女性历史的第三个阶段，也就是女性普遍被禁锢和束缚的时代，封闭在家庭环境内，远离社会事务。整个两千年间，除少数时期以外，这个状况基本没有太大的变化，即便是唐宋时期对女性的约束有所疏松，那也只是部分表象，女性地位在本质上没有改变，能接触和参与政治和经济、社会事务的女性凤毛麟角，甚至能识文断字的都是少数。以下撷取几位杰出女性的故事。

卓文君，被誉为古代四大才女之一，广为世人所知的是她与司马相如的爱情故事。然而要说起司马相如，却妥妥的是一枚渣男。司马相如才华出众，但是家境贫寒，一度连维持生计都非常困难，就去投奔好朋友、在临邛担任县令的王吉。王吉说先跟我去蹭顿饭吧，就带他参加本县富豪卓王孙举办的宴会。吃着吃着，司马相如发现了年仅十七岁却不幸守寡在家的卓文君，觉得改换命运的机会来了，就现场弹奏了一曲"凤求凰"，打动了卓文君的芳心，两人连夜私奔成都。卓王孙大怒，声称只当没有这个女儿，一分钱也不再提供。

卓文君跟随司马相如到了成都，才发现原来家徒四壁，根本无法生活。两人不得已又回到临邛,就在卓家对面开了个酒铺,司马相如穿着大裤衩子清洗酒器,卓文君就在柜台前当垆卖酒。卓王孙实在看不下去,在亲友劝说下被迫妥协,给了钱,还拨了家仆,两人才得以回到成都过上相对富足的生活。也在此之后,司马相如才得以用钱换了个小官,逐渐地接触了梁王和汉景帝,后来其辞赋被汉武帝刘彻所欣赏,从此走上仕途。

然而,司马相如的渣男品质逐渐显露,长安官场得意后逐渐忘却了千里之外留在成都的卓文君,打算纳一位茂陵女子为妾。卓文君闻讯,写了一首著名的《白头吟》:"皑如山上雪,皎若云间月。闻君有两意,故来相决绝。今日斗酒会,明旦沟水头。躞蹀(念'谢叠')御沟上,沟水东西流。凄凄复凄凄,嫁娶不须啼。愿得一心人,白头不相离。竹竿何袅袅,鱼尾何筛筛(念'晒晒')。男儿重意气,何用钱刀为。"意思是,感情这种事就如白雪明月,干净而纯粹,既然你有了别的想法,我就和你分手。一杯离别酒,河水东西流,男女的聚散悲欢何必哭哭啼啼。我是想要和一人白头偕老的,男儿如果重情义,金钱物质又有什么意义?据传司马相如最终打消了念头,两人还是共同厮守到老。但如果用最大的恶意去揣测,我觉得像司马相如这种不担实职、没有权力的文臣,或许离了卓文君家的财产也不容易度日吧。而卓文君之所以能如此洒脱地应对,经济上的底气也是最大的凭借。

所以现代女性想要获得幸福的第一个要素,是经济独立。创业也好,职场发展也好,当自己的才能足以换取自己想要的生活,感情和家庭才能简单纯粹。当你拥有不依附的自由和自主的生活品位,身边才会拥有更高质量的朋友圈和亲密关系。

蔡文姬,同样名列中国四大才女。东汉末年,大学问家蔡邕之女,从小家学渊源,才华出众。我们都知道董卓进京把控朝政的故事,也知道王允联合吕布杀死董卓的故事,其中还有关于貂蝉的传说,当然貂蝉此人在历史上子虚乌有。我们可能就此以为王允是个正面人物,但历史上以正义的名义行不义之事的也比比皆是,例如王允就滥杀了蔡邕。在随后董卓部将洗掠长安的动荡中,失去了家庭庇佑的蔡文姬流离失所,被匈奴人带去了草原。但即便是蛮族,也听说过她的才名，有历史记载她被嫁给匈奴的左贤王为妻，在草原生活多年，还生了两个孩子。

后来曹操统一北方之后，用重金将蔡文姬赎回。后人有不怀好意的揣测，因为曹操在历史上一向有"好人妻"的口碑，例如因为勾搭了张绣的婶娘，惹怒了张绣反叛，还搭上了自己长子曹昂以及侄子曹安民、猛将典韦的性命，于是就在想赎回蔡文姬是不是也是这个原因。其实曹操是蔡文姬的师兄，他曾经跟随蔡邕学习，并且曹操比蔡文姬足足大19岁，当年在曹操求学时蔡文姬还是个婴幼儿，之后再无见面，因此图色的可能性是很小的。更符合历史的原因是，曹操正在招揽天下英才，希望"天下归心"，因此迎接回前朝学术泰斗的女儿、著名才女的这一举动，对于重建因战乱已经日渐凋零的文坛有重要的意义。蔡文姬的《悲愤诗》和《胡笳十八拍》一直流传至今，"天不仁兮降乱离，地不仁兮使我逢此时"，"戎羯逼我兮为室家，将我行兮向天涯。云山万重兮归路遐，疾风千里兮扬尘沙"，"为天有眼兮何不见我独漂流？为神有灵兮何事处我天南海北头？我不负天兮天何配我殊匹？我不负神兮神何殛我越荒州？"这些都是千古名句。

回到中原后，曹操做媒让她嫁给了部将董祀。而没过多久，董祀犯法得了死罪，蔡文姬披头散发光着脚冲上朝堂，质问曹操。大概意思是说：我在匈奴有老公有儿女，你非要让我回中原；你重新安排给我一个老公，这会儿又要杀，是不是还嫌我的命不够苦？是不是非要整死我才算完？最后曹操赦免了董祀的死罪。为什么蔡文姬得到曹操如此的看重？有件事充分证明了蔡文姬的价值。相传蔡邕有藏书数千卷，相当于半个国家图书馆，战火流离中尽数被毁，而蔡文姬说，我能背四百篇！竹简极少有复刻本，很多书没了就是绝版散佚，所以她背记下来的这些作品，就中华文脉的延续而言，其价值无法估量。

给现代女性第二个幸福的启示，是要有才华。如果没有才华，蔡文姬在匈奴可能为奴为婢，可能死于非命，不会成为左贤王的妻子；如果没有才华，也不会被曹操所看重，更无从救下丈夫的性命。在现代社会拥有一技傍身，进而在行业或职业领域赢得一定的口碑、达到一定的段位，这不仅意味着经济来源，更是社会地位和人际圈层的基础。有能力、有才华的女性，往往有着与众不同的气质，也往往拥有比常人更精彩的人生。

谢道韫，东晋时期谢安的侄女。谢安是朝廷柱石，曾经指挥淝水之战打败了前秦苻坚的数十万大军，拯救了风雨飘摇于东南一隅的晋王朝，所以谢道韫可以说是将门之女。

相传有一年漫天大雪，谢安兴致大起，出了一联："白雪纷纷何所似？"问家族里的孩子们谁能对上下联。这时侄儿谢朗立即答道："撒盐空中差可拟。"这也算是不错的比喻了，虽然格调不太够。而谢道韫沉吟片刻道："未若柳絮因风起。"一言既出，满座皆惊，谢安也为这个小侄女的才情所震惊。那年，谢道韫七岁。

成年后，谢道韫嫁到王家，成了王羲之的儿媳妇、王凝之的夫人。这是晋朝最大的两大家族的联姻，王家和谢家是东晋王朝的左右支柱，正如古诗所说"旧时王谢堂前燕，飞入寻常百姓家"，这王谢说的就是王家和谢家这最大的两个门阀。出嫁之后，谢道韫回娘家时，谢安问她王家如何？谢道韫回答的大致意思是，咱们谢家到我这一代已经没什么出色人物了，而王家还不如咱们谢家，其中也包括我公公、我丈夫、我小叔子，都不咋的。我不是针对谁，我是说全部。

而谢道韫的观感很快就得到了证实。孙恩叛乱之时，王家上下手足无措，应对失当，主政会稽郡的老公王凝之竟然只知道闭门祈祷，最后城破身亡，子女也随之蒙难。唯有谢道韫，带领自己天天训练的数百家丁奋起抵抗，连女眷也披挂上阵，虽然因寡不敌众最终被俘，但是面对孙恩毫无惧色，厉声质问。孙恩早就听说谢道韫是才华出众的女子，见此更是生出景仰之情，就放过了她及其外孙，送回府上安养。从此谢道韫过着修史著文的隐士生活，被后人称为"风致高远，词理无滞""有林下之风"。

所以现代女性的第三个幸福要素，是有自信、有狠劲、有判断。女子哪里不如男？眼界高，格局广，就能对世事人心形成自己的认知，进而当断则断，绝不拖泥带水。在工作和事业上杀伐果决，在感情和生活中也绝不进退失据，而越是犹豫纠结、畏首畏尾，时间和精力都被大量地耗散，自然也毫无幸福感可言。

独孤伽罗。中国古代有个著名的独孤家族，号称"一门三后"，家族的门主独孤信被称作"中国史上最强老丈人"。为什么会这么说？独孤信的长女是北周的明敬皇后，所以他曾贵为国丈。给次女找了一个女婿，女儿嫌对方位卑官小，说姐姐都是皇后了，我怎么也要嫁个"副国级"吧，最后许配给了唐国公李虎的儿子。为什么说她是独孤家族的第二后呢？因为她的儿子是大唐开国的高祖李渊，所以她是太后身份。

那个原本给次女找的女婿不是被嫌弃了吗？这时，另一位女儿独孤伽罗站出来说：姐姐，你看不上，可我愿嫁。她看出来这个少年性格深沉稳重，外表虽然看起来木讷少言，内心却是胸有丘壑，风姿与众不同，虽然眼下只是大将军的世子，未来前程一定不可限量。此人正是未来隋朝的开国皇帝杨坚。

十四岁的独孤伽罗与十七岁的杨坚成亲之后，独孤家在与权臣宇文护的斗争中遭到了失败，独孤信被逼自尽，家道中衰。但独孤伽罗没有看错杨坚，夫妻二人情感深厚，杨家也坚决不肯依附宇文护，宁可因此多年不能升职。随后多年北周王朝飘摇动荡，政局波诡云谲，杨坚逐渐走进权力中枢，也经历了多次重大危机，幸而有果敢的独孤伽罗与他共闯风雨。直到周宣帝暴死时，杨坚反制并控制了朝政，是保存年幼的小周帝，还是自立？这种事一步错就是身死族灭。杨坚犹疑之时，独孤伽罗派人递言进宫："大事已然，骑兽之势，必不得下"，于是下定决心。

隋朝开国，杨坚称隋文帝，恢复汉制，改革官制，修订律法，开创科举，休养生息，北破突厥，南平陈朝，分裂四百年的中华大地重新统一，史称"开皇之治"。大隋朝野丰足、国富兵强、人口鼎盛，如果不是二代隋炀帝杨广可劲地造，本是一派大好局面。也有后人说，大唐的贞观之治其实也不过就是恢复了隋文帝杨坚时期的治理做法而已。

而身为隋朝开国皇后的独孤伽罗，也就成了独孤家族一门三后的第三后。两人不仅共同谋划决断国家大事，而且相亲相爱直到白头，生有五子五女，携手共行了将近五十年。说个八卦,在独孤伽罗的有生之年,身为皇帝的杨坚是独娶此一人,无妃无妾,直到晚年才纳了其他夫人,算是遵从了对独孤伽罗的承诺。有史以来,只有一妻的皇帝除了杨坚,只有明朝明孝宗朱祐樘,唯此二人而已。

由此我想说的现代女性第四个幸福要素,是会识人。无论是对待感情,还是事业潜质,独孤伽罗挑选杨坚都可谓是慧眼识人,而这一眼就很大程度上决定了自己的人生。在现代社会人与人的交往中,金钱、物质和地位成为最大的判断要素,因为最直接、最有效,也最可以量化比较,而带来的结果是很多人自以为拥有了想得到的东西,却并不幸福。因为幸福的源泉,未必是那些说得清、算得明的东西。社会大众眼里的那些成功标准,每个人都知道怎么去比较,但是能不能看清内在、看清潜质,才是长期幸福的保证。能不能识人,决定了不同的人生。

武则天,本名武曌,中国历史上唯一的女皇帝。关于她的故事,正史和各种野史传说都实在太多,要是展开讲,几十万字的单行本都未必能够讲完。我在这里就讲三件事。

第一件事,武曌十四岁入宫,是唐太宗李世民的才人,却得到了太子李治的喜爱。649年,李世民去世,二十五岁的武曌入感业寺出家过渡了一番,然后竟成了唐高宗的昭仪。在整个中国历史上,老爹的女人堂而皇之又成了儿子的妃嫔,这样的故事我印象中应该绝无仅有。后宫各种秽乱自然是有史不绝的,可能也不乏悄悄给个名分的,但肯定不会这样光明正大,更何况仅仅六年之后武曌还成为皇后。这也就是那个开放到一定程度的大唐才会有这样的事。

第二件事,674年,五十岁的武则天加号"天后",与高宗并列为"二圣",正式参与朝政,而且从工作量上来看,武则天至少行使了八成以上的管理权。中国历史向来是严格反对后宫干政的,最多就是当皇帝太小的时候,太后会出面主理一下。而身为皇后昭告天下出来管事,史上也是独一份,至于到690年武则天直接称帝,更是冠绝古今。

第三件事,后人一直对武则天执掌朝政多有诟病,尤其是拿她宠幸的那些酷吏和面首来说事。事实上,养多少面首是人家的私事,任用的酷吏也只在官僚集团内搞事情,对整个大唐天下的治理来说,武则天给历史交出的答卷应该是高分的。她推行了一些前人从未做过的举措。她改革了科举考试制度,允许自荐,入仕人数显著增加,安史之乱后中晚唐国势日衰却还能延续百年,与人才储备的丰厚是有关联的;奖励农桑,主持编撰了农业全书《兆人本业》并颁布天下,虽然已经散佚于世,仅在日本保存数卷,但是在当时对唐朝农耕促进极大;她力排众议支持了王孝杰大破吐蕃的军事行动,增兵设立安西都护府,西域因此实现了近百年安定;她还在东都洛阳设立铜匦,相当于群众信箱,谋求政治发展、献颂献赋的投"延恩"信箱,提出建议、分析得失的投"招谏"信箱,有案有冤的投"伸冤"信箱,研究天象玄学、军机秘技的投"通玄"信箱,这就是中国最早的信访制度。平心而论,武则天在国政治理上与李世民、李隆基相比不遑多让,从她655年成为皇后参政到705年被迫退位,这50年的统治上接贞观之治、下连开元盛世,客观讲堪称一代雄主明君。

从这三件事,我看到的是女性幸福的第五个要素:不对自我设限。武则天的一生是前无古人、后无来者的一生,她在事业和生活方面都特立独行,也因此才波澜起伏,精彩万分。虽然老子说"我有三宝,曰慈,曰俭,曰不敢为天下先",这是说治理天下要顺应趋势,不要随意推翻既往、改天换地,但是作为个人,面对日新月异的世界变化,一味沿用成法很难实现自我。尤其是女性,世俗的眼光和固有的观念已经造成了许多束缚,如果自己还心甘情愿地在框架中打转,那么又如何活出自己的样子、找到自己的幸福呢?

既然说到了唐朝,我们就说说唐朝的四大才女。

先说**薛涛**。由于家庭不幸,薛涛虽早有才名,却不得不加入乐籍谋生。韦皋出任剑南西川节度使到了成都,一见薛涛就被其才华震惊,引为知己。韦皋让她参与官府的公文工作,后来甚至向唐德宗上奏让薛涛担任校书郎的官职,虽然没有被批准,但这也是空前绝后的故事,也因此薛涛被称为女校书郎。后人都猜想肯定是韦皋和她有私情,宠信薛涛而乱行其事。不过当我读到薛涛

"平临云鸟八窗秋,壮压西川四十州。诸将莫贪羌族马,最高层处见边头"这样的诗句,这样巾帼不让须眉的气魄岂不是胜过无数羸弱的士子?!

不过才女常常倒在感情问题上。四十岁左右,薛涛遇到了小十岁的元稹,谈了一场轰轰烈烈为期四个月的姐弟恋,只可惜对象是个多情的渣男。元稹是谁? 就是那个写出"曾经沧海难为水,除却巫山不是云"的才子诗人,他那首诗是写给亡妻的,不过诗句虽然感人至深,但自己却在仅仅不到一年之后就又开始拈花惹草、辗转花丛。元稹和薛涛一场恋爱后,说自己要去江南公干,日后定会回来团聚,而结果当然是一去再无音信。渣男远去任逍遥,才女自此困终生。薛涛脱下红裙,制作红笺,也就是我们现在去成都游览时会购买的当地伴手礼"薛涛笺"。她写下千古名篇《春望词》:"花开不同赏,花落不同悲。欲问相思处,花开花落时。揽草结同心,将以遗知音。春愁正断绝,春鸟复哀吟。风花日将老,佳期犹渺渺。不结同心人,空结同心草。那堪花满枝,翻作两相思。玉箸垂朝镜,春风知不知。"然后郁郁而终。

因此说,女性要求幸福,不能为情所困。情之一字,是生活的锦上添花,却不能是生活的全部,更不能是自己的依附和寄托,否则一念情起,却丢失了自我。

再说**李冶**。相传六岁时她就写出"经时未架却,心绪乱纵横"。父亲在惊叹其才华的同时,又觉得这孩子有些早熟,那么小就情窦开得不要不要的,于是将她送入湖州玉真观。李冶虽然做了女道士,却不改浪漫本性,交友广泛。史上记载的就有与朱放和阎伯钧两段感情,虽然不合世风,但是李冶坦然写诗表达男女的情感纠缠和思念,"妾梦经吴苑,君行到剡溪。归来重相访,莫学阮郎迷",千古罕见。她交往的男性都是一时的名人,例如名僧皎然、茶圣陆羽、诗人刘长卿,写下的《八至》诗也流传千古:"至近至远东西,至深至浅清溪。至高至明日月,至亲至疏夫妻。"可惜结局也不好,由于她曾经写诗给叛将朱泚而被唐德宗扑杀,令人扼腕。

纵观李冶的一生可见,女性的幸福不能寄望于他人。李冶用一生在治愈童年,却没有找到好的治疗方法,而自己去哪里、做什么都不能自决,这样的人越是有才，人生越可能沦为悲剧。

唐朝四大才女之三，刘采春。刘采春是江南著名歌女，相当于现在天后级别的超级演艺明星，号称她只要一开嗓，"闺妇、行人莫不涟泣"。她是伶人之妻，一生也就在这个圈子里从未跳脱，虽然有"莫作商人妇，金钗当卜钱。朝朝江口望，错认几人船"这样收录于全唐诗的名句，后半生却全无声息，卒年不详。说起来刘采春一生中最亮眼的竟是一段八卦，各位还记得抛弃了薛涛远行江南的渣男元稹不？呵呵，元稹双手插兜，到了江南，一见刘采春，再度惊为天人。《寄赠薛涛》"锦江滑腻峨眉秀，幻出文君与薛涛。……别后相思隔烟水，菖蒲花发五云高"言犹在耳，又写了《赠刘采春》"……言辞雅措风流足，举止低回秀媚多。更有恼人肠断处，选词能唱望夫歌"，真是无缝衔接的时间管理大师。

说起来女性的幸福，不能停滞于过往与当下。刘采春的人生圈一直就在那一小方世界，虽然有名有利，却局囿着不得伸展。现代女性如果停留和满足于已经获得的职场地位，或者把婚姻和家庭的建立就看作一种结局，以为"从此幸福地一直生活下去"，那么这样的童话思维一定会在现实面前幻灭。

大唐最后一位才女，鱼玄机。本名鱼幼薇，十岁时与大名鼎鼎的花间派创始人温庭筠相识，后人纷纷传说他俩不仅是忘年交，应该是忘年恋才对，咱没有证据也不能传谣。她在十四岁时经温庭筠的撮合嫁给状元李亿，只是当时李亿已经有了正妻，婚后没多久不容于家，游历数年后回到长安咸宜观出家为女道士。此后，鱼玄机的居所就成了京城士子豪侠竞相拜访的网红打卡点，扬剑载酒，鸣琴赋诗，众人无不以得到鱼玄机的青睐而为荣幸，如此两年。

有一天鱼玄机有事外出，归来发现应有客人来过，疑心婢女绿翘与人有私情，妒火之下失手杀了她，而后慌忙之下埋尸后院，其后案发。曾写下"自恨罗衣掩诗句，举头空羡榜中名"的巾帼须眉，曾写下"易求无价宝，难得有情郎"的多情女子，就这样被按律处死，留下五十首诗和散落的传说。其中有一个传说就是她最终被仰慕欣赏她的人所救，改名鱼又玄，隐居终生，甚至有人说是一生对她爱护有加的温庭筠出面斡旋。然而细察起来，其实在鱼玄机出事的一年多前温庭筠已经去世了,而判处鱼玄机死刑的京兆尹温璋说起来还是温庭筠的远亲,所以尽管我也喜欢美貌才女,但是获救的故事多半不太可靠。

由此可见,女性若要得到幸福,就不能让自己被情绪掌控。人生没有完满的事,因为人是最不可靠的,无论是亲人、爱人,还是朋友、合作伙伴,一定会有与自己意愿不一致的言行。至于人世间的其他种种,更是不如意者常八九。过激情绪的出现,不是因为自我认知不明,就是过于看重外界因素,一旦让那些愤怒、嫉妒、绝望的情绪淹没了自己,很可能就会做出令自己后悔的事情来。更严重的是,有些人可能一辈子都走不出那种情绪,作茧自缚,郁郁终生。要想保持自身的幸福感,首先要自洽且清明,其次要放低欲望和对他人的诉求,观照内心才是幸福的本源,也是最终的归处。

最后再来说说宋朝的几位著名女性。

先说个可能大家未曾听说的才女,**严蕊**。胡云翼先生编撰的《唐宋词一百首》,在唐宋灿若星海的诗词名家名作中,专门留了一个位置给严蕊的《卜算子》:"**不是爱风尘,似被前缘误。花落花开自有时,总赖东君主。去也终须去,住也如何住!若得山花插满头,莫问奴归处。**"

关于严蕊的身世说法不一,有说养父把她当成摇钱树培养,然后卖入乐籍,也有说父亲是个屈死的小官吏,于是被没籍为奴,沦落风尘。当唐仲友到台州任太守之后,他被严蕊的才貌所倾倒,就帮她赎身落籍,回黄岩与母亲团聚。这时,有人向当时担任浙东常平使的朱熹举报唐仲友,而因为唐仲友所在的永康学派与朱熹的理学在学术上的对立,朱熹顺势就对他进行了弹劾,其中罪名之一就是"居官不存政体,亵昵娼流,有伤风化"。然后朱熹就把严蕊抓起来要她招认,以便落实罪名。朱熹只以为一介弱女子总是很好摆弄,更何况承认私情对她自己来说并不会有什么罪过和惩罚,落个口供应该很容易。却不承想严蕊挨打熬刑,一个月时间遍体鳞伤,却始终不愿攀咬唐仲友。最后这个案子震动朝野,惊动了宋孝宗,干脆把两个人都数落了一番,调离各自岗位,唐仲友也算避免了一场大难。而宋孝宗也为严蕊的刚硬侠骨所感动,亲自为其平反。回家后,严蕊的名声和品行让许多富豪人家重金求聘,她都不曾动心。后来有一位赵家的宗室子弟被朋友拉去严蕊家中做客,严蕊看他满面愁苦,问过才知道此人是刚刚经历丧妻之痛,顿时为这样有情之人而动心。最终两人喜结连理,添丁增口,留下了一个圆满的结果。

女性若要得到幸福,离不开人品的加持。在现代社会,信息流转空前加速,人际关系的圈子联系也越来越紧密,尤其是互联网还有超强的记忆能力,因此人的品性和口碑会在很大程度上影响着人生进程。而人的一生,所有那些能让我们牺牲内心安宁去换取的东西,都会在随后的漫长岁月里让我们付出内心始终不安的代价,幸福也无从言及。

再说个人人皆知、耳熟能详的才女,**李清照**。李清照的故事和传奇也能写好几本大传,在这里只能简单勾勒一下她的一生。

李清照的父亲李格非,是鼎鼎大名苏东坡的学生,"苏门后四学士"之一,所以李清照从小耳濡目染,家学渊源,才华过人,十六岁那首"昨夜雨疏风骤"就名动京师。十八岁时,她和赵明诚成婚。李格非是礼部员外郎,赵明诚的父亲赵挺之是吏部侍郎,这门婚事可以说是门当户对。再加上赵明诚和李清照都是文艺青年,共同喜爱金石碑拓,情投意合,因此两人婚后生活简直羡煞旁人。可惜好景不长,朝廷上的新旧党争将李格非列入了元祐党籍,除官免职,赶回原籍。而赵挺之却是官运亨通,一路晋升。为免得相互拖累,李清照和赵明诚曾经被迫分开过一段时间,两年后遇大赦才团聚。然而赵挺之去世后,赵家也开始受到打压,李清照随赵明诚在青州开始了乡里生活。二十年后靖康之变,北宋崩溃,金兵占据了北方的大部分河山,二人一路南下逃亡,多年收藏的金石字画损失颇多。又过两年赵明诚去世,李清照继续颠沛流离,辗转浙东、绍兴、杭州。近五十岁的她也曾经再嫁张汝舟,不幸此人是冲着她的收藏而来,一旦发现财物其实已经散失大半,就开始家暴。李清照何等样人,那可是写出"生当作人杰,死亦为鬼雄"的不让须眉的女子啊,一点也不会惯着他,连带张汝舟营私舞弊骗取官职的行为一起报官告发,并要求离婚。按照宋代法律,妻告夫要判处两年徒刑,李清照说就是要告,哪怕坐牢也在所不惜。到晚年,李清照避乱金华,最后七十余岁时逝于临安。

纵观李清照的一生,幸福安宁的时间短,颠沛流离的时间长,历经家道中落、国破流亡、收藏散佚、丈夫早逝等诸多不幸,但她留下的诗词却是清风朗月、情深格雅,直到古稀之年仍然保持着率真的自我,在中国历史女子图鉴中不可多得。那么,她是如何做到一直拥有乐观积极的心态的呢?说点大家可能不知道的李清照的三大爱好。

第一大爱好是喝酒。李清照特别爱喝酒,据统计在她留下的诗词中有百分之四十以上与酒有关,看看那些名句:"东篱把酒黄昏后,有暗香盈袖""昨夜雨疏风骤,浓睡不消残酒""常记溪亭日暮,沈醉不知归路""三杯两盏淡酒,怎敌他、晚来风急?""新来瘦,非干病酒,不是悲秋""共赏金尊沈绿蚁"……这些词句不仅都有酒(所谓"绿蚁"也是酒的代称,因为蒸馏酒是元代以后的事情,所以之前的酿造酒,表面都会有绿色的像蚂蚁一样的小泡沫,故称绿蚁),而且看起来她喝得还真挺不少,有喝醉了迷路的,有第二天上头爬不起来的。不过只要没有到嗜酒的地步,作为喜欢小酌的女酒仙还是有一分简单的快乐的。

第二大爱好是收藏金石字画。这种爱好的目标对象遍布全国,山村荒野,旧城古居,浩如烟海,并且要想研究到一定的深度,还需要敛心诚意,刻苦钻研,个中乐趣唯有沉浸于其中的人才能自行体会。

第三大爱好你可能想不到,李清照喜欢玩"打马"这种游戏,还写了《打马图经》以及相关的笔记,玩到了一定的境界。什么是打马?这么说吧,这个游戏又叫"马吊",后来就演变成了"国粹"麻将。据南怀瑾先生考证,李清照就是中国麻将游戏的创始者之一。说实话,我无法脑补出堂堂才女打麻将的样子,但我可以脑补出她在游戏时的愉悦笑容。

所以说,女性若要得到幸福,离不开个人的爱好。爱好并不是一个可有可无的东西,也并不仅仅用于社交和娱乐,当遭遇生活的不顺和情绪的低落时,你真诚投入的那项爱好也许就是你最可靠、最能提供情感慰藉的伙伴。许多现代女性身上其实还残留着旧时代女性的影子,她们会注重外界和社会对自己的评判,以职业和家庭为最大的责任,却唯独忽略了自己的快乐。这个时候想想李清照吧,被称为千古第一的才女也喝喝小酒、打打麻将呢,我们又为什么不敢去找找乐子呢?

最后说个生猛的女性吧,**梁红玉**。

她的父亲和祖父是武将出身,可惜在平定方腊匪寇时贻误战机,获罪被杀,因此家道中落,自己也沦为京口营伎。有读者可能注意到,古代那些有名的女子中,出身乐籍、歌伎和营伎的相当不少,包括前面提到的薛涛、严蕊,为什么?因为两个原因:第一,古代女子正常情况下大多数是困守家中的,做不出什么事,也留不下什么作品,反而是在风月场所还有一些接触社会外界的机会。第二,相当部分沦落风尘的女子,沦落的原因是由于家族遇到了官非、受到帝王的惩处,而这样的家族往往具备一定的文化知识氛围,打小生活其中,眼界格局自然受到熏陶,因此不少风尘女子拥有着相当高的才华和视野。

梁红玉这个名字是后来野史传记给取的,历史上只是称其为梁氏。她的文化水平多高不好说,但是从其行为来看,眼光绝对出众。她一眼相中的韩世忠,当时最多只是个军队里的小头目,但是与众人相比,沉默而有气度,昭示着此人绝非池中物。而韩世忠也注意到了能舞剑开弓、一身英气的梁红玉,两人因此相互怜惜,结成眷侣。

要说梁红玉那是绝对旺夫,出谋划策,决断得当,帮助韩世忠一路升迁。尤其是在御营统制苗傅联合威州刺史刘正彦作乱、胁迫绑架高宗的事件中,梁红玉假意与叛党合作,同意去劝说手握重兵的韩世忠来归顺,结果一出京,飞马找到韩世忠,反手就将京都的局势、叛乱者的能量和对朝中其他各方势力的观察一一进行了分析,力主迅速出兵平叛。于是韩世忠带领秀州重兵,一举平定叛乱,恢复了高宗的地位。经此一事,韩世忠被封为武胜军节度使,梁红玉被封为护国夫人。后来宋朝几大军方势力都被削弱,唯独韩世忠始终被信任有加。像岳飞还蒙冤死难,而韩世忠夫妇就算违背圣意,极力为岳飞申辩,也没有遭遇什么罪罚,这其中当年救驾护君的功劳应该起了极大的作用。两人得以辞官归隐,安度晚年。

而梁红玉在历史上留下的另一个传奇事迹,是1129年完颜宗弼率领金兵长驱直下的时候,韩世忠夫妇在长江率军抗击,屡战屡胜,一度将金兵逼入黄天荡死港，如果不是兵力太少，或许就能全歼敌军。在此一役中，梁红玉亲自擂鼓上阵，率领水军奋勇向前，成为历史上与穆桂英、花木兰齐名的女将、女英雄。此战之后，金兵也曾经扳回一场胜仗，击败韩世忠而突围北归。从整体上看，韩世忠以弱势的兵力阻击了金兵，并且金兵北归之后也很久不敢再南侵，战略目的算是基本达成了。而此时，梁红玉却做了一件谁都没想到的事情，她上书弹劾丈夫"失机纵敌"，主动请朝廷加罪。不得不说梁红玉的眼界和格局够高明，这一招既堵上朝中政敌的嘴，又获得了举国感佩的名，最重要的是通过自削功劳和权柄换来了皇帝的放心。韩世忠被罚的不过是些皮毛，而梁红玉还因此被加封为"杨国夫人"，其实夫妻荣辱一体，谁得谁失又有什么关系，毕竟在一个昏庸的朝廷里，安全才是第一位的。

由此可见，女性若要得到幸福，需要足够的眼界和格局。能洞察世界和人性的本质，能理解事物背后的规律，也就是马斯克说的第一性原理，这是能让自己的人生始终走在趋势和步调上的底层能力，也只有在这个基础上才能培养出自己识人的能力、判断事物走向的能力。我们一生的幸运与不幸，很多时候是与人相关的，遇上对的人能带来滋养，遇上错的人会消耗心力。而一生中所遇到的关键节点其实也不多，但是做对或做错选择却会带来天壤之别的结果。因此，眼界和格局很大程度上就决定了幸福度。

宋朝以后的事，我就不太想说了。元朝的建立伴随着中华文明的一场浩劫，而明清时代又对文化有着极大的禁锢，尤其对女性来说，礼教的束缚越发严苛，因此在随后的八百年里能够名垂青史的女性少之又少，朱元璋皇后马氏、才子杨慎之妻黄娥、孝庄太后、柳如是董小宛等秦淮八艳……如此若干而已，也缺少更多值得称道的事迹。

晚清末年直到五四运动，中国女性发展的历史进入第四个阶段，女性开始以独立的姿态走进社会，在社会、经济、文化和科学等领域全面展示出了自己的风采。秋瑾、向警予、林徽因、张爱玲、宋家姊妹……民国女性已然光彩夺目，在新中国成立之后有更多的优秀女性不断涌现，在当前社会中，女性更是以不可阻挡的趋势走向完全的平等。当今的时代，职场上的女性正在赢得更多的社会责任与认同，而在生活方面，相夫教子、操持家务也早已不再是女性必须和唯一的角色身份。在未来，男女固然会有各自更擅长的领域和不同的分工，但是性别的差异将越来越淡化，每一个个体都将充分地、自由地书写属于自己的人生篇章。

٤